Franz Buchenau

**Flora der ostfriesischen Inseln**

einschliesslich der Insel Wangerooge

Franz Buchenau

**Flora der ostfriesischen Inseln**
*einschliesslich der Insel Wangerooge*

ISBN/EAN: 9783743656444

Hergestellt in Europa, USA, Kanada, Australien, Japan

Cover: Foto ©berggeist007 / pixelio.de

Weitere Bücher finden Sie auf **www.hansebooks.com**

# FLORA

DER

# OSTFRIESISCHEN INSELN

(EINSCHLIESSLICH DER INSEL WANGEROOG)

VON

## PROF. DR. FRANZ BUCHENAU

DIREKTOR DER REALSCHULE BEIM DOVENTHOR ZU BREMEN

———

DRITTE UMGEARBEITETE AUFLAGE

———

LEIPZIG

VERLAG VON WILHELM ENGELMANN

1896.

Druck der Kgl. Universitäts-Druckerei von H. Stürtz in Würzburg.

# Vorrede.

Eine Schrift über die Flora der ostfriesischen Inseln darf bei dem sehr merkwürdigen Vegetationsbilde, welches die Inseln jedem Besucher, selbst dem Laien in der Botanik, darbieten, wohl auf vielseitiges Interesse sowohl in den Kreisen der Wissenschaft, als bei den Besuchern der Inseln rechnen. Ich habe in dem vorliegenden Buche versucht, beiden Richtungen Genüge zu leisten, indem ich möglichste Vollständigkeit und Zuverlässigkeit der Angaben mit thunlichster Klarheit und Kürze der Ausdruckes zu verbinden strebte.

Die vorstehenden Worte, mit welchen ich die Vorrede der ersten Auflage*) dieser Flora eröffnete, darf ich auch heute wohl an die Spitze stellen. Meine Arbeit hat in der That vielseitiges Interesse erweckt und daher auch mannigfache Förderung erfahren. — Die infolge davon bedeutend fortgeschrittene Erforschung der Inseln machte eine Neubearbeitung sehr wünschenswert. Dazu kommt, dass die grossen Schutzwerke, welche seit dreissig Jahren durch den preussischen Staat und das deutsche Reich auf den Inseln aufgeführt wurden, einen Zustand von etwas grösserer Stabilität herbeigeführt haben. Die meisten Inseln sind im Wachsen

---

*) Die erste Auflage erschien 1881 im Verlage von Hermann Braams, Norden und Norderney, die zweite 1891; die letztere war eine im übrigen unveränderte, aber durch ein Verzeichnis der in den abgelaufenen Jahren gemachten Funde ergänzte Ausgabe. Um einer Verwirrung vorzubeugen habe ich die vorliegende Auflage als d r i t t e bezeichnet. Da mancherlei Gründe mir den Uebergang des Verlages an Herrn Wilhelm Engelmann in Leipzig wünschenswert machten, so wurde das Verhältnis zu Herrn H. Braams freundschaftlich gelöst. Ich benutze diese Gelegenheit, um ihm für das dem Buche bewiesene Interesse auch an dieser Stelle herzlich zu danken.

begriffen, und manche Pflanzen werden eher ihre Areale ausdehnen als an Verbreitung verlieren.

Ich selbst habe die Inseln auch in den abgelaufenen
fünfzehn Jahren wieder häufig besucht und von vielen Seiten
Mitteilungen über ihre Pflanzen erhalten. Mit besonderem
Danke nenne ich hier als Mitarbeiter die Herren Lehrer
Otto L e e g e auf Juist, Dr. med. W. O. F o c k e und Dr. med.
Joh. D r e i e r aus Bremen, Lehrer R. B i e l e f e l d auf Norder-
ney, Lehrer S c h l u c k e b i e r aus Witten an der Ruhr, Lehrer
E. L e m m e r m a n n aus Bremen, Hauptmann a. D. Otto v.
S e e m e n aus Berlin, Apotheker G. C a p e l l e aus Springe
und F. W i r t g e n aus Bonn, Bankbeamter August B o s s e
(jetzt in Berlin), Studiosus Fr. W i l d e aus Bremen. Herr
Oberlehrer Fr. M ü l l e r zu Varel bearbeitete für die neue
Auflage ein Verzeichnis der Moose, Herr Bäckermeister
H. S a n d s t e d e zu Zwischenahn ein Verzeichnis der Flechten;
durch beide erfuhr mein Buch eine sehr schätzenswerte Be-
reicherung.

Die Verschiedenheit der ersten und der nun vorliegenden
dritten Auflage glaube ich am besten so bezeichnen zu
können, dass die erste den Zustand der Durchforschung der
Inseln zur Zeit ihres Erscheinens getreu wiedergab, die dritte
aber den objektiven Bestand der Flora gegen Ende des
neunzehnten Jahrhunderts schildert. — Bei einigen Pflanzen
haben sich die Fundorte sehr vermehrt, so dass eine allgemeine Charakterisierung mehr am Platze schien als die
frühere Aufzählung derselben.

Neu in den Text aufgenommen wurden folgende 25
Arten:

*Botrychium rutaceum* und *simplex, Lycopodium Selago*
und *clavatum, Sparganium erectum, Phalaris arundinacea, Carex pulicaris* und *punctata, Juncus balticus, Orchis incarnatus, Rumex Hydrolapathum,
Papaver Argemone, Cardamine hirsuta, Saxifraga
tridactylites, Epilobium montanum* und *adnatum,
Cuscuta Epithymum, Myosotis palustris, Solanum
Dulcamara, Lycium halimifolium, Euphrasia stricta*
und *gracilis* (statt der früheren „*officinalis*“),
dagegen wurden gestrichen oder in Noten verwiesen 10 Arten,
nämlich:

*Alopecurus pratensis, Luzula multiflora* (als *var.* zu
*L. campestris* gezogen). *Chenopodium urbicum, Na-*

*sturtium silvestre, Cochlearia officinalis, Potentilla reptans, Heracleum Sphondylium, Hyoscyamus niger, Galium saxatile, Campanula rapunculoides.*

Die Vergleichung jeder beliebigen Seite wird beweisen, dass der ganze Text auf das Sorgfältigste durchgearbeitet wurde. — Bei jeder Art habe ich durch Vorsetzung eines Zeichens ihre geographische Zugehörigkeit auszudrücken gesucht, wie ich dies auch schon — wohl zuerst in der botanischen Literatur — in meiner „Flora der nordwestdeutschen Tiefebene" (Leipzig, Wilhelm Engelmann, 1894) zu thun versucht habe. In der vorliegenden Flora bezeichnet:

  ※ diejenigen Pflanzen, welche den Hauptstamm der Inselflora bilden,

   * die zur Inselflora gehörigen, welche aber nur beschränkt oder an einzelnen Stellen vorkommen;

  † Pflanzen des nordwestdeutschen Festlandes, welche nur einzeln oder gelegentlich auf die Inseln hinüber greifen;

  + Pflanzen, welche dem menschlichen Anbau oder Verkehre folgen.

Dass man in einzelnen Fällen in betreff der Wahl des am meisten zutreffenden Zeichens zweifelhaft ist, kann nicht von ihrer Verwendung abschrecken.

Dagegen habe ich die Verbreitung über die westfriesischen Inseln nicht wieder in früherer Weise angegeben, weil das dazu vorliegende Material jetzt nicht mehr genügt. Vielmehr ist bei jeder Pflanze in eckiger Klammer [ ] ein freierer, wenn auch kurzer, Hinweis auf ihre sonstige Verbreitung beigefügt worden. Bei Acker- und Schuttpflanzen genügte das kurze Wort: [Ackerflora] oder [Ruderalflora]. In den anderen Fällen dagegen wurde das Vorkommen im nordwestdeutschen Flachlande, im niederländischen Dünengebiete oder auf den nordfriesischen Inseln genauer charakterisiert. Ich benutzte dabei ausser meiner Flora der nordwestdeutschen Tiefebene namentlich den wichtigen Aufsatz: F. W. van Eeden, Lijst der Planten, die in de Nederlandsche Duinstreken gevonden zijn (Nederl. Kruidkundig Archief, 2e ser., 1874, I, p. 360—451) und P. Knuth's Flora der nordfriesischen Inseln, 1895.

Eine ganz besondere Sorgfalt ist der Revision der Blütezeiten zugewendet worden, da es sich herausgestellt hatte, dass sie sich auf den Inseln in vielen Fällen länger ausdehnen als auf dem Festlande.

Die grössten lokalen Veränderungen sind durch die Zu-
werfung des Langen Wassers auf Borkum und die Erbauung des Hospizes auf Langeoog (wobei gleichzeitig das sog.
Meer ausgetrocknet wurde) vor sich gegangen.

Zu dem Literatur-Verzeichnisse bemerke ich noch, dass
während des Druckes eine Arbeit von O. von See men:
Mitteilungen über die Flora der ostfriesischen Insel Borkum,
in: A. Kneucker, Allgemeine botanische Zeitschrift, 1896,
II, zu erscheinen begann. — Aus gütigen direkten Mitteilungen dieses Herrn an mich führe ich noch an, dass er
auf Borkum weissblütige Exemplare von *Coronaria flos
cuculi*, *Ononis repens*, *Armeria maritima*, *Erythraea
linariifolia*, *Brunella vulgaris*, *Cirsium palustre* fand;
ferner ein Exemplar von *Polystichum Filix mas* auf Ostland *Bo* (Delle bei der Vogelkolonie in *Hippophaës*-Gebüsch).
Von Weiden konstatierte er auch Exemplare von *Salix
aurita* × *Capraea*, *Capraea* × *cinerea*, vielleicht auch
*aurita* × *cinerea* × *repens* und als besonders interessant
*Sal. aurita, var. cordata;* als angepflanzt auf Ostland
*Bo* bei der Vogelkolonie *S. purpurea* L. und *acutifolia
Willdenow*.

Meinem Kollegen, Herrn Dr. Georg Meyer, bin ich zu
besonderem Danke verpflichtet für die treue Hülfe, welche er
mir beim Lesen der Korrektur geleistet hat.

Schliesslich liegt mir die angenehme Pflicht auf, der
Königlich Preussischen Akademie, welche das Erscheinen
dieser Auflage durch einen Beitrag zu den Kosten der Be-
arbeitung und Drucklegung gefördert hat, auch an dieser
Stelle meinen wärmsten Dank auszusprechen.

Ich schliesse mit der Bitte an die Freunde der ein-
heimischen Flora, mich auch ferner durch Mitteilungen über
neue Funde, durch Belegexemplare für das im Besitze des
Museums zu Bremen befindliche Central-Herbarium
der ostfriesischen Inseln, sowie durch Uebersendung
von Standortskarten für die selteneren Pflanzen, erfreuen
und unterstützen zu wollen.


Bremen, 14. Mai 1896.


**Fr. Buchenau.**

# Inhalts-Verzeichnis.

# Verzeichnis der Abkürzungen.

$Bo =$ Borkum.
$J\ =$ Juist.
$N\ =$ Norderney.
$Ba =$ Baltrum.
$L\ =$ Langeoog.
$S\ =$ Spiekeroog.
$W =$ Wangeroog.

⊙ einjährige Pfl., welche im Frühjahre keimen und im Herbste absterben.

⊙̈ einjährige Pfl., welche im Herbste keimen und im Frühjahre absterben.

⊙⊙, ⊙—⊙, Pfl., welche zwei (oder mehr als zwei) ganze Vegetationsperioden von der Keimung bis zur Fruchtreife gebrauchen und dann absterben.

♃ Zeitstauden.

♃ Dauerstauden.

L. hinter Pflanzennamen bedeutet Linné.

Juss. „ „ „ Jussieu.
DC. „ „ „ De Candolle.
Tourn. „ „ „ Tournefort.

## Berichtigung:

Auf pag. 32 muss die Kolumnen-Ueberschrift lauten: *B. Monocotyledones.*

pag. 89 streiche das ♃ - Zeichen bei *Salix cinerea.*

# Einleitung.

## 1. Literatur.

1) 1822. Mertens, F. C., zur Flora von Norderney (in v. Halem, die Insel Norderney, p. 75—83).

2) 1823, 24. Meyer, G. F. W., über die Vegetation der ostfries. Inseln mit besonderer Rücksicht auf Norderney (Hannoversch. Magazin, Stück 99—101 und 19—25, 44—48).

3) 1832. Bley (Senden und Nees v. Esenbeck), Catalogus plantarum phanerogamicarum in insula Norderney lectarum (Flora, I, p. 136 — et p. 75). (sehr unzuverlässig!)

4) 1839. Müller, Karl, Flora der Insel Wangerooge (Flora, XXII, p. 609.) (mehr eine Schilderung als Aufzählung der Flora; enthält auch mancherlei Angaben über Kryptogamen und Kulturpflanzen; die Angabe, dass die Ananas auf Wangerooge angebaut wird, ist freilich nur geeignet, Kopfschütteln oder Heiterkeit zu erregen).

5) 1844. Koch, H. und Brennecke, Flora von Wangerooge. (Wissenschaftl. Beilage zu den Jeverländischen Nachrichten Nr. 12.)

6) 1846. Koch, H., eine neue deutsche Carex (C. frisica) (Flora, I, p. 273).

7) 1849. Lantzius-Beninga, Sk., Beiträge zur Kenntnis der Flora Ostfrieslands 4⁰. 55 Seiten.

8) 1861. Riefkohl, F., die Insel Norderney (die darin gegebene Aufzählung der Flora von Norderney rührt zwar im Entwurfe von Lantzius-Beninga her, ist aber dann von sehr unberufener Seite überarbeitet worden).

9) 1863. Wessel, A. W., die Insel Spiekerooge.

10) 1863. Meyer, H., die Nordsee-Insel Borkum.

11) 1870. Buchenau, Franz, Bemerkungen über die Flora der ostfries. Inseln (Abh. Nat. Ver. Brem., II, p. 201—216).

12) 1872. Nöldeke, Karl, Flora der ostfriesischen Inseln mit Einschluss von Wangerooge (Abh. Nat. Ver. Brem., III, p. 93—198).

13) 1872. Buchenau, Fr., und Focke, W. O., die Salicornien der deutschen Nordseeküste (das., p. 199—211).

14) 1873. Focke, W. O., Beiträge zur Kenntnis der Flora der ostfries. Inseln (das., III, p. 305—323).

15) 1873. Derselbe, Cerastium tetrandrum Curt. (das., p. 549—551).

16) 1875. Buchenau, Fr., weitere Beiträge zur Flora der ostfries. Inseln (das., IV, p. 217—277).

17) 1875. Focke, W. O., Kulturversuche mit Pflanzen der Inseln und der Küste (das., p. 278—282).

18) 1877. Buchenau, Fr., zur Flora von Borkum (daselbst, V, p. 511—522).

19) 1877. Derselbe, zur Flora von Spiekerooge (das., p. 523, 524).

20) 1879. Häpke, L., Notizen über die Flora von Borkum (daselbst, VI, p. 507—512).

21) 1880. Eilker, G., Beiträge zur Flora von Ostfriesland (Ostfries. Monatsbl., VIII, p. 61—71). (Auszüge aus einem Manuskripte von Bley, (im Besitze des Gynasiums zu Emden), welches ebenso unzuverlässig ist, wie das dazu gehörige Herbarium unbrauchbar.)

22) 1880. Holtmanns, J., zur Flora der ostfriesischen Inseln, (daselbst, VIII, p. 498—507).

23) 1880. Liebe, Th., über die Flora der ostfriesischen Inseln Wangerooge und Spiekerooge (Sitzungsber. Brandenb. botan. Verein, p. 58—62).

24) 1880. Buchenau, Fr., fernere Beiträge zur Flora der ostfriesischen Inseln (Abh. Nat. Ver. Brem., VII, p. 73—82).

25) 1881. Derselbe, Flora der ostfriesischen Inseln. Norden und Norderney; Hermann Braams; klein 8°, VIII und 172 Seiten.

26) 1883. Derselbe, eine verkannte deutsche Phanerogame (Juncus ancepsLah., var. atricapillusBuchenau), in: Ber. d. deutsch. bot. Gesellschaft, I, p. 487—493.

27) 1883. Stenzel, G., Flora von Norderney, in: 60. Jahresber. schles. Ges. vaterl. Kultur, p. 210—212.

28) 1884. Buchenau, Fr., Juncus balticus auf Borkum (Abh. Nat. Ver. Brem., VIII, p. 537, 538).

29) 1884. Eilker, G., Flora der Nordseeinseln Borkum, Juist, Norderney, Baltrum, Langeoog, Spiekeroog, Wangeroog. Alphabetisches Verzeichnis sämtlicher auf diesen Inseln bis jetzt beobachteten Phanerogamen und Gefässkryptogamen, nebst kurzen Standorts-Angaben der selteneren Pflanzen, Blütezeit u. s. w. Emden und Borkum; W. Haynel, 1884, 29 Seiten.

30) 1885. Buchenau, Fr., Carex punctata in Deutschland, in: Abh. Nat. Ver. Brem., p. 139, 140.

31) 1888. Koch, H. und Brennecke, Flora von Wangerooge (Wiederabdruck von Nr. 5 dieser Liste), daselbst, X, p. 61—73.

32) 1889. Buchenau, Fr., über die Vegetationsverhältnisse des „Helms" (Psamma arenaria Röm. et Schultes) und der verwandten Dünengräser, daselbst, X, p. 397—412.

33) 1889. Derselbe, die Pflanzenwelt der ostfriesischen Inseln, daselbst, XI, p. 245—264.

34) 1889. Dreier, Joh., Zur Flora von Borkum, daselbst, X, p. 431, 432.

35) 1891. Buchenau, Fr., Flora der ostfriesischen Inseln. 2. durch eine Uebersicht der wichtigsten, während der letzten 10 Jahre gemachten Pflanzenfunde vermehrte Ausgabe; s. Nr. 25 dieser Liste.

Ueber Neuwerk ist zu vergleichen:

Buchenau, Fr., Bemerkungen über die Flora von Neuwerk und des benachbarten Strandes von Duhnen in: Abh. Nat. Ver. Bremen, 1880, VI, p. 619—622;

über Arngast:

Buchenau, Fr., Arngast und die Oberahnschen Felder, daselbst, 1873, III, p. 525—545;

Huntemann, Joh., zur Fauna und Flora der Insel Arngast im Jadebusen, daselbst, 1881, V, p. 139—148.

## 2. Die Zusammensetzung der Flora der ostfriesischen Inseln.

**Einleitende Bemerkungen.** Wie aus vorstehender Literatur-Uebersicht hervorgeht, ist die Flora der ostfriesischen Inseln seit meinem Besuche auf *Bo* im Jahre 1869 Gegenstand reger Aufmerksamkeit und zahlreicher Publikationen geworden. Die bis dahin bekannten Beobachtungen[1]) wurden zum erstenmale im Jahre 1872 von K. Nöldeke (s. Nr. 12 der vorstehenden Liste) zusammengestellt. Alle folgenden Aufsätze lehnten sich an diese Arbeit an, erweiterten und berichtigten sie aber in ungeahnter Weise. Zahlreich waren während der folgenden 10 Jahre die Beobachtungen über die Flora des Sommers; aber auch zur Erforschung der Frühjahrs- und Herbst-Flora wurden wiederholte Reisen nach den Inseln unternommen. 1875 gab ich im 4. Bande der Abh. Nat. Ver. Bremen, Nr. 16 dieser Liste eine tabellarisch nach den Inseln geordnete Aufzählung der eigentlichen Inselpflanzen. — 1881 erschien dann die erste Auflage dieses Buches, (Nr. 25), 1891 die zweite (Nr. 35.)

In der vorliegenden dritten Auflage ist die Disposition der einleitenden Aufsätze im wesentlichen dieselbe geblieben. Jedoch wurden sie nicht allein ganz neu durchgearbeitet, sondern auch um die Zusammenstellung der Dünenpflanzen erweitert.

Ich werde demnach auch in dieser Auflage auf den nachfolgenden Seiten zuerst die Schuttpflanzen und Ackerunkräuter absondern, und dann die Pflanzen der Inseln nach ihrem Auftreten auf dem Festlande als zur Geest-, Moor-, Marsch- und Salzflora gehörig zu gliedern versuchen; die Geestflora zerfällt wieder naturgemäss in die Pflanzen des Waldes, der Wiesen und Weiden, der Heide, des magern Sandes, des Sumpfes, der Gewässer. Dabei halte ich es nicht für nötig, bei jeder einzelnen Gruppe sämtliche dahin gehörige Gewächse aufzuzählen. Es wird genügen, überall die charakteristischen hervorzuheben; überdies bedarf es

---

[1]) Die Aufsätze von Bley und Müller waren übrigens Nöldeke unbekannt geblieben.

wohl kaum der besonderen Erwähnung, dass zahlreiche Fälle vorhanden sind, in welchen eine Pflanze mit demselben Rechte mehreren der erwähnten Kategorien zuzurechnen ist. — An diesen Abschnitt wird sich dann eine Aufzählung der merkwürdigsten Verschiedenheiten der einzelnen Inseln anreihen, und schliesslich werde ich versuchen, einige allgemeinere Resultate aus den Betrachtungen abzuleiten.

A. **Schuttpflanzen und Ackerunkräuter.** — Das Auftreten derjenigen Pflanzen, welche sich an die Fersen des Menschen heften, hat natürlich besonders auf den Inseln mit ihren kleinen und entlegenen Ansiedelungen mancherlei Zufälliges und scheinbar Launenhaftes. Es erscheint nicht lohnend, die einzelnen Schuttpflanzen und Acker-Unkräuter in ihrer Verbreitung über die Inseln zu verfolgen; dagegen dürfte eine allgemeine Bemerkung nicht überflüssig sein. — Auf den ostfriesischen Inseln wird eigentlicher Ackerbau nur auf Ostland $Bo$, der Bill auf $J$, der Meierei auf $N$ und Ostende $L$ getrieben; bei den anderen Orten werden nur Gemüse und Hackfrüchte (Rüben und namentlich Kartoffeln) gebaut; dieser Anbau vermindert aber bekanntlich das Unkraut sehr. Daher fehlen denn den Inseln eine Menge auf dem Festlande häufiger Ackerunkräuter, wie Agrostemma Githago, Scleranthus annuus, Chrysanthemum segetum, Arnoseris pusilla, Setaria viridis und glauca, Panicum glabrum, ganz oder treten doch nur vereinzelt auf; andere wie die Hederich-Arten (Raphanus, Sinapis alba und arvensis), Papaver spec., Alchimilla arvensis, Centaurea Cyanus, Hypochoeris glabra, Panicum crus galli, Agrostis spica venti, finden sich entweder sehr viel seltener als auf dem Festlande, oder treten mehr als Schuttpflanzen, denn als eigentliche Ackerunkräuter auf: ebenso sind auch die einjährigen Lamium- und Veronica-Arten nur spärlich vorhanden. In die Rolle der fehlenden Ackerunkräuter treten aber andere Pflanzen ein, welche auf dem Festlande entweder den Charakter von Ruderal-Pflanzen besitzen, oder in den Kulturen doch nicht so häufig sind, wie auf den Inseln. So findet man auf den Ackerfeldern und manchen Gemüsebeeten der Inseln Spergula arvensis, Vicia hirsuta und angustifolia, Mentha arvensis, Polygonum Convolvulus und Bromus secalinus ebenso häufig, wie auf dem Festlande, während Stellaria media (fleischige Formen),

Polygonum lapathifolium, Persicaria, aviculare, Chenopodium album, Iuncus bufonius, Agrostis alba, Phragmites
communis (oft massenhaft das Getreide überragend!) entschieden häufiger sind; auf einzelnen Feldern von *Bo* finden
sich auch Geranium molle und Potentilla procumbens
vielfach.

### B. Geestflora [1]. Mit der Flora der Geest hat die

Flora der Inseln besonders viele Elemente gemein. Dies
wird sofort begreiflich, wenn wir uns daran erinnern, dass
die Inseln selbst ursprünglich von Geest gebildet und von
der Geestflora bedeckt waren. — Die Geest bildet bei weitem
den grössten Teil der nordwestdeutschen Tiefebene; nur die
Marschen, die den Rändern der Geest angelagerten oder
ihren Flächen aufgelagerten Moore, sowie endlich der schmale
salzige Küstensaum stehen im Gegensatz zu ihr. Ziehen wir
von der nordwestdeutschen Flora die Elemente der eben bezeichneten Formationen ab, so bleibt die Flora der Geest
übrig. Ihr Anteil an der gesamten nordwestdeutschen
Flora erscheint aber um so bedeutender, wenn wir bedenken,
dass die Flora der Marsch ausserordentlich arm und namentlich auch arm an eigentümlichen Pflanzen ist, und dass
sehr viele Pflanzen der Moore auch auf den feuchten Heiden
gedeihen. — Unter diesen Umständen ist weniger die Ueber-
einstimmung der Pflanzen der Inseln mit denen der Geest,
als ihre mannigfache Verschiedenheit auffallend. —

a) Ein ganz besonderes Interesse nehmen diejenigen
Pflanzen in Anspruch, welche auf dem Festlande in den
Wäldern der Geest vorkommen. Wälder oder auch nur

---

[1] Für die nicht dem Nordwesten von Deutschland ange-
hörenden Leser will ich bemerken, dass man unter „Geest" den
Diluvialboden versteht und zwar bezeichnet „Hohe Geest" das
wenig veränderte, meist höher gelegene und hügelige Land, während
„Vorgeest" jene flachern Gebiete genannt werden, welche längere
Zeit den Ufersaum oder den Boden flacherer Meere gebildet haben,
und aus denen daher der Wellenschlag die thonigen Bestandteile
meist entführt hat. Die Geest besteht überwiegend aus sandigen,
lehmigen, selten mergeligen, Geschiebe oder Blöcke enthaltenden
Bodenarten; auch sie sind oft unfruchtbar und tragen dann nur
die weit ausgedehnten menschenarmen Heiden. — Man wolle beachten, dass auf den Inseln eigentliche alte Geest, wie sie z. B.
die Höhenzüge der Lüneburger Heide bildet, nicht mehr vorhanden
ist; vielmehr ist der Boden infolge der Einwirkung von Wind
und Wellen vielfach verändert: verweht oder mit Sand überdeckt,
zerspült oder neu angeschwemmt.

Gehölze giebt es auf den ostfriesischen Inseln nirgends.
Junge Bäume wachsen zwar meistens sehr kräftig und reifen
ihr Holz in jedem Sommer, werden auch seltener von Früh-
jahrs-Nachtfrösten beschädigt als auf dem Festlande; aber
sobald sie ihre Zweige über die Höhe der Dünen oder der
Dachfirsten erheben, werden die jungen Triebe durch
die mechanische Gewalt der Stürme getötet. Die Wucht
der Winde vermindert sich natürlich auf den breiteren
Inseln bemerklich. Während daher auf $J$ nur wenige
Bäume vorhanden sind, welche sich ängstlich an Gebäude
anlehnen, finden sich auf Ostland $Bo$ bei den Häusern
ganz stattliche Bäume, und das Dorf $S.$ besitzt einen Haupt-
schmuck in den bis zur Dachhöhe aufragenden Linden.
Auf $N$ ist es der Kultur gelungen, eine Reihe kleiner Gehölze und schattiger Laubgänge zu schaffen; zahlreiche angepflanzte Holzarten gedeihen bis zu mässiger Höhe ganz
gut; von eigentlichen Wäldern kann aber doch keine
Rede sein. — Unter diesen Umständen ist es im hohen
Grade auffallend, dass auf den ostfriesischen Inseln mehrere
Pflanzen vorkommen, welche auf dem Festlande die Wälder
bewohnen. Es sind dies: Pirola rotundifolia (alle Inseln
ausser $W$), minor (ebenso), Monotropa glabra ($Bo$, $J$,
$N$, $L$), Listera ovata ($Bo$, $J$, $N$, $L$), Epipactis latifolia ($Bo$, $J$, $N$, $L$). Man hat früher vielfach — und
ich selbst habe mich dem angeschlossen — aus diesem
Vorkommen gefolgert, dass die Wälder der Geest sich bis
zu den Inseln erstreckt haben müssen. Ich muss aber
jetzt anerkennen, dass dies durch das Zusammen-Vorkommen
jener Arten nicht bewiesen wird. Zunächst gehören die
beiden Pirola-Arten zu der Association atlantischer Küstenpflanzen, welche sich in West-Europa vom Golf von Biscaya
bis zum Kap Skagen findet. Monotropa glabra ist zwar
auf dem Festlande eine entschiedene Waldpflanze; aber in
den nordwestdeutschen Ländern kommt nicht sie, sondern
ihre Schwesterart, M. hirsuta, vor. Endlich ist Epipactis
latifolia auf dem Festlande keine entschiedene Waldpflanze,
sondern kommt auch an buschigen Abhängen vor (wie sie
denn auch auf den Inseln auf Dünenabhängen, nicht mit
den anderen genannten Arten zusammen in Dünenthälern
wächst). — Zu jenen Pflanzen gesellen sich aber noch
Gymnadenia conopea (auf dem Festlande auf Waldwiesen)

und Parnassia palustris (auf den Inseln an weit trockeneren Stellen ausdauernd als auf dem Festlande, wo
sie quellige Orte und sumpfige Wiesen liebt), um eine höchst
auffallende Pflanzen-Gemeinschaft zu bilden, welche in der
starken Durchfeuchtung des Bodens und der milden, feuchten
Luft die Bedingungen ihres Gedeihens findet. — Das meist
häufige Vorkommen von Liparis Loeselii auf den fünf
westlichen Inseln ist gleichfalls auffallend. Auf dem Festlande ist sie bei uns ein seltener Bewohner buschiger Moore;
auf den Inseln scheint der Salzgehalt ihrem Gedeihen besonders förderlich zu sein.

Von Holzpflanzen kommen auf den Inseln wild vor:
Salix repens, aurita, cinerea (ob wild?) Obione portulacoides
(*Bo, J*) Empetrum nigrum (zerstreut), Hippophaës rhamnoides (sechs westliche Inseln), Rubus caesius (*Bo, J, N*),
Rosa pimpinellifolia (*J, N*), Ononis spinosa (alle Inseln),
repens (*Bo, J, N, L, S*) — beide Arten sind bekanntlich
keine echten Sträucher, sondern Stauden mit verholzendem
Stengel —, Calluna vulgaris (*Bo, N, W*; sonst nur eingeschleppt), Erica Tetralix (*Bo, N, L*; auf *S* und *W* eingeschleppt), Sambucus nigra (überall, aber angepflanzt). —
Obst gedeiht der geringen Sommerwärme wegen nicht besonders und reift erst sehr spät.

b) Wiesen und Weiden. Die festländischen Wiesen
und Weiden werden auf den Inseln durch die (vielfach
auch im ersten Frühjahre oder im Herbste oder in beiden
Jahreszeiten als Weide benutzten) Binnenwiesen und die
Aussenweiden vertreten; an sie schliessen sich in allmäh-
lichem Uebergange viele Dünenthäler an. Kunstwiesen (wie
die Polder auf *N, J* und *S*, einzelne neuangelegte Wiesen
auf *Bo, L* und *S*) sind nur spärlich vorhanden. — Die
Wiesen und Weiden der Inseln besitzen natürlich zahlreiche salzliebende Pflanzen; indessen wiederholt sich auch
hier die bekannte Erscheinung der Küstengebiete, dass bald
nach der Eindeichung einer Landfläche der Salzgehalt ausgewaschen ist, und die Salzpflanzen sich daher sehr rasch
vermindern. — Die Aussenweiden der Inseln zeigen meist
einen kurzen Pflanzenwuchs. Der Wind und der Zahn des
Weideviehes lassen die Pflanzen nicht höher werden. In
den höheren Gegenden ist die Pflanzendecke geschlossen;
in den tieferen dagegen wird sie mit der vermehrten Häufigkeit der Ueberschwemmung durch die See immer zerrissener,

bis sie in die sand- und schlickfangenden Büsche von
Agrostis alba und Festuca thalassica, sowie noch weiterhin
in die locker stehenden Exemplare von Suaeda und Salicornia übergeht. — Die Binnenwiesen zeigen zwar oft auch
einen ziemlich dichten Stand der Pflanzen, doch liefert
derselbe meist nur locker gestellte und niedrige Stengel,
so dass der Heuertrag nicht sehr bedeutend ist. Es fehlen
den 'Wiesen der Inseln die Hauptwiesengräser des Festlandes: die Avena-Arten sämtlich, Alopecurus pratensis,
Phleum pratense (beide nur ganz gelegentlich auftretend)
und zahlreiche, krautreiche Stauden, wie z. B. Pastinaca,
Heracleum, Carum (Polder), Centaurea Jacea (nur spärlich
auf *L* und *S*). Auf den Inseln bilden Trifolium pratense
und repens, Daucus Carota (nicht regelmässig), Galium
palustre, Achillea Millefolium, Senecio aquaticus, Leontodon
autumnalis, Hypochoeris radicata, Euphrasia Odontites und
stricta, Brunella vulgaris, Plantago lanceolata und maritima,
Rumex Acetosa, Salix repens, Triglochin maritima, Juncus
Gerardi und lampocarpus, einige Cyperaceen, Holcus lanatus,
Agrostis-Arten, Anthoxanthum odoratum, Sieglingia decumbens, Alopecurus geniculatus, Lolium perenne, Cynosurus
cristatus, Nardus stricta und Lepturus incurvatus die Hauptmasse des Rasens, zu dem nur hie und da das treffliche
Futtergras Hordeum secalinum und auf *Bo* Bromus race-
mosus hinzutreten. Der Pflanzenwuchs ist oft auf grossen
Flächen sehr spärlich, und wird nicht selten noch kümmer-
licher durch die Masse von Alectorolophus-Pflanzen (A.
major), welche auf den Wiesen wachsen und schmarotzend
den andern Pflanzen den Saft wegsaugen. Das übermässige
Gedeihen dieses Klappertopfes hängt gewiss damit zusammen,
dass man auf den Inseln allgemein sehr spät, nämlich erst
nach vollendeter Reife der Grasfrüchte mäht, wo dann die
reifen Samen des Klappertopfes massenhaft ausfallen und
auf der Wiese überwintern. Würde man sich entschliessen,
einige Jahre hindurch zur Zeit der Grasblüte zu mähen,
so würde dadurch jene verderbliche Pflanze gewiss bedeutend
vermindert werden. — Auch die grosse Zahl der Ameisenhaufen schädigt den Ertrag an Gras sehr. Nur auf wenigen
Kunstwiesen der Inseln, namentlich den Poldern von *J*,
*N* und *S*, findet sich ein Wiesenwuchs annähernd wie
auf dem Festlande.

Sehr allmählich ist der Uebergang der Wiesen in die

Dünenthäler. Bei diesem Uebergange nimmt Salix repens sehr zu; Ononis spinosa oder repens, sowie Hippophaës finden sich ein, ferner Ranunculus flammula, die Pirola-Arten, Lotus corniculatus, Trifolium arvense, Thrincia hirta, Jasione montana und sodann die eigentlichen Charakterpflanzen der Dünenthäler: Carex trinervis, Goodenoughii, Juncus atricapillus, Epipactis palustris (alle Inseln ausser W), Gymnadenia conopea (Bo, J,) Parnassia palûstris (alle Inseln ausser W), Pirola rotundifolia (ebenso) und minor (ebenso), Erythraea linariifolia, und auf feuchteren Stellen Hierochloë odorata (Bo, J, Ba, L), sowie Carex acuta (Bo, J, L).

Eine charakteristische Bildung der Aussenweiden sind die dichten Rasen von Juncus maritimus, in welchen, durch die stechenden Spitzen der cylindrischen Laubblätter vor dem weidenden Vieh geschützt, namentlich Oenanthe Lachenalii, Apium graveolens, Bupleurum tenuissimum, Inula Britanica, Aster Tripolium und manche andere Gewächse gedeihen. Auf L steht diese Binsen-Art in einem sehr feuchten südlichen Dünenthale; auf Ba fehlt sie anscheinend noch.

c) Die Heide-Vegetation nimmt (abgesehen natürlich von Wangerooge, worüber das weiter unten Gesagte zu vergleichen ist), nur auf Bo und N einen grösseren Raum ein; sie ist vertreten durch folgende Arten:

Lycopodium inundatum (sehr zerstreut), Selago (sehr einzeln), Calamagrostis Epigeios (Bo, J, N, L), Weingärtneria canescens (überall), Sieglingia decumbens (häufig), Molinia coerulea (Bo, J, N, L, W), Nardus stricta (häufig), Juncus filiformis (Bo), J. squarrosus (Bo, N?), Orchis maculata (Bo, N, Ba; sehr einzeln), Platanthera bifolia (Bo, L), Salix repens (überall), Scleranthus perennis (zerstreut), Drosera rotundifolia (zerstreut), Potentilla silvestris (Bo, N, S, W), procumbens Bo, N, spärlich, mehr auf feuchten Triften mit heidigem Boden, als auf trockenen Heiden), Empetrum nigrum (zerstreut), Calluna vulgaris (Bo, N, W), Cicendia filiformis (Bo), Pedicularis silvatica (Bo), Euphrasia gracilis (N und sonst?), Pinguicula vulgaris (Bo), Litorella lacustris (Bo, W), Antennaria dioeca (zerstreut), Thrincia hirta (überall häufig). Spergula vernalis scheint auch auf W. zu fehlen.

d) Die Flora des mageren Sandes, für welche auf dem Festlande: Panicum glabrum, Cyperus flavescens, Juncus capitatus und Tenageja, Illecebrum verticillatum, Ornithopus perpusillus, Hypericum humifusum und Corrigiola litoralis besonders charakteristisch sind, ist auf den Inseln nur schwach vertreten, was wohl mit dem starken Kalk- und Kochsalzgehalt des Inselsandes zusammenhängt; auf den Inseln sind Avena praecox, Rumex Acetosella, Ranunculus Flammula, Potentilla anserina, Radiola millegrana, Centunculus minimus, Filago minima und Gnaphalium · uliginosum ihre häufigsten Vertreter. Teesdalea nudicaulis (*W*), auf Sandplätzen und niedrigen Dünen des Festlandes häufig, fehlt fast ganz; ebenso Cicendia (*Bo*), welche anmoorigen Sand 'liebt. Montia minor der feuchten Aecker kommt auf den Inseln nicht vor; Echium vulgare, an sandigen Stellen des Binnenlandes nicht selten, ist auf den Inseln nur Ruderalpflanze. Mehr Feuchtigkeit lieben bereits und bilden daher den Uebergang zu den Sumpf- oder Moor-Pflanzen: Scirpus setaceus (*Bo, N*), Carex Oederi (häufig), Peplis Portula (*Bo, S, W*), Cicendia filiformis (*Bo*), Limosella aquatica (*L, S, W*); die auf den Inseln überall gemeine Weingärtneria canescens vermittelt mit Nardus stricta u. m. a. auf dem Festlande den Uebergang dieses Floren-Elementes in die Flora der Heide, der überhaupt ein sehr allmählicher ist.

e) Sumpfflora. Dieses Element der Pflanzendecke der ostfriesischen Inseln ist besonders schwer abzugrenzen, da zwischen den Sümpfen und den Gewässern einerseits, dem feuchten Sande, nassen Wiesen und Weiden andererseits viele Uebergänge vorhanden sind. Die Pflanzen der letztgenannten Standorte, sowie der Gräben und Tümpel sind (da sie unter b, d und f noch näher betrachtet sind) in der nachfolgenden Zusammenstellung thunlichst ausgeschlossen. In dieser Beschränkung ist die Sumpfflora fast nur auf *Bo* stärker entwickelt und umfasst etwa folgende Pflanzen:

Equisetum palustre (*Bo*), limosum (*Bo, J, Ba*), Typha latifolia (sehr zerstreut), angustifolia (sehr zerstreut), Potamogeton graminea (*Bo*), Alisma Plantago (zerstreut), Echinodorus ranunculoides (*Bo*), Hierochloë odorata (*Bo, J, Ba, L*), Agrostis canina (*Bo, N?, L, S*), Calamagrostis Epigeios (*Bo, J, N, L*), Phragmites communis (häufig; vielfach auch auf Wiesen, Aeckern und Dämmen); Eriophorum angustifolium (nicht selten), Carex dioeca (*Bo*), pulicaris (*Bo*), disticha (*Bo*), vulpina (*Bo*, *J*, *N*, *L*), teretiuscula (*Bo*), leporina (*Bo N*), echinata (*Bo*), canescens (*Bo*), acuta (*Bo*, *J*, *L*), Juncus supinus (*Bo*, *W*), Salix cinerea (zerstreut), aurita (zerstreut), Polygonum amphibium (*Bo*, *J*, *L*), minus (*Bo*), Stellaria glauca (*Bo*, *N*), Caltha palustris (*Bo*), Nasturtium officinale (*Bo*, *N*), palustre (zerstreut), Drosera rotundifolia (zerstreut), Parnassia palustris (alle Inseln ausser *W*; auf ihnen aber keineswegs als Sumpfpflanze), Potentilla palustris (*Bo*), Lotus uliginosus (*Bo*, *N*, *L*), Viola palustris (*Bo*), Peplis Portula (*Bo*, *S*, *W*), Lythrum Salicaria (*Bo*, *N*, *S*), Epilobium hirsutum (*Bo*, *J*, *L*), palustre (zerstreut), parviflorum (*Bo*, *L*), Hydrocotyle vulgaris (*Bo*, *J*, *N*, *L*, *W*), Menyanthes trifoliata (*Bo*), Myosotis palustris (*Bo*), caespitosa (zerstreut), Lycopus europaeus (*Bo*, *J*, *L*), Veronica aquatica (*Bo*), scutellata (*Bo*, *L*), Limosella aquatica (auf feuchtem Sande: *L*, *S*, W), Pedicularis silvatica (*Bo*), P. palustris (*Bo*), Litorella lacustris (*Bo*, *W*), Galium palustre (zerstreut), uliginosum (*Bo*, *L*), Eupatorium cannabinum (*Bo*, *J*) Bidens tripartitus (zerstreut; auch auf Gemüsebeeten und Feldern), Senecio paluster (*Bo*).

f) Gewässer. Von den in den Gewässern der Geest wachsenden Pflanzen findet sich eine nicht sehr grosse Anzahl auf den Inseln; die wichtigsten sind wohl:

Equisetum palustre (*Bo*), limosum (*Bo*, *J*, *Ba*), beide auch auf feuchten Wiesen und in Dünenthälern), Typha latifolia (zerstreut), angustifolia (zerstreut), Potamogeton natans (*Bo*, *J*), graminea (*Bo*), pusilla (*Bo*, *N*), pectinata (*Bo*, *J*, *N*), Alisma Plantago (zerstreut), Echinodorus ranunculoides (*Bo*), Phragmites communis (vielfach auch als Wiesenpflanze und selbst als Ackerunkraut), Glyceria fluitans (*Bo*, *N*, *Ba*, *L*), Catabrosa aquatica (*N*), Scirpus paluster (zerstreut), maritimus (häufig), Tabernaemontani (häufig), Lemna minor (zerstreut), gibba (*Bo*, *N*), trisulca, (*Bo*, *J*, *S*), Polygonum amphibium (*Bo*, *J*, *L*), Ranunculus sceleratus (zerstreut), Batrachium Baudotii (zerstreut), Nasturtium officinale (*Bo*, *N*), Potentilla palustris (*Bo*, *J*), Callitriche stagnalis (*Bo*, *J*, *N*), verna (*Bo*), Myriophyllum spicatum (*Bo*, *J*, *N*, *L*), alterniflorum (*Bo*), Hippuris vulgaris (*Bo*, *J*, *L*), Epilobium hirsutum (*Bo*, *J*, *L*), palustre (zerstreut), Helosciadium inundatum (*L*), Berula angustifolia (*Bo*), Oenanthe Phellandrium (*Bo*, *J*, *S*), Menyanthes trifoliata (*Bo*), Utricularia vulgaris (*Bo*), Litorella lacustris (*Bo*, *W*). Diesen Pflanzen gesellen sich dann auf den Inseln die entschieden salzliebenden: Zannichellia und Ruppia zu; im eigentlichen Meerwasser wachsen überdies die beiden Zosteren. Dass diese Wasserpflanzen vorzugsweise reich auf *Bo* entwickelt sind, erklärt sich aus dem Bau dieser Insel. Es gilt dasselbe wie von der Sumpfflora, in welche ja selbstverständlich die Flora der Gewässer ganz allmählich übergeht.

C. **Die Moorflora** ist auf den Inseln kaum vertreten. Nur das auf *N* in grosser Menge vorhandene Vaccinium uliginosum gehört auf dem Festlande stets der Moorflora an; ausser ihm wären allenfalls noch zu nennen: Lycopodium inundatum (zerstreut), Potamogeton polygonifolia (*Bo*, *W*), Polygonum minus (*Bo*), Potentilla palustris (*Bo*), Erica Tetralix (*Bo*, *N*, *L*), Cicendia filiformis (*Bo* [1]), von denen indessen Potentilla palustris ebenso passend der Sumpfflora zugerechnet wird, die andern genannten Arten aber ebenso häufig auf feuchten Heiden und schwach anmoorigem Boden vorkommen, als in wirklichen Mooren. — Zu nennen wäre hier wohl noch Liparis Loeselii, welche freilich auf den Hochmooren nicht vorkommt und überhaupt in Nordwest-Deutschland sehr selten ist, in den Wiesenmooren und Torfsümpfen des östlichen Deutschlands aber häufig wächst; sie verlangt auf den Inseln keinen Schlamm oder Moorboden, sondern gedeiht auf dem gut durchfeuchteten Sandboden, oft bei sehr dünner Humusschicht, ganz vortrefflich.

D. **Marschflora.** Wie bereits oben bemerkt, ist die Flora der nordwestdeutschen Fluss- und Seemarschen nicht allein überhaupt sehr arm, sondern auch namentlich arm an eigentümlichen, auf der Geest nicht, oder doch nur selten auftretenden Gewächsen. Von Inselpflanzen dürften als der Marsch angehörige bezeichnet werden: Hordeum secalinum (*Bo*, *N*), Thalictrum flavum [2]) (*Bo* nur auf einer sehr beschränkten Stelle), Batrachium Baudotii, Brassica

---

1) Auf dem Festlande auch vielfach auf magerem, anmoorigem Sande.
2) Auf dem Festlande auch auf moorigen Wiesen.

nigra (als Ruderalpflanze auf *Bo, N, S*), Carum Carvi
nur auf den Polderwiesen von *N*), Pastinaca vulgaris (daselbst); auch Inula Britannica, Chenopodium rubrum und
die Ononis-Arten lieben die Marsch. Die nur sporadisch
auf den Inseln vorkommende Cotula coronopifolia (*Bo, N*),
liebt Triften und stark gedüngte Stellen, ist aber nicht auf
die Marsch beschränkt. Lepidium ruderale, in der Marsch
sehr verbreitet, steht auf der Grenze der Ruderal- und der
Küstenpflanzen. Coronopus Ruellii, in den Marschen an
Wegen und Deichen häufig, ist nur an eine Stelle auf *N*
verschleppt.

**E. Salzpflanzen.** Dass die Zahl der salzliebenden
Pflanzen auf den Inseln nicht gering sein wird, lässt sich
erwarten. Die Pflanzen dieser Gruppe verhalten sich aber
(auch abgesehen davon, dass sie in ihren Ansprüchen an
den Salzgehalt des Bodens sehr verschieden sind[1]) sehr
verschieden gegen den Untergrund. Eine kleinere Zahl
von ihnen verlangt einen lockeren durchlässigen Boden;
sie wachsen also auf sandigem Boden und namentlich auf
dem Strande, den Dünen und in den Dünenthälern; ich
bezeichne sie als Sand-Strand-Pflanzen; die meisten lieben
einen fetteren, fruchtbaren, undurchlässigen Schlickboden
(dem aber ohne Aenderung der Flora eine ziemliche Menge
von Sand beigemischt sein kann); ich fasse sie unter dem
Namen: Küstenflora zusammen. Diese Unterscheidung hat
für die deutschen Nordseeküsten eine um so grössere Bedeutung, als die ganze Küste vom Dollart an bis zur
Mündung der Elbe von Marschen gebildet und daher
schlickig ist, die sandige Geest aber nur an zwei kleinen
Stellen (dem Vorgebirge von Dangast im Jadebusen und
der Heide nebst den niedrigen Dünen bei Duhnen unweit
Cuxhaven) an die See herantritt. Die zur „Küstenflora"
gerechneten Pflanzen bedecken daher den deutschen Küstensaum fast ausschliesslich, während die „Sandstrand-Flora"
fast nur an jenen kleinen Stellen vorkommt. — Auf den
Inseln wachsen die Vertreter der „Küstenflora" natürlich
am meisten auf den den Festlandsküsten gegenüber liegenden Weiden und den noch nicht zu stark ausgewässerten

---

[1] Manche von ihnen, wie Glaux, gedeihen auch auf Bodenarten mit sehr wenig Salzgehalt.

Wiesen, die der „Sandstrand-Flora" dagegen vorzugsweise auf dem Strande, den Dünen und in den Dünenthälern.

Zur „Sandstrand-Flora" gehören auf den Inseln nur: Cakile maritima, Honckenya peploides, Eryngium maritimum (bei Duhnen vorhanden, fehlt bei Dangast), Salsola Kali, Ammophila arenaria, Triticum junceum, Hordeum arenarium (bei Dangast vorhanden, während Ammophila dort fehlt; kommt auch bei Duhnen vor; auf den weiter landeinwärts liegenden Dünen, wie z. B. bei Schwanewede unweit Vegesack, wohl nur angepflanzt). — Auf dem Festlande wird die Sandstrandflora dadurch reicher, dass sich den genannten Arten noch manche andere (z. B. Sagina maritima, Cochlearia danica, Lathyrus maritimus, Erythraea linariifolia) von den Dünen und aus den Dünenthälern zugesellen.

Als Bestandteile der „Küsten-Flora" sind zu nennen: Ruppia maritima, Zostera marina, nana, Juncus Gerardi, maritimus (ob an der deutschen Festlandsküste?), Triglochin maritima, Agrostis alba L., var. stolonifera und maritima, Atropis distans, maritima, Lepturus incurvatus (sandige Orte liebend), Schoenus nigricans (fehlt an der deutschen Festlandsküste), Scirpus Tabernaemontani (mit sehr wenig Salz fürlieb nehmend), pungens (ziemlich weit an den Flüssen hinaufsteigend), rufus (von der Festlandsküste nicht bekannt; an einzelnen binnenländischen Salinen), Carex extensa (Festlandsküste?), Suaeda maritima, Salsola Kali (an der Festlandsküste, aber nur selten; warme, sandige Orte vorziehend, auf den Inseln vorzugsweise am Strande, in trockenen Dünen und an Dorfwegen; im Binnenlande mehrfach an salzfreien Stellen), Salicornia herbacea, Obione portulacoides, pedunculata, Atriplex litorale, latifolium, laciniatum (selten), Spergularia salina und marginata, Cochlearia officinalis und anglica, Trifolium fragiferum (verlangt sehr wenig Salz und findet sich daher auch an vielen schwach salzhaltigen Stellen des Festlandes), Apium graveolens, Bupleurum tenuissimum (sowohl auf den Inseln als auf der Küste nicht häufig), Oenanthe Lachenalii, Samolus Valerandi (von der Küste nur für Wulsdorf angegeben, daselbst aber sehr zweifelhaft, dagegen an den binnenländischen Salinen mehrfach), Plantago Coronopus (sandige trockene Stellen sehr vorziehend), maritima, Statice Limonium, Aster Tripolium, Artemisia maritima.

Natürlich mischen sich den genannten Pflanzen an der Festlandsküste noch manche andere (wie z. B.: Erythraea pulchella, Euphrasia Odontites) bei, welche auch im Inneren des nordwestlichen Deutschlands vorkommen.

## 3. Die wichtigsten Bestandteile unserer Dünenflora.

Es scheint mir von besonderem Interesse zu sein, im nachstehenden unsere wichtigsten Dünenpflanzen zusammen zu stellen. Eine solche Zusammenstellung existiert bis jetzt noch nicht. Wertvolle Beiträge zu derselben liefert die schöne Arbeit von W. O. Focke, Untersuchungen über die Vegetation des nordwestdeutschen Tieflandes (Abh. Nat. Ver., Brem., 1871, II, p. 405—456). — Viel umfassender als meine Aufzählung ist die Liste, welche E. Roth in seiner Arbeit: Ueber die Pflanzen, welche den atlantischen Ozean auf der Westküste Europas begleiten (Brandenb. bot. Verein, 1884, XXV, p. 132—181), giebt, welcher Aufsatz aber unbegreiflicherweise die drei Jahre vorher er-. schienene erste Auflage dieser Flora absolut ignoriert. Die meisten Pflanzen meiner Liste fehlen bei Roth. Roth wollte die spezifisch atlantischen Pflanzen (ganz unabhängig von ihrem Vorkommen auf dieser oder jener Bodenform) zusammenstellen, während meine Liste unsere wichtigsten Dünenpflanzen aufzählt (auch solche wie Viola tricolor, Ammophila arenaria, Sieglingia, welche keineswegs auf unsere Dünen beschränkt sind). — Meine Liste gewinnt dadurch eine grössere Bedeutung, dass die von ihr dargestellte Pflanzen-Association sich (im wesentlichen ungeändert) vom Meerbusen von Biscaya bis zum Kap Skagen erstreckt.

Polypodium vulgare (dichtbewachsene (Dünen), Botrychium Lunaria (dichtbewachsene Dünen), Lycopodium Selago (selten), Phleum arenarium, Agrostis alba (Thäler), vulgaris (Thäler), Calamagrostis lanceolata (Thäler), C. Epigeios (Thäler), Ammophila arenaria, Koeleria glauca, Weingärtneria canescens, Avena praecox, Sieglingia decumbens (Thäler), Poa pratensis (Thäler), Festuca rubra var. arenaria, ovina (bewachsene Vordünen), Bromus mollis, Agropyrum junceum (auch Sandstrand), acutum (Erdwälle u. s. w.), repens (Thäler, Erdwälle), Elymus arenarius, Nardus stricta (Thäler), Lepturus incurvatus (flache Stellen, Weiden), Carex arenaria, Goodenoughii, trinervis (Thäler!), flacca (Thäler), punctata (Thäler und Wiesen; atlantisch-mediterrane Pflanze), distans (Thäler), flava γ. Oederi (Thäler), extensa (flache Abhänge und Wiesen), Juncus Gerardi (Thäler), anceps var. atricapillus (Thäler), lampocarpus (Abhänge und Thäler), Luzula campestris, Asparagus officinalis, Orchis incarnatus, Epipactis palustris, latifolia (stellenweise). Liparis Loeselii (stellenweise, nördlich der Elbe fehlend), Salix repens, Salsola Kali (mehr Sandstrand!), Atriplex litorale, hastatum (Vordünen und Thäler), Scleranthus perennis (nicht allgemein), Sagina nodosa (Thäler), Arenaria serpyllifolia, Cerastium semidecandrum, tetrandrum, triviale (Thäler), Silene Otites, Thalictrum minus var. dunense, Draba verna, Cakile maritima (auch Sandstrand!), Sedum acre, Parnassia palustris (Thäler), Rubus caesius, Rosa pimpinellifolia, Ononis spinosa, repens, Anthyllis vulneraria, Trifolium arvense, Lotus corniculatus, Vicia lathyroides, Lathyrus maritimus (von der Elbe an nach Westen selten werdend), Erodium cicutarium, Radiola multiflora (Thäler und Weiden), Polygalon vulgare var. dunense, Empetrum nigrum (ganz besonders auf den nordfriesischen Inseln), Helianthemum guttatum, Viola canina var. lancifolia, tricolor var. sabulosa, Hippophaës rhamnoides (von Juist an ost- und nordwärts seltener werdend), Epilobium angustifolium, Oenothera biennis (neuerdings eingewandert), Eryngium maritimum (Thäler und Strand), Pimpinella Saxifraga (stellenweise), Pirola rotundifolia, minor (weniger allgemein), Erythraea linariifolia (Thäler!), Convolvulus Soldanella (Mediterrangebiet und Westeuropa häufig; vom belgischen Dünengebiete bis zur Elbe selten, jenseits der Elbe nicht mehr), Myosotis hispida var. dunensis, Brunella vulgaris (bewachsene Thäler), Linaria vulgaris, Veronica officinalis, Alectorolophus major (Thäler), Euphrasia stricta, Odontites (Thäler und Weiden, mehr nordisch als westlich), Plantago Coronopus, maritima, Galium verum, Mollugo, Jasione montana var. litoralis, Erigeron acer, Filago minima (Binnendünen und Flächen), Antennaria dioeca (zerstreut), Chrysanthemum inodorum, Senecio Jacobaea var. discoideus (östlich bis Juist), vulgaris, silvaticus, Cirsium

lanceolatum (mehr Ruderalpflanze?), Thrincia hirta, Leontodon autumnalis, Hypochoeris radicata, Taraxacum laevigatum, Sonchus arvensis var. angustifolius, Hieracium umbellatum var. armeriaefolium.

## 3. Verschiedenheiten der einzelnen Inseln.

Wenn wir die Verschiedenheiten der Flora der einzelnen Inseln würdigen wollen, so ist es zunächst er-
forderlich, die Schuttpflanzen und Acker-Unkräuter, deren
Auftreten, wie bereits erwähnt, viel Zufälliges besitzt, von
der Betrachtung auszuschliessen. Würden wir dies nicht
thun, so würden wir ein Gemisch von Fällen erhalten, in
welchen bald gelegentliche und zufällige Einschleppung
durch den Menschen, bald andere, auf natürliche Verhältnisse zurückzuführende, Ursachen bedingend für die auf-
fällige Verbreitung gewesen sind. Dies würde aber die
Uebersicht offenbar nur trüben. Auszuschliessen sind demnach ferner die in die Anlagen von Norderney eingeschleppten Pflanzen, sowie die auf den dortigen Poldern
und Kunstwiesen wachsenden Pflanzen (Carum, Pastinaca).
— Ein Blick auf den Bau der Inseln wird uns aber nötigen,
noch weiter zu gehen. Während nämlich die sechs östlichen Inseln direkt der Küste vorgelagert sind und daher
bei mehr oder weniger gestreckter Gestalt nur eine sehr
geringe Breite besitzen, ist Borkum die einzige der Küste
ferner liegende und hufeisenförmig gestaltete Insel, zugleich
auch von allen die weitaus grösste. *Bo* allein umschliesst
in seinem Innern zahlreichere sumpfige Dünenthäler (charak-
teristischerweise hat die Insel *J.* welche wahrscheinlich
erst im Jahre 1170 n. Chr. von *Bo* abgerissen wurde, in
ihrer westlichen, nach *Bo* schauenden Hälfte, der Bill, noch
einige Dünenthäler von demselben Charakter, wie ihn die
Thäler auf *Bo* zeigen, bewahrt). Dass mit dem Fehlen
der sumpfigen Thäler auch die Sumpfflora auf den anderen
Inseln fast ganz fehlt, ist ja selbstverständlich und bedarf
keiner weiteren Betonung. — Ich lasse daher in nachfolgender
Aufzählung dieses Element der Borkumer Flora aus. Weiter
ist aber besonders hervorzuheben, dass auch die östlichste der
Inseln: W a n g e r o o g e, sich von allen anderen sehr stark
unterscheidet. Der grössere ältere Teil der Insel, im Westen

bei dem mächtigen alten Kirchturm gelegen, ist durch Sturm-
fluten weggerissen; die jetzige Insel hat eine wenig model-
lierte Oberfläche und macht einen sehr öden Eindruck. Die
Dünen haben ein ganz anderes Gepräge, als z. B.
diejenigen der zunächst benachbarten Insel Spiekerooge.
Sie sind weit dürrer; sie haben mehr den Charakter der
Sandhügel des Festlandes und sehen aus, als wären sie
erst in einer relativ jungen Zeit in einer Heidegegend aufgeweht. Ebenso gleichen die Niederungen mehr anmoorigen
Plätzen der Heidegegenden als den blumigen Thälern der
westlichen Inseln. — Natürlich hat Wangerooge die meisten
Sandstrand-, zahlreiche Wattpflanzen und eine ganze Anzahl von Dünenpflanzen mit den anderen Inseln gemein
(z. B. Weingärtneria, Ammophila arenaria, Viola canina und
tricolor, Lotus corniculatus, Leontodon autumnalis, Hieracium
umbellatum, Cerastium semidecandrum und tetrandrum,
Myosotis hispida); dagegen fehlt eine Menge anderer Pflanzen,
welche gerade die Dünenthäler der anderen Inseln so an-
ziehend machen. Sehr auffallend ist das fast völlige Fehlen
von Salix repens. Gebüsche dieses Strauches finden sich
nur in einigen Dünenthälern in der Nähe der Sirene. Dafür ist sowohl an den Dünenabhängen als in den Niede-
ungen Calluna häufig und bildet grosse, zusammenhängende
schwarzgrüne Flächen. Die Bewohner von Wangerooge
behaupten, dass sie erst neuerdings eingeführt worden sei,
und dies wird auf überraschende Weise dadurch bestätigt,
dass Koch und Brennecke sie in ihrer 1844 erschienenen
„Flora von Wangerooge" (s. Abh. Nat. Ver. Bremen, 1889,
X, pag. 61—73) nicht aufführen. Ist dem so, so hat sich
die Besenheide in den verflossenen 50 Jahren enorm vermehrt. Der Eindruck, welchen sie macht, wird noch ver-
stärkt durch die Häufigkeit von Racomitrium canescens,
von Cenomyce rangiferina und anderen Flechten, von
Hieracium Pilosella, Hypochoeris radicata und Luzula
campestris. Phleum arenarium ist spärlich vertreten; dagegen ist die sonst auf den Inseln kaum vertretene Teesdalea auf mehreren Binnendünen gesellig vorhanden. In
den Niederungen sind neben Calluna, Potentilla anserina
und Scirpus pauciflorus meist häufig: Hydrocotyle, Peplis,
Juncus supinus und Lycopodium inundatum; dagegen fehlen
die Pirola-Arten, Parnassia, Liparis, Gymnadenia, Listera, sowie die Orchis-Arten und Carex trinervis. — Koeleria und die

Dünenform des Polygalon vulgare sind nicht selten; in den kleinen Saliceten westlich von der Sirene kommt Anthyllis und Juncus anceps var. atricapillus vor; letzterer auch östlich vom jetzigen Dorfe in den kleinen trockenen Thälern. — Im ganzen ist also der Typus von Wangeroog weit mehr der einer sterilen festländischen Heidegegend, als derjenige einer Küstendüne.

Im übrigen spielt die Heideflora — wie bereits oben erwähnt — nur auf *Bo* und *N* eine grössere Rolle. An jener Textstelle (pag. 10) sind die wichtigsten Heidepflanzen aufgezählt, und kann ich mich daher hier darauf beziehen.

Es bleiben für die weitere Betrachtung demnach nur noch die Pflanzen der für die Inseln besonders charakteristischen Floren des Strandes, der Dünen, Dünenthäler und Wattwiesen übrig. Dabei ist aber sofort noch hervorzuheben, dass *Ba*, *S* und *W* jetzt so verkleinert sind\*), dass wir uns über das Fehlen mancher Pflanzen auf diesen Inseln nicht wundern können. Das Hauptinteresse konzentriert sich daher auf die Vergleichung der Pflanzen von *Bo*, *J*, *N* und *L*. Ihre Verschiedenheiten sind oft sehr überraschend und spotten noch jedes Versuches der Erklärung. — Dass diese Inseln jetzt noch so reich an Pflanzen sind, ist an sich schon sehr merkwürdig. Seit der Zeit ihrer Lostrennung vom Festlande ist ja die Einwanderung von Pflanzen\*\*) gewiss eine beschränkte gewesen (wenn wir natürlich von denen absehen, welche die menschlichen Ansiedlungen zu begleiten pflegen, oder welche absichtlich eingeführt sind). Bei der grossen Veränderlichkeit der Standorte auf den Inseln, bei dem beständigen Wandern der Dünen in südöstlicher Richtung und der dadurch bedingten Versandung vieler reichen Standorte sollte man eine weit grössere Verarmung der Inseln erwarten, als wir in der Natur finden. Die meisten vorhandenen Pflanzen

---

\*) Erst seit den letzten Jahrzehnten wachsen diese Inseln infolge der ausgeführten Uferbauten wieder stärker an.

\*\*) Ein interessanter Fall der Einwanderung ist die um das Jahr 1878 erfolgte Ansiedelung von Erigeron canadensis an der Coupierung auf *Bo* und auf *W*, welche (jetzt über den grössten Teil von Europa verbreitete) Pflanze bis dahin auf den ostfriesischen Inseln noch fehlte.

müssen eben ein grösseres Wandervermögen *) auf geringe
Entfernungen hin besitzen, als wir bis jetzt im einzelnen
zu erklären imstande sind.

Tritt man den einzelnen Fällen näher, so zeigt sich
zunächst das bemerkenswerte Resultat, dass der Aussen-
strand auf sämtlichen Inseln die gleiche Flora hat; dieselbe ist freilich sehr arm und umfasst nur: Honckenya
peploides, Cakile maritima, Salsola Kali, Triticum junceum;
erst auf den etwas höheren Partien findet sich Ammophila
arenaria nebst Atriplex hastatum ein, welche dann den
Uebergang zu den Dünen vermitteln. (Ammophila baltica,
welche sich ja nicht durch Samen verjüngt, kommt charak-
teristischerweise niemals auf dem Strande vor). — Ich
gehe nunmehr zu einzelnen Fällen merkwürdiger oder auffallender Verbreitung über und ordne dieselben nach den
Hauptstandorten.

a) Dünen.

Botrychium Lunaria. Dicht begraste Dünen der
meisten Inseln, zerstreut. Auf Westende $L$ unfern der
Schule in sehr grosser Menge. Auf $J$ und $Ba$ anscheinend
fehlend.

Botrychium rutaceum $N$, im Osten selten.

Botrychium simplex, $N$ (wo?); bis jetzt erst zwei
Exemplare gefunden.

Botrychium ternatum. Im Osten von $N$ in einzelnen
Jahren in grosser Menge.

Lycopodium Selago $J$, $N$, $L$, $S$, $W$; stets einzeln.

Avena caryophyllea. $Bo$, $N$, $W$ (wo?); anscheinend
nirgends als Dünenpflanze, sondern nur an Wegen und auf
sandigen Stellen.

Koeleria glauca. Auf $Bo$, $J$, $N$ und $W$ sehr häufig;
auf $Ba$ und $S$ an einzelnen Stellen; auf $L$ anscheinend
und auffälligerweise fehlend.

----

*) In dieser Beziehung dürfte das ausgedehntere „Fangen“
von Grünland, welches eine Folge der seit einigen Decennien den
Inseln zugewandten staatlichen Fürsorge ist, noch manche inter-
essante Erscheinung darbieten. So wuchsen Liparis Loeselii
und Pinguicula vulgaris bereits 1880 auf $Bo$ in Menge an Stellen,
wo 1871 noch der kahle, vielleicht nur von Salicornia und Suaeda
eingenommene Sand herrschte.

Epipactis latifolia. *Bo, J, N*, stets einzeln wachsend, aber nicht selten; *L* sehr selten.

Silene Otites. *Bo* und *J* nicht selten; *N* und *Ba* spärlich (gern auch auf Erdwällen und Grasplätzen in der Nähe der Ortschaften).

Rubus caesius. *Bo* häufig, besonders massenhaft auf dem Ostlande; *J* sehr häufig auf der Bill und beim Loog, nach Osten hin seltener werdend, *N* namentlich auf den südlichen Dünen. — Das Fehlen der Pflanze, deren Früchte doch gewiss von vielen Vögeln gefressen werden, auf den östlichen Inseln ist sehr auffallend.

Rosa pimpinellifolia. Auf *N* in grosser Menge; auf *S* früher auf einer Düne; auf *J* auf der Dorndüne spärlich, im „Daller" (zwischen Dorf und Loog) und in der Nähe des Loog etwas reichlicher.

Ononis repens. *Bo* sehr häufige Dünenpfl.; *J* nur auf der Bill und spärlich; *L* (selten); *N* in den Norddünen spärlich; *S, W* (?).

Anthyllis vulneraria. Meist häufig; ganz besonders massenhaft auf *Ba* und *L*; auf *J* an einzelnen Stellen, namentlich beim Loog und auf der Bill; auf *Bo* merkwürdigerweise nur ganz einzeln als Ruderalpflanze.

Lathyrus maritimus. *J, S, W*; überall ganz beschränkte Stellen, welche den Eindruck machen, als sei die Pflanze erst kürzlich (durch Vögel?, von Duhnen oder den nordfriesischen Inseln?) eingeschleppt.

Hippophaës rhamnoides. Auf *Bo* und dem westlichen Teile von *J* massenhaft und vielleicht wirklich wild; auf dem östlichen Teile von *J* sehr spärlich. Auf *N, L, Ba, S*, erst neuerlich eingeschleppt (durch Krähen, welche die Früchte sehr gerne fressen, hie und da auch angesäet) und sich sehr rasch vermehrend.

Eryngium maritimum. *S* massenhaft; *N* in den nördlichen Dünen häufig; *J* und *Ba* in den südlichen Dünen nicht selten; auf den anderen Inseln einzelne Exemplare; durch die Nachstellungen immer wieder vermindert.

Pimpinella saxifraga. *Ba* sehr häufig; *J* an einigen sehr beschränkten Stellen in Menge; sonst auf *J* und auf allen anderen Inseln fehlend.

Convolvulus Soldanella. Früher auf *W* und *N*; jetzt nur auf einer sehr beschränkten Stelle in den Wolde-Dünen auf *Bo*; für *J* und *L* nur in einzelnen, nicht wieder gefundenen Exemplaren angegeben. Die Pfl. setzt keine Früchte an, weil die zur Befruchtung nötigen grossen Schmetterlinge entweder ganz fehlen, oder weil sie die Pfl. auf deren beschränktem Standorte nicht zu finden wissen.

Cynoglossum officinale. Früher auf $L$, Ostende und Melkhören; jetzt nach Ausrottung der Kaninchen nur noch ganz einzeln als Ruderalpflanze und vielleicht schon verschwunden.

Linaria vulgaris. Meist nur als Ruderalpflanze; auf $J$, $L$ und $N$ häufiger in den Dünen.

Veronica Chamaedrys. Auf $J$ und $N$ mehrfach; das Fehlen dieser Pflanze auf $Bo$ ist sehr auffallend.

b) Dünenthäler.

Equisetum variegatum. $Bo$, nur an einer Stelle, aber dort in grosser Menge.

Lycopodium clavatum. $N$.

Hierochloë odorata. $Bo$ (an vielen Stellen und z. T. massenhaft), $J$ (nur in der westlichen, $Bo$ zugewandten Inselhälfte), $Ba$ (eine Stelle), $L$ (zerstreut). Auf $N$ wohl noch zu finden.

Calamagrostis lanceolatus. $Bo$ (Waterdelle, Ostland), $L$ (an einer Stelle).

Orchis incarnatus. $Bo$, $N$ (und wohl noch sonst).

Gymnadenia conopea. $Bo$ (massenhaft), $J$ (nur in der westlichen, Borkum zugewandten Hälfte, an einzelnen Stellen häufig).

Listera ovata. $Bo$ (Ostland und Westland), $J$ (Bill und Loog), $N$, $L$ (Melkhören). Sehr zerstreutes Vorkommen; nur in der Melkhören zuweilen in Menge.

Liparis Loeselii. $Bo$ (häufig), $J$ (viel spärlicher), $N$, $Ba$, $L$ (auf diesen drei Inseln nur an einzelnen Stellen), auf $S$ und $W$ ganz fehlend.

Saxifraga tridactylites. Nur Hall-Ohms-Glopp auf $J$.

Parnassia palustris L. Obwohl oben bereits unter „Sumpfflora" erwähnt, muss die Pfl. hier noch aufgeführt werden, da sie auf den Inseln durchaus nicht ausschliesslich sumpfige Thäler bewohnt, sondern oft an ziemlich trockenen Stellen wächst. Sie findet sich auf $Bo$, $Ba$ und $N$ massenhaft; auf $S$ nur an einigen Stellen, auf $J$ spärlich (fast nur auf der Bill, dort in einem Thale massenhaft), auf *L* nur an einer beschränkten Stelle der Blumenthäler; fehlt auf *W*.

**Helianthemum guttatum.** *N* stellenweise in grosser Menge; auf allen andern Inseln fehlend!

**Monotropa glabra.** *Bo, J, N, L.* Immer nur spärlich und in manchen Jahren gar nicht über den Boden tretend. Auf dem nordwestdeutschen Festlande vertreten durch M. hirsuta.

**Pirola rotundifolia.** Auf *W* auch früher nicht; auf *S* nur an einigen Stellen. Auf den anderen Inseln massenhaft.

**Pirola minor.** Fehlt auf *W*; auf den andern Inseln seltener als die vorige; in den letzten Jahrzehnten sichtlich häufiger werdend.

**Gentiana baltica.** Nur auf *Bo.*

**Gentiana uliginosa.** Auf den westlichen Inseln *Bo, J, N.*

**Samolus Valerandi.** *Bo, N.*

[Lycopus europaeus L. *Bo, J, L*; wohl richtiger der Sumpfflora zuzurechnen.]

**c) Weiden (und Wiesen).**

**Ophioglossum vulgatum.** Auf *Bo* und *L* nicht selten; im grossen Dünenthale der Melkhören an einer Stelle in Menge; auf *J* im Dünenthale Hall-Ohms-Glopp.

[Agrostis canina. *Bo. L, S*; für *N* angegeben; ob jetzt noch?]

**Schoenus nigricans.** *Bo* (in Menge und an vielen Stellen), *S* (Wattwiese früher gesellig), *N* (äusserst spärlich); auf *J* und *L* einzelne Stöcke.

**Scirpus pungens.** *Bo* (wenige Stellen, aber gesellig).

**Carex punctata.** *Bo* (Waterdelle), *J* (Gruppen der Polderwiese), *J* (Dünenthäler und Wiese).

**Juncus balticus.** *Bo*, in einem flachen, nach dem Meere zu geöffneten Dünenthale.

**Juncus maritimus.** Auf den Wattwiesen von *Ba* fehlend.

**Orchis Morio.** Nur auf den Wiesen von *Bo* und *J*; *S* einige Exemplare in einem Dünenthale im Osten; ein paar verschleppte Exemplare im Westen.

Orchis latifolius *Bo, J, N, Ba, L, S* (Standorte neu zu konstatieren).

Atriplex laciniatum. *Bo, N*; stets sehr einzeln.

Coronaria flos cuculi. *Bo, J, N*; früher *W. L* nur in den Dreebargen; *S* auf Kunstwiesen.

Thalictrum flavum. *Bo*; eine einzige sehr kleine Stelle.

Bupleurum tenuissimum. *Bo* (Wattwiesen mehrfach), *W*.

Oenanthe Lachenalii. *Bo, J, N*; auf den vier öst-lichen Inseln fehlend.

Statice Limonium. Auf der Melkhören und *Ba* fehlend.

Inula Britannica. *Bo, J, N, L, S.*

# 4. Schlussbetrachtungen.

Versuchen wir es nunmehr, uns von den vorstehenden Einzelbetrachtungen zu allgemeineren Schlüssen über die Abstammung der Gefässpflanzen der ostfriesischen Inseln zu erheben, so haben wir zunächst die Thatsache in das Auge zu fassen, dass die allermeisten Pflanzen der Inseln zugleich auf dem Festlande des nordwestlichen Deutschlands vorkommen. Soweit ich ermitteln konnte, kommen fol-gende Gefässpflanzen der Inseln nicht im übrigen nord-westlichen Deutschland vor: Thalictrum minus (erst bei Wustrow an der Elbe und auf Hügeln bei Osnabrück), Helianthemum guttatum, Silene Otites [im östlichen Deutsch-land häufig), Cerastium tetrandrum, Rosa pimpinellifolia, Erythraea linariifolia, Convolvulus Soldanella, Hippophaës rhamnoides, Juncus maritimus, balticus, anceps, var. atricapillus, Schoenus nigricans, Phleum arenarium (im Rheingebiete nicht selten), Carex trinervis (französisches Küstengebiet), punctata, Ammophila baltica (an der Ostsee-küste vielfach), Equisetum variegatum (im Harz), Botrychium ternatum (an den Küsten der Ostsee häufiger), simplex. — Anthyllis vulneraria, eine im Hügel- und Berglande bis hinauf in die Alpen nicht seltene Pflanze, fehlt im grössten Teile der norddeutschen Tiefebene, kommt aber auf den die Ems begleitenden Dünen in der Gegend von Meppen und Lingen mehrfach vor (wie merkwürdig, dass sie nun gerade auf der vor der Emsmündung gelegenen Insel *Bo* fast ganz fehlt!).

Fast alle die eben genannten Pflanzen sind küsten-
liebende Gewächse, deren Vorkommen auf den Inseln in
keiner Weise überraschen kann, und welche grossenteils
auch in den westeuropäischen Küstengebieten gefunden
werden. Wenn hiernach aber auch die allermeisten einzelnen
Pflanzen-Arten mit denen des nordwestlichen Deutschlands
übereinstimmen, so ist doch ihre Gruppierung eine ganz
andere als auf dem Festlande. Dünen- und Salzpflanzen,
Pflanzen des Waldes, der Heide und der Marsch, sowie
endlich Gewächse des Sumpfbodens drängen sich auf den
Inseln in einen dichten Raum zusammen, ja sie wachsen
nicht selten direkt zwischeneinander, während sie auf dem
Festlande sich strenger gesondert halten. Der Sandboden
mit seinen oben trockenen, in geringer Tiefe aber feuchten
Schichten, das milde Klima, gewähren ihnen die Bedingungen
des Gedeihens auf einem sehr kleinen Flächenraume. —
Ausserdem ist der frische, aufstaubende Sand reich an
Kalk, welcher von den zerriebenen Muscheln herrührt;
weiter sind in dem Boden der Inseln (bei den grossen
Inseln wenigstens im äusseren Umfange) Alkalien, welche
aus dem Meerwasser stammen, in nicht geringer Menge
enthalten und bereiten vielen Pflanzen einen guten Nähr-
boden. Endlich ist der Gegensatz zwischen dem reinen,
staubenden Sande der Nordseite und dem schlickigen Sande
der Wattseite ein sehr bedeutender. So ist denn doch auf
den Inseln ein grösserer Reichtum von Standorten vorhanden, als man von vornherein vermuten möchte.

Den Hauptgrund für den Reichtum und die Bunt-
scheckigkeit der Flora unserer Inseln müssen wir aber in
ihrer Geschichte suchen und finden. Die Inseln bilden einen
Teil des von der ersten Eiszeit abgelagerten Diluviallandes,
der Geest. Der Nordrand dieses Diluviallandes kann niemals wesentlich weiter nördlich gelegen haben, als die jetzige
Inselkette, denn die Linie von 10 m Seetiefe läuft parallel
den sechs östlichen Inseln in nur 5 km Abstand, die Linie
von 20 m Tiefe in 10—11 km Abstand vorüber. Nachdem das
Eis sich zurückgezogen hatte, musste sich auf diesem Nordrande zunächst eine Salz- und Küstenflora ansiedeln. Von
Süden her rückte allmählich die Flora unserer Hohen Geest
heran und ergriff gleichfalls Besitz von dem Küstenrande.
Ob jemals eine geschlossene Waldzone sich bis zu ihm aus-

dehnte, ist nicht mehr festzustellen; die früher dafür angeführten Thatsachen sind nicht bindend genug. Wahrscheinlich lag südlich von dem Uferrande ein niedrigeres Gebiet voller Sümpfe und Gewässer (das Gebiet der heutigen Marschen und Watten). Sicher aber verstärkte sich der Niveau-Unterschied infolge der Erhöhung des Uferrandes durch den von Flut und Winden herbeigeführten Sand (Dünenbildung) beständig. — Das alte Diluvialland erlitt säkulare Senkungen; der Nordrand wurde immer wieder aufgehöht, hinter ihm aber bildeten sich am Rande des noch ziemlich ruhigen Wattenmeeres die Marschen. Der Durchbruch des englischen Kanales erleichterte zwar die Zuwanderung von atlantischen Küstenpflanzen; aber er verwandelte zugleich die bis dahin verhältnismässig ruhige Nordsee in einen sehr bewegten Meeresteil. Weite Strecken der Marsch wurden verschlungen, das Wattenmeer bedeutend vertieft und verbreitert. Der Küstenrand wurde immer mehr durchbrochen, sein alter Geestboden zertrümmert und ausgespült, sein Sand aber immer wieder durch Fluten angespült und durch Wind aufgeweht. Die Pflanzen des alten Geestbodens siedelten sich auf dem neugebildeten Terrain an, nun aber vielfach gemischt mit den Uferpflanzen. So entstanden die bunten Vegetationsbilder, welche heute den Laien eben so sehr wie den Botaniker erfreuen.

Die — wohl noch immer vielfach gehegte — Vorstellung, dass die interessanten Pflanzen der Inseln in neuerer Zeit vom nordwestdeutschen Festlande aus hinüber gewandert seien, ist nicht stichhaltig. Die Inseln sind zunächst durch meilenbreite Meeresarme, die Watten, vom Festlande getrennt; dann folgt ein breiter, pflanzenarmer, vom Menschen sehr stark ausgenutzter Gürtel: die Marsch. Endlich erhebt sich die oldenburgisch-ostfriesische Geest. Aber sie ist weit pflanzenärmer als die Inseln. Weite Strecken sind noch dazu mit monotonen Hochmooren überlagert. Die meisten auffallenden Pflanzen der Inseln (Liparis Loeselii, Gymnadenia conopea, Epipactis latifolia, Parnassia palustris u. a.) fehlen in Ostfriesland entweder ganz oder sind doch äusserst selten. Erst viel weiter im Süden oder im Osten finden sie sich nach und nach ein. Es ist also ganz undenkbar, dass sie in neuerer Zeit vom Festlande nach den Inseln gewandert seien und sich dort zusammengefunden hätten. Wir kommen vielmehr zu dem umge-

kehrten Resultate, dass diese Pflanzen den Rest der alten
Diluvialflora bilden, welche sich auf den zwar beschränkten,
aber durch Boden- und Luftfeuchtigkeit, sowie durch relativ
grossen Kalk- und Alkaligehalt begünstigten Standorten
der Inseln erhielt. Auf dem Festlande dagegen verloren
sich zahlreiche Pflanzen, weil der Gehalt des Bodens an
Kalk und Alkalien mehr und mehr ausgewaschen, der
Thongehalt ausgeblasen wurde. Auch der Mensch hat seit
1000 Jahren an vielen Stellen zur Verarmung der Flora
beigetragen. Schroffere Gegensätze des Klimas trugen ferner
das Ihrige dazu bei, dass auf dem Festlande manche
Pflanzen (Pirola, Gymnadenia, Listera, Monotropa) sich in
den Schutz des Waldes, andere (Parnassia, Liparis) in
Sümpfe und Brüche zurückzogen, welche auf den Inseln
noch heute im freien Sonnenlichte und in offenen Dünenthälern gedeihen.

# 1. Tabelle.

## Zum Bestimmen der Hauptgruppen und Klassen.

1. Die Pfl. trägt vollständige, aus Kelch, Krone, Staubblatt und Fruchtblatt bestehende oder unvollständige, zuweilen nur aus Staubblatt oder Fruchtblatt bestehende Blüten; sie erzeugt Samen, welche einen Keimling enthalten.

Samenpflanzen (Phanerogamen, Siphonogamen).

2. Samen nicht in einem Fruchtgehäuse (Pistill) eingeschlossen, sondern auf der innern Fläche von Schuppenblättern oder in der Achsel von Nadeln. Laubblätter nadelförmig (Nadelhölzer).

   <small>Hierher keine auf den Inseln wildwachsende Pflanzen; der Wachholder und die Kiefer finden sich sporadisch eingeschleppt. Verschiedene Arten von Kiefern wurden auf Bo und N angepflanzt.</small>

   Nacktsamige, Gymnospermae.

2\*. Samen stets von einem Fruchtgehäuse umschlossen, nicht freiliegend. Bedecktsamige, <i>Angiospermae</i>.

3. Keimling fast immer mit 2 gegenständigen Keimblättern (Samenlappen). Stengel fast immer mit kreisförmig gestellten Gefässbündeln. Blüten vorherrschend 4- oder 5 zählig. Laubblatt meist winkelnervig. Zweikeimblätterige, <i>Dicotyledones</i>.

   Hierher gehören:

   a) alle Holzpfl. (natürlich mit Ausnahme des Wachholders und der Kiefer),

   b) manche Wasserpfl., namentlich solche mit geteilten oder kleinen einfachen Laubblättern,

   c) alle Pfl. mit winkelnervigen Laubblättern,

   d) alle Pfl. mit parallel- oder bogennervigen oder ganz schmalen Laubblättern, welche nicht grasartige Blüten besitzen und in deren Blüten nicht die 3 oder 6-Zahl herrscht,

   e) alle Pfl. mit feinzerteilten, handförmig-geteilten oder fiederteiligen Laubblättern,

   f) eine meist rot-gefärbte fadenförmige Schmarotzerpfl. ohne Laubblätter mit zierlichen roten oder weisslichen kopfähnlich gedrängten Blüten (Cuscuta),

   g) eine gelb gefärbte Schmarotzerpfl. ohne Laubblätter, mit 8 Staubblättern in der Blüte (Monotropa).

4. Blütenhülle vollständig, aus Kelch und Krone bestehend
  5. Kronblätter frei, nicht mit einander verwachsen.
    Eleutheropetalae (E).
  5*. Kronblätter (wenigstens am Grunde) verwachsen.
    Sympetalae (D).
4*. Blütenhülle entweder fehlend oder einfach (nicht in Kelch
  und Krone gesondert), dann Perigon genannt. Perigon
  meist ohne lebhafte Farben, nicht von zartem Baue. Die
  perigonlosen Blüten bestehen meist nur aus Staubblättern
  oder Pistillen. Apetalae (C).
3*. Keimling mit einem Keimblatt (Samenlappen): Stengel mit
  zerstreuten Gefässbündeln. Blüten vorherrschend dreigliede-
  rig. Laubblätter meist bogig- oder parallelnervig. Einkeim-
  blätterige. Monocotyledones (B).
  Hierher gehören:
  a) alle Pfl. mit parallel- oder bogennervigen, sowie mit unge-
     teilten, cylindrischen, halbstielrunden, dreikantigen zuweilen ganz
     fehlenden) Laubblättern, doren Blüten 3- oder 6 gliedrig oder zwei-
     lippig sind,
  b) alle Gräser und grasähnlichen Pfl.,
  c) Wasserpfl., deren ungeteilte Laubblätter am Grunde mit einer
     Scheide versehen und deren Blüten viergliedrig sind,
  d) die beiden auf dem Grunde des Watts, bezw. der See wurzelnden
     Seegrasarten.
  e) kleine Wasserpfl. mit blattartigen, entweder schwimmenden, rund-
     lichen oder untergetauchten, länglich-lanzettlichen Stengeln
     (Lemna).
1*. Pfl. ohne eigentliche Blüten und Samen, sich durch feine
  Sporen vermehrend.
    Sporenpfl. (Kryptogamen, Zoidiogamen) (A).
  Hierher von den Pfl. der Inseln nur die Bärlapparten, einige Schachtel-
  halme und wenige Farne.

# II. Tabelle.

## Zum Bestimmen der Familien.

### A. Gefässführende Sporenpflanzen.

1. Stengel hohl, gegliedert, an den Knoten mit gezähnten Scheiden, sonst blattlos, unverästelt einfach oder quirlästig. Sporangien in Säckchen, welche auf der unteren Seite von gestielten Schildchen befestigt sind, die selbst wieder zu Aehren vereinigt sind.

*3. Equisetaceae.*

1\*. Stengel nicht hohl und gegliedert, mit Laubblättern.

  2. Laubblätter sämtlich linealisch, auf dem unverzweigten oder gabelästigen Stengel dicht zusammengedrängt. Sporangien in der Achsel grüner, zu Aehren zusammengerückter, sonst den Laubblättern ähnlicher Blätter.     *4. Lycopodiaceae.*

  2\*. Laubblätter nicht linealisch.

    3. Sporangien in fleckenförmigen Haufen auf der Unterseite der Laubblätter.     *1. Polypodiaceae.*

    3\*. Sporangien in das Innere besonderer Blätter oder Blattabschnitte versenkt.     *2. Ophioglossaceae.*

### B. Monocotyledones.

1. Kleine Wasserpfl., auf dem Wasser schwimmend oder untergetaucht wachsend, mit blattähnlichem, rundlichem oder gestieltem, rautenförmigem oder fast dreieckigem Stengel ohne Laubblätter.     *11. Lemnaceae.*

1\*. Blätter deutlich vom Stengel verschieden.

  2. Per. unansehnlich, niemals blumenartig gefärbt, grünlich oder bräunlich, niemals zweilippig — oder Blüten ohne Per. in der Achsel grünlicher Hochblätter, sog. Spelzen (Gräser).

    3. Wasserpfl. mit sehr unansehnlichen Blüten, entweder ganz untergetaucht wachsend oder die oberen Laubblätter schwimmend und die ährigen Blütenstände aus dem Wasser hervortretend.

4. Blüten (wenigstens die weiblichen) viergliedrig. (Potamogeton, Ruppia, Zannichellia.) *6. Potamogetonaceae.*

4*. Blüten getrennten Geschlechtes, in eine Blütenscheide eingeschlossen, welche oben in eine Blattfläche endigt, und aus welcher nur die Narben hervortreten. Pfl. auf dem Grunde des Watts, bezw. der See wachsend. (Zostera, Seegras.) *6. Potamogetonaceae.*

3*. Land-, Sumpf- und Wasserpfl., welche sich aus dem Wasser erheben.

5. Blüten mit deutlichem, sechsblätterigem Perigon.

6. Blütenstand traubig. Fruchtknoten aus 3 oder 6 fruchtbaren einsamigen Fächern zusammengesetzt.
*7. Juncaginaceae.*

6*. Blüten einzelständig oder zu Köpfen vereinigt; die Blüten oder Köpfe rispig angeordnet. Frucht drei- oder einfächerig; Fächer ein- oder vielsamig.
*12. Juncaceae.*

5*. Perigon sehr unscheinbar (oft nur in Form von Borsten oder Schuppen vorhanden) oder fehlend.

7. Blüten in Aehren oder 1—mehrblätterigen Aehrchen vereinigt, welche in sehr verschiedener Weise zu einem Gesamtblütenstande gruppiert sind. (Riedgräser und echte Gräser).

8. Aehrchen am Grunde meist mit 2 (selten mit 0, 1, 3 oder 4) Hüllblättern, sog. Hüllspelzen. Stengel rund oder zusammengedrückt, deutlich knotig-gegliedert, beblättert. Scheide der Laubblätter meist mit deckenden Rändern. *9. Gramineae.*

8*. Aehren am Grunde ohne Hüllspelzen. Stengel mit oder ohne Laubblätter, meist dreikantig, selten rund, im Innern nicht gegliedert. Laubblätter mit ringsum geschlossener Blattscheide. *10. Cyperaceae.*

7*. Blüten in walzlichen Blütenständen, die männlichen über den weiblichen am Ende des Stengels. Laubblätter linealisch, um ihre Achse gedreht. *5. Typhaceae.*

2*. Perigon entweder vollständig, oder nur der innere Kreis kronartig gefärbt und zart, 6 blätterig. Blüten zwitterig.

9. Fruchtknoten unterständig. Perigon hälftig-symmetrisch, zweilippig. *14. Orchidaceae.*

9*. Fruchtknoten oberständig. Perigon strahlig-symmetrisch.

10. 1 Fruchtknoten. Perigon glockig, grünlich-gelb. Pfl. stark verzweigt, mit Schuppenblättern, in deren Achseln nadelförmige Zweiglein stehen (Spargel). *13. Liliaceae.*

10*. Zahlreiche Fruchtknoten. Perigon weit geöffnet, äusserer Kreis grün, innerer zart, rötlich gefärbt. Pfl. mit grundständigen Laubblättern. *8. Alismaceae.*

# C. Apetalae.

1. Bäume oder Sträucher.
   2. Laubblätter gegenständig, gefiedert.
   Hierher nur die auf den Inseln nicht selten angepflanzte Esche.
   2\*. Laubblätter wechselständig, nicht gefiedert. Blüten meist getrennten Geschlechtes.
      3. Männliche und weibliche Blüten in länglichen (oder rundlichen) Aehren (sog. Kätzchen).
         4. Blüten einhäusig.
         Hierher die nur angepflanzt oder in einzelnen angeflogenen Exemplaren vorkommenden Bäume: Birke und Erle.
         4\*. Blüten zweihäusig. Blüten ohne eigentliches Perigon, statt desselben am Grunde nur 1—2 Honigdrüsen. (Weide, *Salix*.) *15. Salicaceae.*
            Bei den nur ganz sporadisch oder angepflanzt vorkommenden Arten von **Populus** (Pappel) haben männliche und weibliche Blüten ein flaches napfförmiges Perigon.
      3\*. Blüten in ungestielten Büscheln.
         5. Blüten zweihäusig. Dorniger Strauch mit silbernschülfrigen, linealisch-lanzettlichen Laubblättern.
         *40. Elaeagnaceae.*
         5\*. Blüten zwitterig. Bäume mit breiteren, an der Basis schiefen, grünen Laubblättern. *16a. Ulmaceae.*
1\*. Kräuter oder Stauden.
   6. Pfl. nasser Thäler und der Wattweiden (der Flut am weitesten entgegengehend), ohne Laubblätter, mit cylindrischen, fleischigen, armleuchterartig-verzweigten Stengeln und Zweigen. Btn. sehr unscheinbar, zu je drei in die Stengelglieder eingesenkt (*Queller, Salicornia*). *18. Chenopodiaceae.*
   6\*. Sumpf- oder Wasserpfl. mit quirligen, linealischen Laubblättern. 1 Staubblatt. *44. Hippuridaceae.*
   6\*\*. Wasser- oder Landpfl. mit nicht quirligen Laubblättern.
      7. Wasserpfl. mit gegenständigen, ungeteilten, linealischen oder verkehrt-eiförmigen Laubblättern, ohne Nebenblätter, meist mit der obersten Blattrosette an die Oberfläche des Wassers ragend, zuweilen auf feuchtem Schlamme wachsend. 1 Staubblatt. *35. Callitrichaceae.*
      7\*. Land- oder an Ufern wachsende Pfl.\*). Mehr als 1 Staubblatt, (nur das seltene kleine Ackerunkraut: *Alchimilla arvensis* hat oft nur ein Staubblatt).
         8. Laubblätter gegenständig, ohne Nebenblätter (an jungen Laubblättern zu untersuchen, da die Nebenblätter nicht selten hinfällig sind!)

---

\*) Eine hierher gehörige, oft in Gewässern flutende (nicht selten auch auf feuchtem Schlamme kriechende) Staude, das *Polygonum amphibium*, ist daran kenntlich, dass ihre Laubblätter am Grunde eine geschlossene Scheide haben.

9. Staubblätter unter dem Pistille, nicht auf dem Kelch be-festigt.

10. Laubblätter linealisch. Blüten meist viergliedrig. Kelch getrenntblätterig, grün *(Sagina)*.  20. *Alsinaceae.*

10*. Laubblätter lanzettlich. Blüten fünfgliedrig. Kelch ver-wachsenblätterig, glockig, rosa-gefärbt *(Glaux)*.
*49. Primulaceae.*

9*. Staubblätter innen auf dem glockigen, grünen, weissge-säumten Perigon befestigt. Blüten fünfgliedrig.
*19. Scleranthaceae.*

8*. Laubblätter (wenigstens die unteren) gegenständig, mit Neben-blättern, grobgesägt, mit Brennhaaren.  *16. Urticaceae.*

8**. (s. auch 8***) Laubblätter wechselständig, mit Nebenblättern oder am Grunde mit einer geschlossenen oder vorn offenen Scheide.

11. Laubblätter schildförmig, rundlich, gestielt. Stengel auf dem Boden hinkriechend. Blüten klein, unscheinbar, ein-fach-doldig oder kopfig-quirlig gestellt *(Hydrocotyle)*.
*45. Umbelliferae.*

11*. Laubblätter nicht schildförmig, am Grunde mit einer offenen Scheide. Blüten gross, wenig zahlreich, goldgelb. *(Caltha)*.  22. *Ranunculaceae.*

11**. Laubblätter am Grunde mit einer ringsum geschlossenen, über den Stielansatz sich fortsetzenden, zerschlitzten oder ganzrandigen Scheide.  *17. Polygonaceae.*

11***. Laubblätter mit, dem Stiele anhängenden, Nebenblättern. Perigon grünlich, aus 8 abwechselnd ungleich grossen Abschnitten bestehend. Einjähriges Ackerunkraut *(Alchi-milla)*.  *29. Rosaceae.*

8***. Laubblätter wechselständig, ohne Nebenblätter.

12. Laubblätter (wenigstens die unteren) zerteilt, handteilig, fiederteilig oder gefiedert.

13. Staubblätter zahlreich; mehrere Fruchtknoten.
*22. Arten von Ranunculaceae.*

13*. Staubblätter 6 (4 länger als die anderen), seltener 4 oder 2. Fruchtknoten 1.  *24. Arten von Cruciferae.*

12*. Laubblätter ungeteilt, höchstens am Grunde herz-, pfeil- oder spiessförmig. Blüten klein, unansehnlich.

14. Pfl. mit weissem Milchsafte. Blütenstände von fünf gelben Hochblättern, sog. Hüllblättern, umgeben und da-durch einer Blüte ähnlich, in der Mitte einen einzigen, längergestielten, dreifächerigen Fruchtknoten (die weibliche Blüte) und ausserdem zahlreiche, an der Basis gegliederte Staubblätter (die männlichen Blüten) enthaltend.
*34. Euphorbiaceae.*

14\*. Pfl. ohne Milchsaft. Blüten einzeln, ungestielt, oder häufiger
in Knäueln oder Büscheln, die wieder zu Aehren oder Rispen
vereinigt sind, bei der merkwürdigen, fleischigen, Cactus-
ähnlichen *Salicornia* in die Stengelglieder eingesenkt.
18. *Chenopodiaceae.*

## D. Sympetalae.

1. Stengel fadenförmig, bleich oder rot-gefärbt. Laubblätter fehlen.
Blüten in Köpfen. Pfl. auf anderen Pfl. schmarotzend (*Cuscuta*). 52. *Convolvulaceae.*
1\*. Stengel nicht fadenförmig.
　2. Fruchtknoten halb-unterständig. Krone verwachsen-blätterig,
fünfteilig, weiss; 5 der Krone eingefügte Staubblätter. Staude
mit grundständiger Blattrosette *(Samolus)*. 49. *Primulaceae.*
　2\*. (s. auch 2\*\*). Fruchtknoten völlig unterständig.
　　3. Blüten ährig oder kopfig gedrängt.
　　　4. Die einzelnen Blüten deutlich gestielt, jede mit deutlichem fünfteiligem Kelch. Krone blau, selten weiss.
*(Jasione)*. 61. *Campanulaceae.*
　　　4\*. Die einzelnen Blüten ungestielt.
　　　　5. Staubbeutel 5, in eine Röhre verwachsen, durch
welche (bei Zwitterblüten) der Griffel hindurchgeht.
2 Narben. Kelch aus Haaren, Borsten oder Schuppen
oder aus einem blossen Rande gebildet.
62. *Compositae.*
　　　　5\*. Staubbeutel 4, frei. 1 Narbe. Kelch doppelt, äusserer
becherförmig, vierzähnig, innerer mit vier Borsten
59a. *Dipsacaceae.*
　　3\*. Blüten nicht ährig oder kopfig.
　　　6. Pfl. mit kletterndem Stengel und Wickelranken.
61a. *Cucurbitaceae.*
　　　6\*. Pfl. ohne Wickelranken.
　　　　7. Laubblätter scheinbar quirlständig, zu 4—8 oder mehr.
Staubblätter 4. 59. *Rubiaceae.*
　　　　7\*. (s. auch 7\*\*). Laubblätter wechselständig.
　　　　　8. Niedriger Strauch. Blüten mit eiförmiger rötlich-
weisser Krone. Frucht beerig, aussen schwarz, innen
grün. 48. *Vacciniaceae*
　　　　　8\*. Stauden. Krone glockig, blau. Frucht kapselig.
mit seitlichen Löchern aufspringend.
61. *Campanulaceae.*
　　　　7\*\*. Laubblätter gegenständig. Staubblätter 5. Frucht
beerig. Aufrechte oder windende Sträucher.
60. *Caprifoliaceae.*

3\*

**2\*\*.** Fruchtknoten oberständig (also vom Kelch umschlossen).

9. Sträucher oder Halbsträucher.

10. Laubblätter quirlig, klein, linealisch, fast nadelförmig. Staubblätter 8—10. Niedrige Sträucher. *47. Ericaceae.*

10\*. Laubblätter wechselständig, flach. Staubblätter 5. Strauch mit rutenförmigen hängenden Zweigen und lanzettlichen Laubblättern *(Lycium)* oder kletternder Halbstrauch mit spiessförmigen Laubblättern *(Solanum Dulcamara).*
*55. Solanaceae.*

9\*. Kräuter oder Stauden.

11. Fruchtknoten mit 4 Klausen, welche die Basis des Griffels umgeben.

12. Staubblätter 5. Laubblätter wechselständig, meist rauhhaarig. *53. Borraginaceae.*

12\*. Staubblätter 4 oder 2. Laubblätter gegenständig.
*54. Labiatae.*

11\*. Fruchtknoten 1, einen oder mehrere Griffel auf seiner Spitze tragend.

13. Krone strahlig-symmetrisch (aktinomorph).

14. Staubblätter 2. Laubblätter nicht immergrün (Arten von *Veronica).* *56. Scrophulariaceae.*

14\*. Staubblätter 10. Laubblätter kreisrund oder eiförmig, immergrün *(Pirola).* *46. Hypopityaceae.*

14\*\*. Staubblätter 4, 5 oder 8.

15. Blüten eingeschlechtig, männliche langgestielt, mit sehr langen, seidenglänzenden Staubfäden, weibliche klein, am Grunde des Stieles der männlichen sitzend. Staubblätter 4. Laubblätter linealischpfriemlich *(Litorella).* *58. Plantaginaceae.*

15\*. Blüten zwitterig.

16. Blüten in walzlichen oder eiförmigen Aehren, Scheinköpfen, oder einseitswendigen, rispiggestellten Scheinähren.

17. Staubblätter 4. Krone 4spaltig, unscheinbar.
*58. Plantaginaceae.*

17\*. Staubblätter 5. Krone bis zum Grunde 5teilig, rosa oder violett gefärbt.
*50. Plumbaginaceae.*

16\*. Blüten nicht in walzlichen Aehren, Scheinköpfen oder einseitswendigen, rispig-gestellten Scheinähren.

18. Stengel mehr oder weniger windend. Krone gross, trichterförmig. *52. Convolvulaceae.*

18\*. Stengel nicht windend.

13. Holzgewächse.
    14. Niedriger immergrüner Strauch mit linealischen Laubblättern
        eingeschlechtigen Blüten, kleinen roten Kronblättern und
        3 Staubblättern.                    *36. Empetraceae.*
    14*. Bäume oder Sträucher.
        (Hierher keine auf den Inseln wild wachsende Pfl., von angebauten u. a.
        die Linden und das nur schlecht gedeihende Steinobst.)
13*. Kräuter oder Stauden.
    15. Pfl. ohne grüne Farbe, gelb, mit Schuppenblättern und
        8 Staubblättern *(Monotropa)* oder Pfl. mit immergrünen, fast
        kreisrunden, glänzenden Laubblättern und 10 Staubblättern.
        *(Piroia).*                    *46. Hypopityaceae.*
    15*. Sommergrüne Pfl.
        16. Laubblätter wechselständig, am Grunde eine Scheide
            bildend, welche sich auch noch oberhalb des Blattstiel-
            ansatzes fortsetzt. Perigon 5blätterig oder 6blätterig (aus
            3 kleinen und 3 grossen Blättern bestehend).
                                        *17. Polygonaceae.*
        16*. Laubblätter am Grunde ohne eine solche Scheide, oder,
            wenn sie vorhanden ist, sind die Laubblätter gegenständig.
            17. Laubblätter mit Nebenblättern *(Helianthemum guttatum,*
                welches oft an den unteren Laubblättern Nebenblätter *)
                besitzt, siehe 38).
                18. Kelch 3—5spaltig, von einem Aussenkelche umgeben.
                    Laubblätter gestielt, handnervig. Nebenblätter stengel-
                    ständig. Staubblätter zahlreich, die Staubfäden in
                    eine Röhre verwachsen.          *37. Malvaceae.*
                18*. Kelch ohne Aussenkelch. Staubblätter 10, seltener 5.
                    19. Laubblätter handförmig zerteilt oder gefiedert.
                        Staubblätter 10, an der Basis etwas verwachsen,
                        alle oder nur fünf fruchtbar. Griffel 5, zu einem
                        Schnabel verwachsen, von dem sich zuletzt Klappen
                        ablösen, welche sich uhrfederartig oder schrauben-
                        förmig aufrollen.          *31. Geraniaceae.*
                    19*. Laubblätter linealisch oder fast cylindrisch. Frucht
                        kapselig vielsamig *(Spergula, Spergularia).*
                                            *20. Alsinaceae.*
            17*. Untere Laubblätter oft mit Nebenblättern *). Zartes, ein-
                jähriges, nur oben verästeltes Kraut, mit ungestielten
                Laubblättern und fünf hinfälligen, lebhaft gelb gefärbten
                Kronblättern, welche am Grunde einen grossen, braun-
                violetten Fleck besitzen. Nur auf Norderney *(Helian-
                themum guttatum.*          *38. Cistaceae.*
            17**. Laubblätter ohne Nebenblätter.
                20. Kelch verwachsenblätterig, röhrenförmig.

*) Sind nicht eigentliche Nebenblätter, sondern Blattzipfel.

21. 1 Griffel. Kronblätter dem obersten Rande der Kelchröhre eingefügt. *41. Lythraceae.*

21\*. 2—5 Griffel. Kronblätter mit den Staubblättern im Grunde des Kelchs unter dem Fruchtknoten eingefügt.

22. Laubblätter gegenständig, grund- und stengelständig. *21. Silenaceae.*

22\*. Laubblätter wechselständig, sämtlich grundständig. *50. Plumbaginaccae.*

20\*. Kelch getrenntblätterig, oder die Kelchblätter nur ganz am Grunde verwachsen.

23. Staubblätter 6, davon 4 länger als die zwei andern, selten nur 4 oder 2. Kelchblätter 4, leicht abfallend. Kronblätter 4, kreuzförmig gestellt. Frucht schotenförmig oder schötchenförmig. *24. Cruciferac.*

23\*. Staubblätter gleich lang, oder 5 lange und 5 kurze. Frucht nicht schotenförmig.

24. Staubblätter 5.

25. Kleine, auf feuchtem Boden wachsende Staude mit grundständigen gestielten kreisrunden Laubblättern, welche mit roten Drüsenhaaren bedeckt sind. *25. Droseraceae.*

25\*. Staude der Dünenthäler mit langgestielten herzförmigen kahlen grundständigen und einem ungestielten stengelständigen Laubblatt. Blüten einzeln, gross, weiss, mit 5 Kelchblättern, Kronblättern, Staminodien und Staubblättern und 4 gliedrigen Pistillen (an den sehr zierlichen mit langgestielten Drüsen besetzten Staminodien leicht zu erkennen). *28. Parnassiaceae.*

24\*. Staubblätter 8—10, meist ungleich, seltener nur 4 oder 5.

26. Staubblätter 8—10, die Hälfte davon ohne Staubbeutel. Kelch und Krone 4 gliedrig (in diesem Falle die Kelchblätter 2—3spaltig) oder 5 gliedrig (Kelchblätter ganzrandig). Frucht rundlich, kapselig, mit Scheidewänden. *32. Linaceae.*

26\*. Staubblätter meist 10 (oft 5 länger als die andern), selten 4, 5 oder 8. Frucht kapselig, einfächerig, ohne Scheidewände. *20. Alsinaceae.*

# I. Sporenpflanzen (Kryptogamen, Zoidiogamen).

## 1. Fam. Polypodiaceae Rob. Brown, Tüpfelfarne.

### 1. Polypodium Tourn., Tüpfelfarn.

\* 1. **P. vulgare L.** — ♃; 10—40 cm, (meist kleine Exemplare). Grundachse kriechend, gabelteilig (der schwächere Ast stets zur Seite geknickt), dicht mit braunen Spreuschuppen besetzt. Laubblätter zweizeilig, kahl, eiförmig, länglich oder lanzettlich, tief-fiederteilig, lang- oder kurz-zugespitzt, überwinternd; Abschnitte länglich- bis linealisch-lanzettlich, meist gesägt. Sporangienhäufchen jederseits des Mittelnerven einreihig. — Sommer. Auf begrasten Dünen sämtlicher Inseln, zerstreut, die Nordabhänge liebend. [Ebenso verbreitet auf den nordfriesischen Geestinseln, den westfriesischen Inseln und namentlich auf dem Festlande].

Von den anderen Farnen des Festlandes gehört keiner der Inselflora an. *Polystichum filix mas Swartz*, *spinulosum DC.* und *Athyrium filix femina Roth* wurden aber zu Unterrichtszwecken auf *Bo* (in der grossen Delle am Wege nach dem Ostlande), *J* (am Südrande der Bill, rechts vom Fahrwege nach der Meierei) und auf *N* (im Erlenwäldchen in der Nähe des Kabelhauses) angepflanzt und gedeihen dort sehr gut. Von *P. spinulosum* sind mehrere Exemplare in das Gehölz beim Konversationshause auf *N* eingeschleppt. Von *P. filix mas* haben sich mehrere Stöcke am nordwestlichen Absturz der Melkhören auf *L* angesiedelt, offenbar durch den für die Koupierung des Slopp in Menge verwendeten Busch herbeigeführt; 1895 auch ein kleiner Stock in den Dünen bei der Kiebitzdelle, *Bo* (F. Wirtgen).

## 2. Fam. Ophioglossaceae Rob. Brown, Natterzungengew.

1. Unfruchtbarer Blattteil ungeteilt, eiförmig, fruchtbarer einfach, ährenförmig. *1. Ophioglossum.*
1\*. Unfruchtbarer Blattteil fiederteilig, fruchtbarer mehrfach-fiederteilig, rispig oder einfach-fiederteilig, traubig. *2. Botrychium.*

## 1. Ophioglossum Tourn., Natterzunge.

\* 1. **O. vulgatum L.** — ♃ ; 4—20 cm. Stengel unterirdisch, kurz-cylindrisch, unverzweigt, mit den dicken Blattresten bedeckt, zahlreiche Nebenwurzeln treibend; horizontale Nebenwurzeln Adventivsprosse bildend. Gelbgrün. Unfruchtbarer Blattteil ohne Mittelrippe, netzförmig geadert, etwas fleischig, eiförmig. — Juni, Juli. In Dünenthälern, auf Binnenwiesen: *Bo* (Binnenwiese des Westlandes links vom Wege nach Upholm nur 4—10 cm hoch, feuchte Wiese beim Uebergange des Fahrweges über den Deich. Dünenthal hinter Upholm (Dr. Dreier), *J* (im Dünenthale Hall-Ohms-Glopp an mehreren Stellen), *L* (Westende: auf der Wiese vielfach; grosses Thal der Melkbören, in manchen Jahren in grosser Menge). [Hörnum auf Sylt; im niederländischen Dünenterrain vielfach; in Nordwestdeutschland selten.]

## 2. Botrychium Swartz, Traubenfarn.

A. Pflanze kahl, im Winter stets absterbend. Gefässbündel des trockenen Blattstieles an der trockenen Pflanze äusserlich nicht oder nur schwach hervortretend.

\* 2. **B. Lunaria Swartz.** — ♃ ; 4—20 cm. Unfruchtbarer Blattteil ziemlich in der Mitte der Pflanze sitzend, lederartig-fleischig, länglich, gefiedert, untere Fiedern halbmondförmig, obere keilig, ganzrandig oder gekerbt, mit gegabelten Nerven. Fruchtbarer Blattteil rispig (an ganz kleinen Exemplaren ährig). — Juni. Auf dicht begrasten Dünen, zerstreut. Für *J* noch nicht nachgewiesen; in ausserordentlicher Menge auf *L* auf den Dünen zwischen der Schule und den Blumenthälern. [Röm, Sylt, Terschelling. Im nordwestlichen Deutschland auf Dünen und Glacialablagerungen zerstreut.]

\* 3. **B. rutaceum Willdenow.** — ♃ : 4—20 cm. Unfruchtbarer Blattteil bemerklich über der Mitte der Pflanze sitzend, lederartig-fleischig, eiförmig oder länglich, doppelt fiederteilig: Fiedern erster Ordnung getrennt von einander, mit Mittelnerv. Fruchtbarer Blattteil rispig, an ganz kleinen Exemplaren ährig. — Juni. Dicht begraste Dünenthäler, sehr selten. *N* (1891 zwei kleine Gruppen von Exemplaren im Osten der Insel, Aug. Bosse). [Auf den nord- und westfriesischen Inseln fehlend; im deutschen Nordwesten sehr selten.]

\* 4. **B. simplex Hitchcock.** — ♃ ; 2—8, selten 10 cm. Unfruchtbaren Blattteil tief an der Pflanze entspringend, dünnfleischig, ungeteilt, gekerbt oder fiederteilig; Zipfel ganzrandig oder gekerbt. Fruchtbarer Blattteil den unfruchtbaren meist weit

überragend, ein- oder zweifach-fiederteilig, seltener ährenförmig.
— Juni, Juli. Begraste Dünenthäler: N (bis jetzt erst 1869 zwei
Exemplare von Christian Rutenberg gefunden). [In den anderen
Gebieten fehlend.]

B. Unfruchtbares Blatt öfters überwinternd. Stiel beider Blatt-
teile und Mittelstreif des unfruchtbaren zerstreut-spreuhaarig.
Gefässbündel des Blattstieles an der trockenen Pflanze stärker
hervortretend.

  * 5. **B. ternatum Thunberg.** — ♃ oder ♃; 8—20 cm.
Unfruchtbare Blätter 1 oder 2, tief an der Pflanze entspringend, dreieckig, dreiteilig, fast doppelt fiederteilig, dickfleischig, weisslich behaart. Fiedern und Zipfel länglich-eiförmig, schwach kerbig-gestreift.
Fruchtbares Blatt ohne Laubteil, rispig verzweigt. — Sommer.
In begrasten Dünenthäler des Ostens von N (in einzelnen Jahren
in grosser Menge). [In den anderen Gebieten fehlend.]

# 3. Fam. Equisetaceae DC., Schachtelhalmgew.

## 1. Equisetum L., Schachtelhalm.

A. Fruchtstände auf besonderen, nicht grünen, unverzweigten
Stengeln, welche im Frühjahre vor den verzweigten erscheinen.

  † 1. **E. arvense L.** — ♃; Grundachse weit kriechend, oft
tief im Erdboden. Fruchtbare Stengel (15—20 cm) schmutzig-
hellbraun; Scheiden walzenförmig, trocken, etwas aufgeblasen, mit
10—12 Zähnen. Unfruchtbare Stengel (15—30 cm) grün, etwas
rauh. Scheiden cylindrisch, oben etwas abstehend, mit 10 oder
mehr Zähnen. Aeste aufrecht abstehend, meist 4kantig. Astscheiden
3—4kantig. Erstes Astinternodium fast stets länger als die zugehörige Stengelscheide. — März, April. Auf behautem Lande,
an Umwallungen und in Dünenthälern sehr zerstreut. [Auf den
andern Inseln und namentlich auf dem Festlande häufiger.] Meist
aufrechte Formen.

B. Fruchtbare und unfruchtbare Stengel gleich gebaut. Aeste
(falls vorhanden) einfach.

  1. Stengel im Frühjahre erscheinend, ziemlich weich, oft verästelt.

  † 2. **E. palustre L.** — ♃: bis 50 cm. Grundachse
kriechend, öfters knollentragend. Stengel gelblichgrün, meist ästig,
gefurcht, etwas rauh, mit kleiner Centralhöhle; innere und äussere
Partie leicht trennbar. Scheiden grün, cylindrisch, oberwärts
trichterförmig. Zähne 6—10, dreieckig-lanzettlich, spitz, grün,

oberwärts schwarzbraun, breit hautrandig. Aeste meist fünfkantig.
ihre Zähne dreieckig, mit langer, bald abfallender Spitze. Erstes
Astinternodium stets bedeutend kürzer als die zugehörige Stengelscheide. — Sommer. Auf feuchten Wiesen, auf sumpfigem Boden
sehr selten: *Bo* (Ostland). [Wie *E. arvense.*] Meist astlose oder
wenigästige Formen.

† 3. **E. limosum L.** — ♃; bis 75 cm, auf den Inseln
meist niedriger. Grundachse kriechend. Stengel graugrün, weich,
schwach gestreift, mit grosser Centralhöhle; innere und äussere
Partie des Stengels nicht leicht trennbar. Scheiden kurz-cylindrisch, anliegend. Zähne dreieckig-pfriemlich, schwarz mit sehr
schmalem weissem Hautraude; Aeste 4—7 kantig, ihre Scheiden-
zähne pfriemlich, aufrecht. Stiel des Fruchtstandes kurz und
dick. — Sommer. Auf Sumpfstellen der Vordünen und Dünenthäler, selten: *Bo* (zerstreut), *J* (Bill, Sumpfstelle im Süden der
Allee und der Hauptdünenkette), *Ba* (grosses Dünenthal im Osten).
[Wie *E. arvense.*] Ueberwiegend häufig astlose Formen: (1. *Linnaea-
num* Döll.) Auf Ostland *Bo* findet sich namentlich eine ganz ausgezeichnete Form: *var. uliginosum Mühlenberg* (15—30 cm hoch;
Stengel rund, glatt, kaum sichtbar gefurcht, oben grün, unten
rot: 6—8 Scheidezähne; die normale Pflanze besitzt deren 15 bis
20, ja sogar bis 30!); auf der Bill *(J)* eine Mittelform mit meist
12—24 Scheidenzähnen.

2. Stengel im Sommer erscheinend, den Winter überdauernd, hart, astlos oder
sehr spärlich verästelt.

* 4. **E. variegatum Schleicher.** — ♃; 10—30 cm.
Stengel unverästelt, 6—8 rippig, dünn: Rippen gewölbt, mit einge-
drückter Mittellinie. Scheiden oberwärts abstehend, mit drei-
eckigen oder dreieckig-lanzettlichen, deutlich vierrippigen, weissen,
oft in der Mitte schwarzen Zähnen, von denen nur die fadenförmige
Endspitze abfällt. — Juli—September. An mässig feuchten grasigen
Stellen der Dünenthäler: *Bo* (Ostland, links vom Wege von der
Coupierung nach den Häusern an einer Stelle in groser Menge).
[Nicht in der nordwestdeutschen Tiefebene, auf den nordfriesischen
und den westfriesischen Inseln, wohl aber in den niederländischen
Festlandsdünen.]

# 4. Fam. Lycopodiaceae DC., Bärlapp-gewächse.

## 1. Lycopodium L., Bärlapp.

A. Sporangien in den Achseln von Laubblättern, welche nicht zu
einer abgegrenzten Aehre vereinigt sind.

* 1. **L. Selago L.** — ♃; 8—15 cm und darüber. Dunkelgrün. Stengel aufsteigend, wenig verästelt. Laubblätter acht-

zeilig, abstehend oder angedrückt-dachziegelig, linealisch-lanzettlich, zugespitzt, am Rande rauh. — Juli—Oktober. Bewachsene Dünen und Dünenthäler: *J* (Bill, in einem Thal nördlich vom Rettungsschuppen), *N* (nahe beim Leuchtturme, Aug. Bosse), *L* (Botrychium-Dünen in der Nähe der Schule), *S* (zerstreut), *W* (E. Lemmermann). [Auf anmoorigen Heiden und in moosigen Wäldern des Festlandes zerstreut, fast immer nur wenige Exemplare bei einander; nicht auf den anderen Inseln.]

B. Sporangien in den Achseln besonders gestalteter Deckblätter, mit diesen zu Aehren vereinigt.

&ast; 2. **L. inundatum L.** — ♃; 5—10 cm. Hellgrün. Stengel kurz, brüchig, horizontal, wurzelnd, an der Spitze aufsteigend, wenig verzweigt. Laubblätter fünfreihig, linealisch-pfriemlich, stumpflich, sparrig-abstehend. Fruchtstand einzeln, endständig; Deckblätter aus breit-eiförmigem Grunde linealisch zugespitzt. — Sommer. Auf feuchten heidigen oder anmoorigen Stellen zerstreut, aber gesellig; nicht auf *J*. [Röm, Sylt, Amrum, Föhr, Texel. Auf dem Festlande häufig.]

† 3. **L. clavatum L.** — ♃; Stengel 1—2 m lang und darüber; Aeste 10—25 cm hoch. Gelbgrün. Stengel kriechend, sehr lang, zähe, stark verästelt, oft wurzelnd; Aeste gleichgestaltet. Laubblätter vielreihig, pfriemenförmig, in ein weisses Haar auslaufend, die stengelständigen gezähnelt. Fruchtstände gestielt, meist zu zwei, oft aber auch zu 3 oder 4. — Sommer. Heidige Dünenthäler, selten: *N* (in der Mitte und dem Osten vielfach). [Röm, Amrum, Föhr; nicht im niederländischen Dünengebiete; auf den festländischen Heiden häufig.]

# II. Samenpflanzen (Phanerogamae, Siphonogamae).

## A. Nacktsamige (Gymnospermae).

Nadelhölzer kommen auf den Inseln nur angepflanzt oder verschleppt vor. Auf *Bo* findet sich ein kleines im Jahre 1863 gepflanztes aber schlecht gedeihendes Kieferngehölz (*Pinus maritima*) in der Langendelle; beim Konversationshause auf *N* ist eine Schonung sehr verschiedener Nadelhölzer angelegt, welche zum Teil gut gedeihen, und von denen z. B. die Meerstrandskiefer und das Krummholz regelmässig reife Früchte tragen.

Von dem Wachholder, **Juniperus communis** L., findet sich ein einzelnes altes Exemplar auf *Bo* in der Dodemannsdelle mitten zwischen **Hippophaës**, ein Exemplar auf der Bill, ein anderes nordöstlich vom Dorfe Juist; sie sind wohl zweifellos durch Vögel verschleppt. Einige auf *J* beim Loog stehende Exemplare sind angepflanzt. Auf der Bill auch ein paar vereinzelte, verschleppte Exemplare der gemeinen Kiefer (*Pinus silvestris* L.).

# B. Bedecktsamige (Angiospermae).

## 1. Klasse. Monocotyledones.

## 5. Fam. Typhaceae Jussieu, Rohrkolbengew.

1. Blütenstand („Kolben") walzlich, scheinährig, oben Staubblattblüten, darunter Fruchtblattblüten enthaltend.          *1. Typha.*
1*. Gesamt-Blütenstand rispig, traubig oder ährig, oben männliche, darunter weibliche, kugelig geformte Blütenstände enthaltend.
                                                          *2. Sparganium.*

### 1. Typha Tourn., Rohrkolben.

↑ 1. **T. latifolia L.** — ⚥; 1—2 m. Grundachse kriechend, aus den unteren Blattachseln dicke Ausläufer treibend. Laubblätter breit-linealisch, regelmässig um ihre Mittellinie gedreht, schwach blaugrün. Einzelblüten ohne Deckblätter. Männlicher Blütenstand dicht über dem weiblichen. — Juni. Juli. In Gräben und Sümpfen, selten: *Bo* (Gräben bei Upholm sowie im Ackerfelde des Ostlandes, mit der folgenden zusammen), *J* (kleine Bill), *N* (Dünenthal in der Mitte der Insel), *Ba* (grosses nördliches Dünenthal und Graben in den Gemüsegärten des Ostdorfes), *L* (Westende, in einem der letzten Thäler der Flinthören gegenüber). [Auf den nord- und westfriesischen Inseln zerstreut; auf dem Festlande häufig.]

↑ 2. **T. angustifolia L.** — ⚥; 1—2 m. Grundachse wie bei vorigem. Laubblätter schmal-linealisch, regelmässig um ihre Mitte gedreht, grasgrün. Einzelblüten mit einem linealisch-spatelförmigen Deckblatt. Männlicher Blütenstand etwas von dem weiblichen entfernt. — Juni, Juli. In Gräben und Sümpfen, selten: *Bo* (bei Upholm, Lange Delle; Ostland: Kielstuckdelle, Gräben im Ackerlande); *J* (kleine Bill), *N* (auf der nassen Wiese zwischen dem Scheibenberge und dem Meere; in einem Dünenthale unfern der weissen Düne), *Ba* (grosses nördliches Dünenthal), *L* (an mehreren Stellen des Westendes und des Ostendes neu angesiedelt). [Seltener als *T. latifolia.*]

### 2. Sparganium Tournefort, Igelkolben.

↑ 3. **S. erectum L.** — ⚥; 30—60 cm. Grundachse kriechend, ausläufertreibend. Stengel aufrecht. Blattfläche im mittleren

Teile auf dem Rücken kantig, die Seitenflächen vertieft. Gesamt-Blütenstand rispig, an jedem Aste unten weibliche, oben männliche Blütenstände. Perigonblätter oben wenig verbreitert. Früchte gross, ungestielt, verkehrt-pyramidenförmig, kurzgeschnabelt, gefurcht. — Juni bis August. In Gewässern, sehr selten: *Bo*, im Graben hinter Upholm in Menge. [Föhr, Texel, Terschelling, Ameland; auf dem Festlande häufig.]

**Sparganium simplex Hudson; 1885 auf *L* in dem beim Baue des Hospizes gegrabenen Wasserloche, zusammen mit *Batrachium Baudotii* und *Potamogeton crispa*.**

# 6. Fam. Potamogetonaceae Juss., Laichkrautgew.

1. Blüten in Aehren vereinigt, welche zur Blütezeit aus dem Wasser hervortreten, viergliedrig. Perigonblätter auf dem Rücken der ungestielten Staubblätter entspringend. 4 Fruchtknoten mit ungestielten Narben. *1. Potamogeton.*

1*. (siehe auch 1**.) Blüten in den Achseln der fadenförmigen Laubblätter, stets unter Wasser versenkt. In Wasserlöchern und Gräben mit süssem oder brackischem Wasser.

2. Blüten ungestielt, zu 2 (selten mehreren) auf einem gemeinsamen Stiele sitzend, ohne Perigon, aus 2 Staubblättern*) und 4 anfangs ungestielten Fruchtknoten (mit kaum gestielter Narbe) bestehend. Früchtchen zuletzt sehr langgestielt. *2. Ruppia.*

2*. Blüten ungestielt, einzeln, getrennten Geschlechtes (oft eine männliche unmittelbar neben einer weiblichen stehend); männliche ohne Perigon, aus einem Staubblatt mit langem fadenförmigem Stiele bestehend; weibliche mit zarthäutigem Perigon. 2—8 (meist 4) Fruchtknoten mit deutlich gestielter Narbe enthaltend. Früchtchen ungestielt oder der Stiel doch nicht länger als das Früchtchen. *3. Zannichellia.*

1**. Blüten getrennten Geschlechtes, nur aus Staubblättern oder Fruchtblättern bestehend, welche dicht neben einander in einer Scheide stehen, die oben ein Laubblatt trägt. Aus der Scheide ragen seitlich nur die Narben hervor. Auf dem Grunde der See und des Watts wachsend. *4. Zostera.*

## 1. Potamogeton Tourn., Laichkraut.

A. Blattfläche am oberen Ende der Blattscheide entspringend. Blüten in den Achseln von Deckblättern.

\* 1. **P. pectinata L.** — ♃; kurze Ausläufer treibend, deren Endglieder knollig anschwellen. Stengel meist sehr ästig.

---

*) Jedes Staubblatt ist aber bis zum Grunde geteilt, so dass die Blüte vier getrennte einfächerige Staubblätter zu haben scheint.

schwach zusammengedrückt. Laubblätter sämtlich untergetaucht,
schmal-linealisch, mit einfachem Mittelstreifen und deutlichen
Quernerven. Blütenstände ziemlich langgestielt, unterbrochen.
Früchtchen halbkreisrund, aussen gekielt, mit geradem, in den
Schnabel verlängertem Innenrande. — Juni—August. In Gräben,
zerstreut: *Bo* (bei der Schanze; am Deiche; auf dem Ostlande),
*J* (Polder der Bill), *N* (bei der Schanze; Wassertümpel im Osten
der Insel), früher *W*. [Sylt, Amrum. Im niederländischen Dünengebiete und in Nordwestdeutschland häufig.]

B. **Blattfläche am Grunde der Blattscheide entspringend. Blüten
ohne Deckblatt.**

1. Laubblätter sämtlich untergetaucht, hautartig, ungestielt, linealisch, in der
Knospe flach.

\* 2. **P. pusilla L.** — ♃. Stengel wenig zusammengedrückt
oder fast stielrund. Laubblätter schmal-linealisch, zugespitzt, meist
deutlich dreinervig, ohne Mittelstreifnetz. Stiel des 4—8 blütigen
Blütenstandes nicht verdickt, 2—3 mal so lang als der Blütenstand selbst. Früchtchen schief elliptisch. — Juni, Juli. In Gräben
und Tümpeln zerstreut: *Bo* (vielfach), *N* (bei der Schanze), früher
*W*. [Amrum, Texel. In Nordwestdeutschland häufig.]

P. crispa L. 1885 auf *L* in dem bei der Erbauung des Hospizes gegrabenen
Wasserloche zusammen mit *Sparganium simplex* und der Landform von *Batrachium
Baudotii* (alle drei wohl durch die Gerätschaften der Arbeiter eingeschleppt).

2. Laubblätter nicht linealisch, in der Knospe von beiden Seiten her eingerollt,
wenigstens die oberen gestielt und meistens schwimmend, derbe, die
untergetauchten hautartig und durchscheinend.

a. Auch die untergetauchten Laubblätter länger gestielt, mit deutlichem
Mittelstreifnetz.

\* 3. **P. natans L.** — ♃. Untergetauchte (frühe ver-
schwindende) Laubblätter lanzettlich, schwimmende oval oder
länglich, spitz oder stumpf, am Grunde schwach-herzförmig, ihre
Stiele oberseits flach-rinnig. Früchtchen schwach zusammengedrückt, scharf-gekielt. — Juni—August. In Gräben und Tümpeln:
*Bo* (Westland mehrfach), *J* (Bill). [Häufig.]

\* 4. **P. polygonifolia Pourret.** — ♃. In allen Teilen
etwa nur halb so gross als die vorige. Untere Laubblätter länger
bleibend, oberste meist elliptisch-lanzettlich, am Grunde verschmälert, die obersten länglich-eiförmig, am Grunde schwach
herzförmig. — Juli, August. In Gräben, an feuchten Stellen: *Bo*
(Kiebitzdelle; in der Waterdelle 1895 häufig). [Röm, Amrum, Föhr;
Texel, Vlieland. In Nordwestdeutschland auf Moorgrund nicht
selten].

b. Untergetauchte Laubblätter meist ungestielt, die oberen gestielt, mit deutlichem Mittelstreifnetz. Schwimmblätter meist vorhanden.

* 5. **P. graminea L.** — ♃. Untergetauchte Laubblätter spitz, am Grunde verschmälert, am Rande ein wenig rauh. Früchtchen stumpf-gekielt. — Juli, August. In stehenden Gewässern: *Bo* (Westland: Gräben der Binnenwiese, Kiebitzdelle, Dodemannsdelle). [Föhr; Texel, Terschelling. In Nordwestdeutschland zerstreut.]

## 2. Ruppia L., Ruppie.

* 6. **R. maritima L.** — ♃. Grundachse kriechend. Stengel fadenförmig, stark verästelt. Laubblätter zweizeilig, nur die beiden dem Blütenstande vorhergehenden fast gegenständig, linealisch-fadenförmig, einnervig, an der Basis in eine stengelumfassende Scheide verbreitert. Blütenstiel kürzer als das Laubblatt. Antherenfächer fast kuglig. — Juli—September. In brackischem Wasser: *Bo* (vielfach, Gräben der Binnenwiese und der Aussenweide, Kolke am Deiche), *J* (Bill), *N* (Aussenweide), *L* (in dem die Wiese und Weide durchschneidenden Flüsschen vielfach). [Salz- und Küstenflora.] Nach den neuesten Untersuchungen giebt es nur eine Art von *Ruppia*. Unsere Pflanze gehört zu der var. *rostellata Koch* (als Art) mit schiefgeschnabelten Früchtchen.

## 3. Zannichellia Micheli, Zannichellie.

* 7. **Z. palustris L.** — ♃. Grundachse kriechend. Laubblätter fadenförmig, am Grunde einer durchscheinenden Scheide eingefügt. — Juli—September. In brackischen Gewässern: *Bo* (häufig), *N*, *L* (Wassertümpel nördlich vom Hauptdorfe; Tümpel im Hauptthale der Melkhören). [In den Küstengegenden häufiger als im Binnenlande.] Nach neueren Untersuchungen giebt es nur eine Art von *Zannichellia*. Unsere Pflanze gehört zur var. *pedicellata Fries* (als Art) mit ziemlich langgestielter, auf dem Rücken gezähnter Frucht.

## 4. Zostera L., Seegras.

* 8. **Z. marina L.** — ♃. Grundachse im Schlamme wachsend, unbegrenzt; Seitentriebe flutend, Laubblätter tragend, die unteren unfruchtbar (diese der Grundachse eine Strecke weit aufwachsend), die oberen fruchtbar. Laubblätter grasähnlich, 3 bis 7 nervig. Stiel des Blütenstandes nach oben breiter; Blütenstand am Rande meist ohne Fortsätze. Frucht gerillt. — Juni—August. Auf dem Watt und in der See in der Nähe sämtlicher Inseln: auf Borkum auch im Hopp, auf Westende Langeoog im Schlopp. [Meeresflora.] Die in der Tiefe der See wachsende Pflanze ist breitblätterig; sie wird von der See ausgeworfen und ist sonst nur mit dem Schleppnetze zu erlangen. Auf dem Watt wachsen

nur schmalblätterige Formen, welche aber niemals die *var. angusti-folia* Hornemann der schleswigschen Ostküste an Schmalheit der Blätter erreichen.

\* 9. **Z. nana Roth.** — 2|. Laubblätter einnervig, sehr schmal (0,5—1, selten 1,5 mm). Stiel des Blütenstandes nach oben nicht verbreitert. Blütenstand am Rande mit klammerartigen Fortsätzen. Frucht glatt. Sonst wie *Z. marina.* — Juni—August. Auf dem Watt in der Nähe sämtlicher Inseln; auf *Bo* auch im Hopp. [Meeresflora.]

# 7. Fam. Juncaginaceae Richard, Dreizackgew.

## 1. Triglochin L., Dreizack.

\* 1. **T. palustris L.** — 2|.; 15—30 cm. Pfl. im Sommer sehr zarte weisse Ausläufer bildend, deren Spitze im Herbste zwiebelig anschwillt. Laubblätter linealisch. Blatthäutchen kurz (nicht so lang als der Querdurchmesser des Blattes), quer abgestutzt. Blütenstand locker. Blütenstiele kürzer als die Frucht, angedrückt. Frucht linealisch, keulig, am Grunde verschmälert, nur drei fruchtbare Fächer ausgebildet, welche zur Reifezeit von unten her abspringen. — Juli—September. Auf den Wiesen und Weiden, in feuchten Dünenthälern häufig, nicht so weit auf das Watt gehend als *T. maritima.* [Auf feuchtem Boden an den Küsten und im Binnenlande häufig.]

\* 2. **T. maritima L.** — 2|.; 15—50 cm. Grundachse kräftig, schräg-aufsteigend, ohne Ausläufer. Laubblätter linealisch. Blatthäutchen länger als der Querdurchmesser des Blattes, nach oben verschmälert und nur an der Spitze abgestutzt. Blütenstand dicht. Blütenstiele kürzer als die Frucht, aufrecht abstehend. Frucht eiförmig, unter der Spitze zusammengeschnürt, mit sechs fruchtbaren Fächern. — Mai—Herbst. Auf Wiesen und Weiden, in feuchten Dünenthälern häufig, weit auf das Watt hinausgehend. [Salz- und Küstenflora.]

# 8. Fam. Alismaceae Richard, Froschlöffelgew.

1. Früchtchen zahlreich, stark von der Seite her zusammengedrückt, zur Blütezeit kreisförmig geordnet, später meist durch einander geschoben. Griffel am innern Rande.

*1. Alisma.*

1\*. Früchtchen zahlreich, nicht zusammengedrückt, kopfig-gehäuft, auf der Spitze von dem bleibenden Griffel geschnabelt.

*2. Echinodorus.*

## 1. Alisma Rivinius, Froschlöffel.

† 1. **A. Plantago L.** — ♃; 15—80 cm. Grundachse dick, fast fleischig. Laubblätter aufrecht, eiförmig bis lanzettlich, ganzrandig, spitz. Blütenstand aufrecht, gross, pyramidal, mit dreizähligen Aesten und schraubeliger Verzweigung. Innere Perigonblätter zart, rötlich, am Grunde gelb. Früchtchen stumpf. — Juni—September. In Gräben und Gewässern, selten und nicht beständig; *J, N, Bo, L, S.* Einzelne Exemplare siedeln sich gerne in neugezogenen Gräben an. [Auf dem Festlande und den grösseren Inseln häufig.]

### 2. Echinodorus Engelmann, Igelschlauch.

\* 2. **E. ranunculoides Engelmann.** — ♃; 5—30 cm. Stengel oft niedergestreckt und wurzelnd. Laubblätter lang-gestielt, schmallanzettlich, spitz. Blütenstand aus einer, seltener aus mehreren Etagen bestehend, schraubelig-verzweigt, durch die sehr langen Blütenstiele doldenähnlich erscheinend. Innere Perigonblätter ausgeschweift, rötlich-weiss, am Grunde gelb. Früchtchen zahlreich. — Juli, August. In flachen Gewässern, auf nassem Sande, selten: *Bo* (in vielen Dellen und den Kolken am Deiche, einzeln auch auf der Binnenwiese). [Röm, Föhr. Im niederländischen Dünengebiete und auf der Geest zerstreut.]

Hydrocharis morsus ranae L. Im Tümpel des Hall-Ohm-Glopp auf *J* von Herrn Otto Leege eingeführt.

# 9. Fam. Gramineae Juss., Gräser.

1. Achse (Spindel) des Blütenstandes nicht verzweigt. Aehrchen ungestielt und daher in einer einfachen Aehre stehend.
2. Spindel dreiseitig, die eine Seite ohne Blüten, die beiden andern mit einseitswendigen Aehrchen, welche in den Höhlungen der Spindel sitzen. Hüllspelzen fehlend (selten in verkümmertem Zustande vorhanden). 1 Griffel und eine an der Spitze der Spelzen hervortretende Narbe. Laubblätter steifborstenförmig. *29. Nardus.*
2\*. Spindel fast stielrund mit zweizeiligen, in Höhlungen der Spindel eingesenkten, einblütigen Aehrchen. Hüllspelzen meist 2, seltener 1, neben einander stehend. 2 Griffel. *28. Lepturus.*
2\*\*. Spindel zweiseitig; Aehrchen auf vortretenden Gelenken derselben sitzend. 2 Griffel.
3. Aehrchen zu 2 bis 6 auf den Absätzen der Spindel, entweder alle fruchtbar, oder die seitlichen unfruchtbar.
4. Aehrchen einblütig, zu je drei auf den Gelenken, der Spindel die Rückenseite zuwendend, entweder alle fruchtbar, oder die seitlichen unfruchtbar. *26. Hordeum.*

4\*. Aehrchen zu 2—6 an den Gelenken der Spindel, die schmale
Seite der Spindel zuwendend, zwei bis mehrblütig.

*27. Elymus.*

3\*. Aehrchen einzeln auf den Gelenken der Spindel.

5. Aehrchen mit der schmalen Seite der Spindel zugekehrt,
mit nur einer Hüllspelze (der äusseren); Endährchen mit
zwei Hüllspelzen.

*24. Lolium.*

5\*. Aehrchen mit der breiten Seite der Spindel zugewendet,
jedes mit zwei Hüllspelzen.

*25. Triticum.*

1\*. Spindel verzweigt, die Zweige aber zuweilen so kurz, dass sie
erst beim Umbiegen oder Zergliedern der Aehre erkannt werden.
Aehrchen also stets kürzer oder länger gestielt.

6. Blütenstand ährenähnlich.

7. Blütenstand einseitswendig. Aehrchen am Grunde mit
einem kamm-ähnlich-geformten Seitenährchen verbunden,
welches aus zahlreichen Hüllspelzen besteht, aber nur sehr
selten Blüten enthält.

*20. Cynosurus.*

7\*. Blütenstand walzlich, ringsum gleich-gebaut.

8. Aehrchen am Grunde mit grannenförmigen Hüllborsten.
Aehrchen mit einer Zwitterblüte und einer unteren, ein-
spelzigen, meist geschlechtslosen, seltener männlichen
Blüte; 3 Hüllspelzen, die untere weit kleiner als die
oberen.

*1a. Setaria.*

8\*. Aehrchen am Grunde ohne grannenförmige Hüllborsten.

9. Blütenstand dicht walzenförmig. Aehrchen einblütig.

10. Hüllspelzen am Grunde verwachsen. Aehrchen
gegen die Spitze allmählich verschmälert, nicht
zweispitzig. Deckspelze oft begrannt.

*4. Alopecurus.*

10\*. Hüllspelzen am Grunde frei, an den Rändern weiss-
häutig, am Kiele gewimpert oder rauh. Aehrchen
gestutzt, zweispitzig. Deckspelze ohne Granne.

*5. Phleum.*

9\*. Blütenstand locker straussförmig oder gelappt.

11. Aehrchen nur mit einer Zwitterblüte. 4 Hüllspelzen; die unterste kaum halb so lang als die
zweite; die dritte und vierte\*) von der zweiten
umhüllt, kleiner als sie, behaart, auf dem Rücken
begrannt. 2 Staubblätter. *3. Anthoxanthum.*

11\*. Aehrchen 2- vielblütig.

12. Deckspelze grannenlos. Ausdauerndes Gras.

*10. Koeleria.*

12\*. Deckspelze auf dem Rücken mit einer geraden
Granne. Einjähriges Gras. *13. Avena praecox.*

---

\*) Diese 3. und 4. Hüllspelze werden häufig als die Ansätze von zwei ver-
kümmerten Blüten angesehen.

6*. Blütenstand rispig, mit mehr oder weniger verlängerten, oft
quirlförmig gestellten Zweigen.

13. Aehrchen einblütig; Blüte zwitterig.

14. Blütenstand entweder einseitig überhängend, oder aus
abwechselnd gestellten kurzen Aehren bestehend. Hüllspelzen 3, sehr ungleich gross. Einjähriges Unkraut auf
Schutt und bebautem Lande. *1a. Panicum.*

14*. Blütenstand weder einseitig überhängend, noch aus Aehren
bestehend *).

15. Blüten am Grunde von längern Haaren umgeben, welche
aber die Hüllspelzen nicht überragen. Deckspelze
länger oder kürzer (bei *Ammophila* sehr kurz) begrannt.
Rispe gross, dicht, öfters lappig.

16. Hüllspelzen ziemlich gleichlang, hautartig. Hohe
Gräser der Dünenthäler. *7. Calamagrostis.*

16*. Untere Hüllspelze etwas kürzer, beide fast knorpelig.
Dünengräser, sog. Helm. *8. Ammophila.*

15*. Blüten am Grunde nicht von längeren Haaren umgeben.
Niedrigere Gräser mit stark verzweigten, aber feinen
Blütenständen. Aehrchen etwa 2 mm lang.
*6. Agrostis.*

15**. Blüten am Grunde nicht von längeren Haaren umgeben.
Hohes Gras mit rispigem, knäuelig-lappigem, reich-
blütigem, buntem Blütenstande. Aehrchen etwa 4 mm
lang. *3. Phalaris.*

13*. (s. auch 13**.) Aehrchen ausser der Zwitterblüte eine oder
mehrere männliche (in seltenen Fällen bei *Holcus* zwitterige)
Blüten enthaltend.

17. Aehrchen eine obere Zwitterblüte und zwei untere männliche Blüten enthaltend. Duftendes Gras feuchter Stellen,
im Frühjahre blühend. *1. Hierochloë.*

17*. Aehrchen eine untere unbegrannte Zwitterblüte und eine
(selten zwei) obere begrannte männliche (selten zwitterige)
Blüte enthaltend. Hüllspelzen bedeutend länger als die
Blüten. Geruchloses, im Sommer blühendes Wiesengras.
*12. Holcus.*

13**. Aehrchen mit 2 oder mehr Zwitterblüten.

18. Hüllspelzen (oder wenigstens eine derselben) fast so lang
oder länger als das Aehrchen.

19. Alle Blüten des Aehrchens unbegrannt.

20. Blatthäutchen fehlt; an seiner Stelle eine Haarreihe.
Blütenstand zusammengezogen, mit 4—12 Aehrchen.
Deckspelze dreizähnig. *14. Sieglingia.*

---

*) Die einjährige sehr zarte Avena caryophyllea, von Wogründern und
trockenen Sandstellen der Aussenweiden, hat ebenfalls zuweilen einblütige
Aehrchen und könnte deshalb hier gesucht werden.

20*. Blatthäutchen vorhanden, kurz, Blütenstand länglich-cylindrisch, zuweilen gelappt, reichährig. Aehrchen bleich-grün, sehr kurz gestielt. *10. Koeleria.*

19*. Alle Blüten des Aehrchens begrannt.

21. Grannen klein, gekniet, am Knie bärtig, an der Spitze keulig-verdickt. Laubblätter borstenförmig, blaugrün. *11. Weingärtneria.*

21*. Granne weder am Knie bärtig, noch an der Spitze keulen-förmig verdickt.

22. Aehrchen 2 blütig, 2—4 mm lang; beide Blüten zwitterig (zuweilen noch ein behaartes Stielchen einer 3. Blüte). Deckspelze gestutzt, vierzähnig. *10a. Aera.*

22*. Aehrchen 1—5 blütig. Deckspelze zweizähnig. *13. Avena*).

18*. Hüllspelzen kürzer als das Aehrchen, oft nur seinen Grund umfassend.

23. Achse des Aehrchens mit schneeweissen, langen Haaren; statt des Blatthäutchens Wimperhaare. Aehrchen oft violett angelaufen. (Schilf, Reith.) *9. Phragmites.*

23*. Achse des Aehrchens weichhaarig (*Molinia*) oder kahl.

24. Aeste des Blütenstandes einzeln, abwechselnd gestellt; Aehrchen geknäuelt. *19. Dactylis.*

24*. Aeste des Blütenstandes meist zu mehreren, oft quirlig oder halbquirlig. Aehrchen nicht geknäuelt.

25. Aehrchen zusammengedrückt, auf dem Rücken scharf-gekielt, grannenlos. *15. Poa.*

25*. Aehrchen auf dem Rücken abgerundet, mit oder ohne Granne.

26. Stengel oben knoten- und blätterlos. Blütenstand zu-sammengezogen. Aehrchen klein, blau. Narben hell-oder dunkel-karminrot. *18. Molinia.*

26*. Stengel weit hinauf knotig. Narben weiss.

27. Blattscheiden unten oder in ihrer ganzen Länge geschlossen (d. i. mit verwachsenen Rändern).

28. Deckspelze unbegrannt. Im Wasser und an feuchten Stellen wachsend.

29. Aehrchen 2 blütig, klein (etwa 2 mm lang). oft violett gefärbt. Frucht innen flach, ohne Furche. *17. Catabrosa.*

29*. Aehrchen mehrblütig, ziemlich gross. Frucht auf der Innenseite gefurcht. *16. Glyceria.*

---

*) Aus der Gattung Avena, Hafer, kommen auf den Inseln nur die beiden zwergigen einjährigen Arten: A. caryophyllea und A. praecox vor; die mehr-jährigen Wiesen-Hafer-Arten fehlen gänzlich. — Bei den angebauten Haferarten ist nur die untere Zwitterblüte begrannt.

28*. Deckspelze begrannt oder doch stachelspitzig: Granne aus
der Spitze der Spelze oder nahe unterhalb der Spitze entspringend. Griffel der Vorderseite des Fruchtknotens oberhalb der Mitte eingefügt. 23. *Bromus.*

27*. Blattscheiden offen (mit deckenden Rändern). Griffel auf der
Spitze des Fruchtknotens.

30. Aehrchen klein, stielrundlich. Deckspelze oberwärts trockenhäutig, abgerundet-stumpf oder gestutzt, unbegrannt. Frucht
frei, auf der Innenseite nur schwach vertieft. 21. *Atropis.*

30*. Aehrchen klein, oder häufiger mittelgross, von der Seite
her zusammengedrückt. Deckspelze lanzettlich, oberwärts
verschmälert, oft begrannt. Frucht innen deutlich gefurcht,
von der Deckspelze und der Vorspelze umschlossen.
22. *Festuca.*

**Panicum Crus Galli L.** Unkraut auf bebautem Boden, einmal auf *S*
gefunden.

**Setaria viridis Palisot** früher einmal im Dorfe *N* — 1893 auf einem
Kartoffelacker im Dorfe *Bo* (F. Wirtgen) gefunden.

## 1. Hierochloë Gmelin, Heiligengras.

**\* 1. H. odorata Wahlenberg.** — ♃; 15—40 cm. Ausläufer treibend. Stengel glatt, meist nur unterwärts beblättert,
unten rot. Laubblätter oberseits graugrün, matt, unterseits lebhaft grün, glänzend (oft umgewendet). Blütenstand rispig, nicht
sehr reichährig, mit abstehenden Aesten. Aehrchenstiele kahl.
Deckspelzen der männlichen Blüten kurzbegrannt, die der Zwitterblüten unbegrannt. — Mai, Juni. An feuchten begrasten Stellen:
*Bo* (vielerwärts), *J* (an einzelnen Stellen der Bill häufig, z. B. am
oberen Rande des Polders), *Ba* (kleine Wiesenstücke nördlich vom
Ostdorfe), *L* (Westende: in den Abwässerungsgräben westlich vom
Dorfe, zwischen ihm und den Dünen, Tümpel im grossen nördlichen Dünenthale, auf feuchten Stellen der Wiese mehrfach, Ostende: am oberen Rande der Wiese nach den Dünen zu). [Von
den nord- und westfriesischen Inseln nicht bekannt; auf dem Festlande auf anmoorigen Wiesen in den Küstengegenden nicht
selten.]

## 2. Anthoxanthum L., Ruchgras.

**\* 2. A. odoratum L.** — ♃; 25 – 50 cm. Dichtrasig.
Stengel aufrecht, unverzweigt. Blütenstand rispig, ährenähnlich,
länglich, dichtgedrängt. 3. und 4. Hüllspelze (die „unfruchtbaren
Blüten" vieler Schriftsteller) wenig länger als die Vorspelze, angedrückt-behaart, mit Grannen, welche die 2. Hüllspelze kaum
überragen. — Mai, Juni. Auf Wiesen und Grasplätzen gemein.
[Ebenso in den anderen Gebieten.]

**A. Puelii Lecoq et Lamotte:** *Bo,* 1894 auf einem Acker in der Kiebitzdelle
unweit der Wasserstation (F. Wirtgen).

## 3. Phalaris L., Glanzgras.

↑ 3. **P. arundinacea L.** — ♃; 1—2 m. Ausläufer treibend. Laubblätter ziemlich breit, zugespitzt, am Rande raub. Blütenstand stark zusammengesetzt, rispig, locker, die einzelnen Teile aber knäuelig-lappig. Zwitterblüte mit kahlen, unfruchtbare mit behaarten Spelzen. — Juni, Juli. Auf dem Festlande an Gräben, Flüssen und Teichen. Langeoog, eine Gruppe von Exemplaren an der Aussenseite der nördlichen Umwallung des Ortes, rechts nicht weit vom Wege zum Herrenbadestrande: eine andere Gruppe im grossen fruchtbaren Dünenthale Dreebargen des Ostendes.

## 4. Alopecurus L., Fuchsschwanz.

**A. pratensis L.** — ♃. 50—90 cm. Grundachse schief, wenig kriechend. Stengel aufrecht. Blütenstand walzlich, weich; Aeste 4—6 Aehrchen tragend. Hüllspelzen lanzettlich, spitz, unterhalb der Mitte zusammengewachsen, zottiggewimpert. Deckspelzen über dem Grunde begrannt; Granne doppelt so lang als die Hüllspelzen. — Mai, Juni. Auf Kunstwiesen selten und kein regelmässiger Bestandteil derselben.

* 4. **A. geniculatus L.** — ♃ ; 20—30 cm. Stengel am Grunde niederliegend, aufsteigend. Laubblätter schmal. Blütenstand schmal-walzenförmig, Aehrchen eiförmig-länglich. Hüllspelzen stumpf, gewimpert, nur am Grunde zusammengewachsen. Granne unter der Mitte der Deckspelze, länger als die Hüllspelzen. Staubbeutel meist gelblich-weiss, später braun. — Juni—August. Auf Wiesen und Weiden, an Gräben, nicht selten: (Ba?). [Häufig.] (Der A. fulvus Smith: Aehrchen elliptisch: Granne in der Mitte der Deckspelze, kaum länger als die Hüllspelzen: Staubbeutel rotgelb, wurde noch nicht gefunden.)

+ 5. **A. agrestis L.** — ☉ oder ⊙: 30—50 cm. Laubblätter schmal. Blütenstand schmal-ährenförmig, nach beiden Seiten verschmälert; Aeste 1—2 Aehrchen tragend. Hüllspelzen bis zur Mitte zusammengewachsen, zugespitzt, kurz-gewimpert. Granne doppelt so lang als die Hüllspelzen. — Sommer. Unkraut auf behautem Boden: Ba (beim Osterloog); S, W (mehrfach in Gärten und beim Leuchtturm). [In der Marsch von Ostfriesland auf Aeckern häufig.]

## 5. Phleum L., Lieschgras.

* 6. **P. arenarium L.** — ⊙ selten ☉: 5—20 cm. Ein- oder mehrstengelig. Blütenstand ährenähnlich, länglich-eiförmig. Hüllspelzen lanzettlich, allmählich zugespitzt, kurz-begrannt, am Kiele steifhaarig-gewimpert. — Mai, einzeln wieder im Herbste. Auf den Dünen meist häufig: auf S und W seltener. [Westeuropäische Dünen.]

+ oder † 7. **P. pratense L.** — ♃ : 20—90 cm. Stengel aufrecht oder am Grunde geknickt. Laubblätter vorwärts rauh. Blütenstand schmal-cylindrisch, stumpf, seine Zweige unterwärts mit
der Mittelachse verwachsen. Hüllspelzen länglich, abgestutzt,
doppelt so lang als die Deckspelzen, 3 mal so lang als ihre dicke
Granne, am Kiele steifhaarig-gewimpert. — Juni, Juli. Auf Wiesen
und Grasplätzen hie und da; keinen regelmässigen Bestandteil
des Graswuchses bildend. [Auf den anderen Inseln häufiger; auf
dem Festlande gemein.]

## 6. Agrostis L., Straussgras.

A. Untere Hüllspelze kleiner als die obere. Granne etwa 4 mal
so lang als die Aehrchen.

+ 8. **A. Spica venti L.** — ☉; bis 1 m. Stengel aufrecht
oder am Grunde geknickt, glatt. Blütenstand rispig, weitschweifig.
Staubbeutel länglich-linealisch. — Juni, Juli. Als Unkraut auf
Aeckern: *Bo* (am Damm hinter Upholm; F. Wirtgen), *N, S*: ob
regelmässig? *Apera spica venti Palisot.* [Ackerflora.]

B. Untere Hüllspelze grösser als die obere. Granne klein oder
fehlend.

1. Vorspelze vorhanden. Laubblätter sämtlich flach, (zuweilen eingerollt).

* 9. **A. alba L.** — ♃; 15—75 cm. Ausläufer treibend.
Stengel aufrecht, aufsteigend oder niederliegend. Blatthäutchen
lang-vorgezogen. Blütestand kegelförmig, mit abstehenden Aesten,
nach der Blütezeit völlig zusammengezogen. Deckspelze fünf-
nervig (selten kurzbegrannt). — Juni—August. Auf Wiesen,
Weiden, Aeckern und Dünen, sowie in Dünenthälern sehr häufig.
[Allgemein verbreitet.] Eine der veränderlichsten Pflanzen. Ihre
Farbe ist grasgrün oder mehr oder weniger graugrün. Nach dem
Wuchse sind drei Formen zu unterscheiden: a) *var. pratensis Buchenau* mit kurzen Ausläufern und aufrechtem oder aufsteigendem
Stengel; dies ist die Pflanze der Aecker, Wiesen und Dünenthäler;
sie wird in den Gebüschen von *Salix* und *Hippophaës* oft sehr
hoch und nähert sich der *var. gigantea Gaudin;* b) *var. stolonifera
E. Meyer*, mit langen Ausläufern und aufsteigenden Stengeln;
dies ist die Pflanze der Dünen; c) *var. maritima G. F. W. Meyer*,
mit sehr langen niederliegenden Ausläufern bezw. Stengeln, oft
von roter Farbe und graugrünen, oft eingerollten und starren
Laubblättern: dies ist die Pflanze des Wattstrandes; sie hält
den Sand fest und trägt dadurch viel zur Erhöhung des Wattstrandes bei.

**Polypogon litoralis Smith** wurde im Jahre 1808 von Prof. Fr. C. Mertens „auf Schliekgrund im Nordwesten der Insel $N$" gefunden und in Mertens und Koch, Deutschlands Flora 1823, 1, p. 499 vortrefflich beschrieben. Die Angabe ist dann eine Zeit lang durch alle floristischen Werke gegangen, später aber, als niemand die Pflanze wiederfand, ist sie vielfach angezweifelt worden. An eine falsche Bestimmung durch Mertens war aber doch wohl kaum zu denken. Ich hatte nun die Freude, unter älteren Pflanzen des Herbariums des städtischen Museums in Bremen, drei Stengel der von Mertens gesammelten Pflanze aufzufinden. Danach ist an der Bestimmung kein Zweifel gestattet. Die Pflanze steht allerdings der Agrostis alba ausserordentlich nahe, unterscheidet sich aber sofort von ihr durch die nahe unter der Spitze begrannten Hüllspelzen und die lange rückenständige Granne der Deckspelze *). Das Vorkommen auf $N$ dürfte wohl ein zufälliges gewesen sein (die Pflanze gehört der englischen Flora an); übrigens findet sich im Nordwesten von $N$ jetzt überhaupt kein Schliekgrund mehr.

✳ 10. **A. vulgaris Withering.** — ♃; 10—30 cm. Kurze Ausläufer treibend. Blatthäutchen sehr kurz abgestutzt. Blütenstand eiförmig, mit abstehenden Aesten, nach der Blütezeit wenig zusammengezogen. Deckspelze dreinervig. — Juni, Juli. Auf Wiesen und Dünen, an Heideplätzen und Wegen, in Dünenthälern häufig. [Gemein.] Geht nicht so weit als *A. alba* auf die Wattwiesen hinaus und hat lange nicht die Bedeutung für die Festhaltung des Sandes, wie jene.

2. Vorspelze fehlend. Untere Laubblätter zusammengefaltet-borstlich.

✳ 11. **A. canina L.** — ♃: 10—30 cm. Kurze Ausläufer treibend. Stengel aufrecht. Stengelständige Laubblätter oft mit eingerollten Rändern. Blatthäutchen länglich, gezähnelt. Blütenstand nach der Blütezeit zusammengezogen. Deckspelze unter der Mitte des Rückens begrannt, unten 5-, oben 4nervig. — Juni, Juli. Feuchte Wiesen und Dünenthäler: *Bo*, $N$ (ob jetzt noch?), *L* (Westende: grosses Dünenthal im Norden), *S*. [Sylt; Amrum, Texel, Terschelling. Nasser Sand und sumpfige Wiesen des Festlandes.]

### 7. Calamagrostis Adanson, Rohrgras.

✳ 12. **C. lanceolata Roth.** — ♃; 50—200 cm hoch. Ausläufer treibend. Bleichgrün. Stengel aufrecht, unter dem Blütenstande sehr wenig rauh, sonst glatt. Blütenstand länglich, schlaff, rispig, während der Blütezeit gleichmässig ausgebreitet. Hüllspelze lanzettlich, zugespitzt. Haare länger als die Deckspelze. Granne endständig, gerade, die Seitenspitzen der Deckspelze kaum überragend. Kein Ansatz einer zweiten Blüte. — Juli. Feuchte Stellen: *Bo* (Westland: Waterdelle und Kielstucksdelle, zusammen mit *C. Epigeos*. *L* (grosses Dünenthal im Norden des Westendes, jetzt durch Gemüsebeete des Hospizes anscheinend zerstört). [Fehlt auf den nord- und den westfries. Inseln: in Nordwestdeutschland häufig.]

---

*) Eine kurze Granne auf dem Rücken der Deckspelze findet sich auch bei einer Form der A. alba, niemals aber begrannte Hüllspelzen.

\* **13. C. Epigeos Roth.** — ♃ ; 50—150 cm. Ausläufer-treibend. Graugrün. Stengel aufrecht; nebst den Scheiden ober-wärts rauh. Laubblätter breit. Blütenstand straff, aufrecht, ge-knäuelt-lappig. Hüllspelzen linealisch-pfriemlich. Haare länger als die Deckspelze. Granne auf dem Rücken der Deckspelze ent-springend (bald oben, bald unten), die Spitze derselben überragend — Juli, August. In Dünenthälern, namentlich zwischen Gestrüpp *Bo* (an ziemlich vielen Stellen), *J* (an mehreren Stellen; nimmt im grossen Thale der Bill offenbar an Häufigkeit sehr zu), *N* (spärlich in den Gebüschen beim Konversationshause; häufiger in mehreren Dünenthälern der Osthälfte der Insel), *L* (Melkhören, Ostende). [Auch in den anderen Gebieten nicht selten.]

## 8. Ammophila Host, Sandgras.

\* **14. A. arenaria Link.** — ♃ ; bis 1 m hoch. Grund-achse aufrecht, stark verzweigt, sehr lange, zähe, gleich dicke Wurzeln treibend. Weisslichgrün. Stengel steif aufrecht, mit anliegenden Zweigen. Laubblätter eingerollt, oberseits auf den Rippen sammetartig behaart, unterseits kahl, mit ca. 3 cm langem gespaltenem Blatthäutchen. Blütenstand rispig, sehr dicht, fast cylindrisch, oben stumpf endigend, weiss gefärbt. Hüllspelze lanzettlich, spitz. Achse des Aehrchens über die Blüte verlängert, pinselartig behaart. Deckspelze lanzettlich, etwa 3 mal so lang als die Haare. — Juli, August. Auf den Dünen und Vordünen sehr häufig; vielfach auch absichtlich angepflanzt („Helm"). [Weitverbreitete Dünenpflanze.] *Calamagrostis arenaria Roth. Psamma arenaria Römer et Schultes.*

\* **15. A. baltica Link.** — ♃ ; bis 1 m. Der vorigen Art ähnlich, aber die Rippen der Blattoberseite mit kurzen schärf-lichen Haaren dicht-besetzt; Blatthäutchen kaum halb so lang, meist weniger vollständig gespalten. Blütenstand lanzettlich, lappig, spitz, mehr oder weniger bräunlich überlaufen; Hüllspelzen lanzettlich, pfriemlich zugespitzt, die Haare etwa halb so lang als sie. Staubbeutel verschrumpft. — Juli, August. Mit voriger, jedoch weit seltener. [Ostseedünen; nordfriesische, westfriesische Inseln; jedoch nicht weiter westlich.] *Psamma baltica Römer et Schultes.* — Die Pflanze ist zweifellos ein Bastard von *Psamma arenaria* und *Calamagrostis Epigeos*; da sie sich aber in ihrem Auftreten ganz wie eine selbständige Art verhält, so habe ich sie auch mit fortlaufender Nr. aufgeführt. — Von den beiden Formen dieses Bastards findet sich bei uns nur: *subarenaria Marsson*, die auch an der Ostsee viel seltenere *subepigeos Marsson* dagegen fehlt.

Ueber beide Arten vergleiche: Fr. Buchenau, Ueber die Vegetationsverhältnisse des „Helms" und der verwandten Dünen-gräser, in: Abh. Nat. Ver. Brem., 1889, X, p. 397—412.

## 9. Phragmites Trinius, Reith.

∗ **16. P. communis Trinius.** — ⚇ ; 1—2 m hoch. Grundachse lange weisse unterirdische und zuweilen sehr lange (bis
10 m!) grüne oberirdische Ausläufer treibend. Graugrün. Laubblätter lanzettlich-linealisch. Blütenstand sehr zusammengesetzt,
rispig, während der Blütezeit abstehend, vor und nachher zusammengezogen, etwas überhängend. Hüllspelzen länglich-lanzettlich, spitz; Deckspelzen linealisch-pfriemlich. — Juli, August.
Auf Wiesen, Weiden und in Dünenthälern ziemlich allgemein verbreitet, nicht selten auch als Unkraut in Feldern. [Häufig.] Die
oberirdischen, an den Gelenken wurzelnden Ausläufer bilden zuweilen auf dem feuchten Erdboden ein Geflecht wie von Stricken.
An den Grenzen der Standorte, sowie auf den Erdumwallungen
bildet die Pflanze eine (kaum als Varietät zu bezeichnende) Zwergform von nicht selten nur 30—50 cm Höhe.

## 10. Koeleria Persoon, Koelerie.

∗ **17. K. glauca DC.** — ⚇ ; 10—50 cm. Rasig wachsend.
Graugrün. Stengel aufsteigend, oberwärts wenig-blätterig, steif.
Pflanze (namentlich unter dem Blütenstande) abstehend-kurzhaarig.
Laubblätter zuweilen weichhaarig. Blattfläche schmal, rinnig, die
Nerven oberseits mit zahlreichen, sehr kurzen Härchen und Spitzen
(selten auch mit längeren Haaren) besetzt. Aehrchen meist 2blütig.
Deckspelzen stumpflich. — Juni, Juli. Auf begrasten Binnendünen, nicht selten; auf *Ba* nur auf dem niedrigen Sandrücken,
der sich zwischen den beiden Dörfern nach Süden auf die Aussenweide hinaus erstreckt; auf *S* nicht häufig. Auf *L* auffallenderweise noch nicht gefunden. [Röm; Texel. Auf dem Festlande
durch eine verwandte Form, die *K. cristata Persoon*, vertreten.]

Aera caespitosa L., nach Koch und Brenneke früher auf *W*, scheint jetzt
unsern Inseln, sowie den westfriesischen Inseln merkwürdigerweise ganz zu
fehlen; Röm. Sylt.

## 11. Weingärtneria Bernhardi, Weingärtnerie.

∗ **18. W. canescens Bernhardi** — ⚇ ; 15—35 cm. Dicht
rasig. Grau, Blattscheiden rot überlaufen. Stengel aufrecht.
Laubblätter zusammengefaltet-borstlich, die stengelständigen kurz.
Blütenstand rispig, vor und nach der Blütezeit dicht zusammen-
gezogen, während derselben länglich. Aehrchen weiss, rot über-
laufen. Staubbeutel dunkelbraun. — Juni bis September. Auf
Dünen und Vordünen, in Dünenthälern sehr häufig. [Gemeine
Sandpflanze.] *Corynephorus canescens Palisot.*

## 12. Holcus L., Honiggras.

∗ **19. H. lanatus L.** — ⚇ ; 30—60 cm. Dicht rasig.
Graugrün. Stengel aufrecht, an und unter den Knoten nebst den

Blattscheiden dicht mit kurzen, etwas nach rückwärts gerichteten Haaren besetzt; Blattfläche weichhaarig. Deckspelze der männlichen Blüte begrannt; Granne die Hüllspelze nicht überragend, zuletzt hakenförmig zurückgekrümmt. Aehrchen weisslich, oft rot überlaufen. — Juni, Juli. Auf Wiesen, in Dünenthälern häufig. [Häufiges Wiesengras.]

Holcus mollis L. (ausläufertreibend. Stengel schlanker, weniger behaart; Granne der männlichen Blüte die Hüllspelzen wesentlich überragend), findet sich nur in den Bosquetanlagen in *N*, wohin es offenbar mit Pflanzmaterial eingeschleppt wurde.

### 13. Avena L., Hafer.

↑ 20. **A. caryophyllea Weber.** — ⊙; 5—15 cm. Laubblätter zusammengerollt, borstlich. Blütenstand rispig, dreigabelig; Aeste abstehend. Aehrchen aufrecht, meist lang-gestielt, 5blütig, klein (2—3 mm). Hüllspelzen länger als die Blüten; Deckspelze unter der Mitte begrannt, oben doppelthaarspitzig. — Mai, Juni. An Wegrändern, am innern Fusse der Dünen: *Bo* (bei Upholm häufig; auf Wällen und Aeckern des Ostlandes; spärlich an dem Wege, welcher von da nach der Sternklippe führt), *N* (Innenseite des Deiches beim neuen Polder), *W* (ob jetzt noch?). [Häufiges Sandgras.] *Aera caryophyllea L.*

\* 21. **A. praecox Palisot.** — ⊙; 2—10 cm. Laubblätter zusammengerollt, borstlich. Blütenstand rispig, zusammengezogen, ährenähnlich. Aehrchen aufrecht, kurz gestielt, klein (2—3 mm lang). Hüllspelzen so lang als die Blüten. Deckspelze meist begrannt. — April, Mai. Auf Dünen und Weiden, in Dünenthälern häufig. [An mageren Stellen gemein.] *Aera praecox L.*

### 14. Sieglingia Bernhardi, Sieglingie.

\* 22. **S. decumbens Bernhardi.** — ⚥: bis 35 cm hoch. Stengel niederliegend, zur Blütezeit meist aufsteigend. Laubblätter flach; statt des Blatthäutchens eine Haarreihe. Scheiden und Blattfläche gewimpert. Blütenstand rispig oder traubig, schmal, wenigährig. — Juni—August. In bewachsenen Dünenthälern meist nicht selten. [Nicht selten.] *Triodia decumbens Palisot.*

### 15. Poa L., Rispengras.

#### A. Blatthäutchen kurz, gestutzt.

\* 23. **P. pratensis L.** — ♃; bis nahezu 1 m hoch. Grundachse meist lange Ausläufer treibend. Stengel mehr oder weniger zusammengedrückt, seltener rund, glatt. Aehrchen 3—5blütig; Deckspelze deutlich fünfnervig, länglich, spitzlich, durch zottige Wolle mit denen der Nachbarblüten verbunden. — Juni, Juli. Auf Wiesen, in Dünenthälern, an kultivierten Orten häufig. [Häufig.]

Tritt auch auf den Inseln in vielen Varietäten auf; die gewöhnliche *var.* α *vulgaris Döll* der Wiesen ist hochwüchsig, grasgrün und hat lange flache Laubblätter; auf trockenem Sandboden findet sich die *var.* β *humilis Ehrhart*, niedrig, graugrün, mit flachen oder zusammengefalteten Laubblättern (dies ändert sich mit der Trockenheit der Atmosphäre).

B. Blatthäutchen (wenigstens der oberen Laubblätter) länglich, zugespitzt, nicht quer abgestutzt.

1. Pflanze einjährig. Untere Rispenäste meist zu 1—2.

\* 24. **P. annua L.** — ☉ oder ☉; bis 30 cm hoch. Grasgrün, früh gelb werdend. Stengel glatt, rund. Blütenstand locker, pyramidal; Aeste später meist zurückgeschlagen. Untere Hüllspelzen 1-, obere 3 nervig; Deckspelzen undeutlich fünfnervig. — Während des ganzen Jahres mit Ausnahme der Frostperioden blühend. An Wegen, Schuttstellen, Dämmen und auf Weiden sehr gemein. [Ruderalflora.]

2. Pflanze ausdauernd. Untere Rispenäste meist zu 4—5.

\* oder ↑ 25. **P. trivialis L.** — ♃; 40—60 cm hoch. Rasig wachsend. Stengel stielrund, meist nebst den Blattscheiden etwas rauh. Blattfläche des obersten Stengelblattes viel kürzer als seine Scheide. Deckspelze mit 5 starken Nerven. — Juni bis August. Auf Wiesen, an bebauten Orten zerstreut. [Nicht selten.]

## 16. Glyceria Rob. Brown, Süssgras.

\* 26. **G. fluitans Rob. Brown.** — ♃; bis 150 cm hoch. Grundachse kriechend. Stengel aufsteigend. Laubblätter schmal, lange zusammengefaltet, oft flutend. Blatthäutchen lang, zerschlitzt. Blütenstand schmal und lang, oft unterbrochen; Aeste einseitswendig. — Juni, Juli. In Gräben und Sümpfen, auf nassen Wiesen zerstreut. [Nicht selten.] Die Hauptform hat paarige Aeste des Blütenstandes und länglich-lanzettliche Deckspelzen, die *var. plicata Fries* (welche von manchen Botanikern als eigene Art angesehen wurde) unten 3—4 Aeste des Blütenstandes und länglich-eiförmige, stumpfe Deckspelzen.

G. spectabilis Mertens et Koch: J, 1891 ein Exemplar in einem Graben dicht beim Billhause zusammen mit *Acorus*.

## 17. Catabrosa Palisot, Quellgras.

↑ 27. **C. aquatica Palisot.** — ♃; Grundachse kriechend, ausläufertreibend. Graugrün. Stengel aufrecht, glatt, schlaff, bis circa 50 cm hoch. Laubblätter plötzlich zugespitzt oder stumpf. Blütenstand gross, locker, mit weitabstehenden Aesten. Aehrchen violett, die Deckspelzen mit trockenhäutigem Saume. — Juli,

August. In Gräben. sehr selten: *N* (Gräben im bebauten Lande zwischen dem Orte und der Schanze). [Fehlt auf den nord- und den westfriesischen Inseln. Schlammige Gräben des Festlandes, jedoch oft unbeständig.]

## 18. Molinia Schrank, Molinie.

\* 28. **M. coerulea Mönch.** — ♃; bis 50 cm hoch (auf den Inseln selten höher). Dicht-rasig. Hellgrün. Stengel nur am Grunde beblättert, von den Blattscheiden oft bis zur Mitte umhüllt. Laubblätter schmal, eben, am Rande rauh. Blütenstand rispig, schmal-zusammengezogen. Deckspelzen spitz, unbegrannt. — Juli—September. In den Dünenthälern, auf anmoorigen Plätzen und den obern Teilen der Aussenweiden: *Bo* (vielfach), *J* (Loog), *N* (zerstreut), *L* (Westende: nördlich vom Dorfe am Rande der Weide und der Dünen), *W* (am Pfade auf dem Deiche, wohl eingeschleppt). [Häufig.]

## 19. Dactylis L.. Knäuelgras.

\* 29. **D. glomerata L.** — ♃; 30—60 cm. Dicht-rasig. Grasoder graugrün. Stengel aufrecht oder ausgebreitet, ziemlich glatt. Blattscheiden geschlossen, zusammengedrückt, rückwärts-rauh. Blütenstand rispig, meist einseitswendig, geknäuelt-lappig. Deckspelzen 5 nervig. — Mai—Juli. Auf Wiesen. Grasplätzen und Schuttstellen nicht selten; auf den Dünen zuweilen eine bemerkenswerte Zwergform. [Gemein.]

## 20. Cynosurus L., Hundeschwanz.

\* 30. **C. cristatus L.** — ♃; bis 50 cm hoch. Dicht-rasig. Gelbgrün. Stengel aufsteigend, glatt. Laubblätter schmal; Blatthäutchen kurz, gestutzt. Blütenstand linealisch, ährenähnlich, gelappt. Granne kürzer als die Deckspelze. — Juni, Juli. Auf Wiesen und Grasflecken häufig. [Gemein.]

## 21. Atropis Ruprecht, (Kiellos), Atropis.

\* 31. **A. distans Grisebach.** — ♃; 20—40 cm. Lockerrasig, ohne Ausläufer. Graugrün, kahl. Stengel niederliegend, aufsteigend oder aufrecht. Laubblätter flach, oberseits rauh; Blatthäutchen stumpf. Blütenstand sehr locker; Aeste rauh, zur Blütezeit abstehend, nach derselben zurückgeschlagen, untere meist zu 5. Aehrchen 4—6 blütig. Hüllspelzen sehr ungleich lang, die untere etwa $\frac{1}{3}$ so lang als die Deckspelze der vor ihr stehenden Blüten. Blüten eiförmig-länglich, stumpf, schwach 5 nervig. — Juni bis September. In Dünenthälern, auf den Aussenweiden, häufig, seltener auf den Binnenwiesen. [Salz- und Küstenflora.] *Glyceria distans Wahlenberg. Festuca distans Kunth.*

\* 32. **A. maritima Grisebach.** — ♃ : 20—40 cm.
Nach der Blütezeit lange, ausläuferartig niedergestreckte Stengel
entwickelnd. Blatthäutchen kurz dreieckig. Blütenstand zur
Fruchtzeit zusammengezogen; untere Aeste des Blütenstandes
meist zu zwei. Blüten linealisch-länglich, etwas grösser als bei
*A. distans.* Sonst wie *A. distans.* — Juni, Juli. Auf den Aussenweiden, dem Meere weit entgegengehend und für die Bindung des
Sandes wichtig. [Nicht so häufig und so gross als an den
schlickigen Küsten; blüht nur, soweit sie nicht von der regelmässigen Flut erreicht wird.] *Glyceria maritima Mertens et Koch.*
*Festuca thalassica Kunth.*

Diese Art steht der *A. distans* sehr nahe, ist aber nach vollendeter Blütezeit stets leicht von ihr zu unterscheiden.

## 22. Festuca L. Schwingel.

**A.** Alle oder wenigstens die grundständigen Laubblätter borstenförmig zusammengefaltet. Blatthäutchen kurz, zweiöhrig. Granne kürzer als die Blütenspelze.

1. Pflanze locker-rasig, ausläufertreibend.

\* 33. **F. rubra L.** — ♃ ; 50—80 cm. Meist graugrün.
Stengel aufrecht, steif, glatt. Obere Laubblätter meist flach, untere
stets zusammengerollt. Blütenstand zur Blütezeit abstehend;
unterste Aeste meist zu 2. Aehrchen oft rötlich überlaufen. —
Juni, Juli. Auf Wiesen und Dünen, in Dünenthälern häufig. [All-
gemein verbreitete Sand- und Wiesenpflanze.] An den trockneren
Standorten namentlich die *var. arenaria* (*Osbeck*) *Koch* mit sehr
verlängerten Ausläufern, durchaus geschlossenen Laubblättern und
weichhaarigen Aehrchen.

2. Pflanze dicht-rasig.

\* 34. **F. ovina L.** — ♃ ; selten über 50 cm hoch. Stengel
aufrecht, glatt oder oben rauh. Laubblätter sämtlich borstlich-
zusammengefaltet. Blütenstand während der Blütezeit mit abstehenden Aesten. Aehrchen eiförmig oder länglich, 3—8blütig. —
Mai, Juni. Auf begrasten Vordünen und Wiesen, in Dünenthälern,
zerstreut [Häufig.] Die gewöhnliche Pflanze der Inseln gehört
zu der niedrigen *var. tenuifolia Sibthorp* mit dünnborstlichen Laubblättern; selten und bis jetzt nur auf *N* beobachtet ist die höhere
Form: *duriuscula L* mit dickeren Laubblättern und etwas grösseren
Aehrchen.

B. Laubblätter flach. Blatthäutchen gestutzt.

\* oder ↑ 35. **F. arundinacea L.** — ♃ ; 80 bis 150 cm.
Locker-rasig. Stengel aufrecht, sehr kräftig. Blütenstand ausgebreitet, überhängend. Aeste rauh, untere zu zweien, verzweigt,

5—15 Aehrchen tragend. Aehrchen 4 - 6blütig. — Juni, Juli. An Umwallungen, Grabenrändern, seltener auf den Binnenwiesen und an Tümpeln in Dünenthälern, hie und da. [Häufig.]

    \* 36. **F. elatior L.** — ♃; 40 - 80 cm. Lockerrasig. Stengel aufsteigend, glatt. Laubblätter flach, linealisch, in der Knospenlage eingerollt. Blütenstand vor und nach der Blütezeit zusammengezogen, meist einseitswendig; Aeste rauh, untere zu zweien, der eine 1, der andere 2—4 Aehrchen tragend. Aehrchen 5—12blütig. Hüllspelze linealisch. — Juni, Juli. Auf Wiesen und Grasplätzen nicht selten. [Häufige Wiesenpflanze.]

## 23. Bromus L., Trespe.

A. Aehrchen anfangs fast stielrund, später von der Seite her zusammengedrückt, nach der Spitze zu verschmälert. Untere Hüllspelze 3—5-, obere 7—9nervig. Deckspelze unter der Spitze begrannt.

    1. Blattscheiden fast stets kahl. Blüten bei der Fruchtreife etwas von einander entfernt.

    + 37. **B. secalinus L.** — ☉ und ☉⊙; 40—80 cm hoch. Meist gelbgrün. Stengel aufrecht, meist kahl. Laubblätter meist zerstreut-behaart. Blütenstand gross, nach der Blütezeit überhängend. Deckspelze länglich, stumpf, mit bogenförmigen Rändern, in der Frucht stielrundlich eingerollt. — Juni, Juli. Auf bebautem Boden, sehr zerstreut: *Bo* (im Dorfe sowie auf dem Ostlande), *J*, *N* (einzeln), *S*. [Ackerflora]: Kann kaum als ein regelmässiger Bestandteil der Inselflora angesehen werden.

    2. Blattscheiden (wenigstens die unteren) und oft auch die Blattfläche zottig oder weichhaarig. Blüten auch im Fruchtzustande dachziegelig.

    \* 38. **B. mollis L.** — ☉ und ☉⊙; 5—60 cm. Graugrün. Laubblätter und meist auch die Aehrchen weichhaarig. Blütenstand rispig oder traubig, aufrecht, nach dem Verblühen zusammengezogen. Aehrchen 6—10blütig. Deckspelze eiförmig-elliptisch, die Ränder über der Mitte einen stumpfen Winkel bildend. Vorspelze kürzer als die Deckspelze, nur am Grunde verschmälert. — Mai, Juni (die ☉ auch im August). Auf Grasplätzen, Dünen und Wiesen häufig. [Ebenso in den anderen Gebieten.] Auffallend häufig ist die Varietät mit ganz kahlen Aehrchen: *var. liostachys Mertens et Koch*; ferner finden sich auf den trockeneren Stellen der Dünen sehr häufig Zwergexemplare, welche nicht selten nur wenige cm hoch und nur einährig sind.

    \* oder + 39. **B. racemosus L.** — ☉⊙; ca. 30—50 cm. Grasgrün. Untere Laubblätter behaart, obere kahl. Blütenstand traubig, seltener rispig, nach dem Verblühen zusammengezogen. Aehrchen 5—8blütig; Deckspelze kahl, mit bogigem oder stumpfwinklig vortretendem Rande. Vorspelze kürzer als die Deckspelze.

länglich-verkehrt-eiförmig. — Mai, Juni. Auf Wiesen, selten:
*Bo* (Binnenwiese, nur auf einzelnen Stücken häufiger), *J* (1880
einige Exemplare als Ruderalpflanzen), *N* (Bley). [Sylt; Texel.
Auf dem Festlande, namentlich in der Marsch häufiger.]

B. Aehrchen stets von der Seite her zusammengedrückt, an der
Spitze am breitesten. Untere Hüllspelze 1-, obere 3 nervig. Deckspelzen aus der Mitte begrannt oder stachelspitzig.

+ 40. **B. sterilis L.** — ☉ und ☉; 30—50 cm. Hellgrün
(die Farbe lange behaltend). Stengel kahl. Blattscheiden und
Blattflächen behaart oder rauh. Blütenstand gross und locker,
anfangs aufrecht, später hängend, Aeste vorwärts-rauh. Deckspelzen linealisch-pfriemlich, starknervig, kürzer als die Granne. —
Mai—Juli. Auf Schuttstellen, an Wegen selten: *Bo* (im Dorfe an
mehreren Stellen), *W* (ob noch?). [Ruderalflora.]

### 24. Lolium L., Lolch.

\* 41. **L. perenne L.** — ♃; 30—80 cm. Dichtrasig. Hellgrün. Stengel stark zusammengedrückt, nebst den Blattscheiden
glatt. Laubblätter schmal, in der Knospenlage gefaltet. Aehrchen
aufrecht, 6—10blütig; ihre Achse glatt. Hüllspelze 1½mal so
lang als die ihr anliegende Deckspelze. Deckspelze unbegrannt
oder kurz begrannt. — Sommer. Auf Wiesen und begrasten Dünen,
in Dünenthälern und Ortschaften. [Wiesen und Ruderalflora.] —
Dieses Gras ist auf den Inseln ebenso veränderlich als auf dem
Festlande.

Der Bastard Lolium perenne × Festuca elatior (Lolium festucaceum
Link), eine in der Marsch und auf fruchtbaren Wiesen der Geest nicht eben
seltene Pflanze, wurde im Juli 1880 von Herrn Ed. Albrand beim Loog auf *J* in
mehreren Exemplaren gefunden.

### 25. Agropyrum*) Gärtner. Ackerweizen.

A. Blattnerven dick, einander genähert, mit vielen Reihen kurzer
Haare besetzt.

\* 42. **A. junceum Palisot.** — ♃; 20—80 cm. Grundachse
lange weisse Ausläufer treibend. Pflanze weisslich-grün. Laubblätter ziemlich dick, ihre Nerven breit, mit sehr dichten, kurzen,
sammetweichen Haaren dicht bedeckt; Ränder der Blattflächen
bei trockenem Wetter nach oben eingerollt. Aehrchen 5—8blütig,
entfernt, meist jedoch länger als die zugehörigen Glieder der Achse,
meist 20—25 mm (selten nur 18 mm oder gar noch weniger) lang.
Hüllspelzen linealisch-lanzettlich, 9—11nervig, stumpf, um den
dritten Teil kürzer als das Aehrchen. Deckspelzen stumpf, grannen-
os oder mit sehr kurzem, dickem Grannen-Ansatze. Staubbeutel

---

*) Ist auf pag. 52 noch als *Triticum* aufgeführt.

vor dem Aufspringen violett. — Sommer. Auf Dünen und dem Aussen-
strande sehr häufig. [In der Sandstrandflora häufig.] Die Pflanze
ist sehr variabel. Die auf dem Strande wachsenden Exemplare
sind stets niedrig, sehr stark bereift und haben einen bogigen
Stengel, auch schmalere und entferntere Aehrchen, wogegen die
Dünenpflanzen einen kräftigen, steif-aufrechten Stengel und breite,
mehr genäherte Aehrchen besitzen. Zur Reifezeit (oder beim Aus-
trocknen im Herbarium) wird die Spindel so spröde, dass sie an
den Gelenken durchbricht. *Triticum junceum L.*

**\* 43. A. acutum Römer et Schultes.** — ♃; 30—60 cm.
Grundachse weisse Ausläufer treibend. Pflanze mehr graugrün.
Stengel aufrecht. Laubblätter ziemlich dick; Nerven der Laubblätter
breit, mit zahlreichen kurzen steifen, fast stechenden Härchen besetzt. Aehrchen meist ziemlich genähert. Hüllspelzen linealisch-lanzettlich, spitz oder stumpf, 7—9 nervig, meist halb so lang als das
Aehrchen. Deckspelzen stumpf, oder spitz, grannenlos oder kurz-
begrannt. Staubbeutel gelb, sehr schmal. — Sommer. Auf Erdwällen in den Ortschaften meist häufig (selten in den Dünen). —
Die Pflanze ist zweifellos ein Bastard von *A. junceum* und *repens*;
da sie aber in ihrem Vorkommen ganz selbständig und in Menge
auftritt, so führe ich sie hier besonders auf. — Bei uns tritt auf
Erdwällen in den Ortschaften (seltener auf den Dünen) vorzugsweise die Form *subjunceum Marsson* auf, welche dem reinen *A.
junceum* oft äusserlich sehr ähnlich sieht, sich aber sofort durch
die weniger zahlreichen, schärflichen Haare auf den Blattnerven
und die weniger zerbrechliche Aehrenachse, sowie die schwache
Entwickelung der Staubbeutel von ihm unterscheidet; die Form
*subrepens Marsson* fand ich namentlich auf Vordünen, auf den
Ameisenhaufen und in den Rasen von *Juncus maritimus*; sie unterscheidet sich von dem reinen *A. repens* vorzugsweise durch die
dickeren dichterstehenden Blattnerven (durch welche die Blattflächen weit starrer werden), durch das stärkere Grau der Pflanze
und die grössere Neigung, die Blattflächen einzurollen. *Triticum
acutum DC.*

In verschiedenen Floren werden noch **Trit.** pungens Persoon und litorale
Host als an der Nordseeküste vorkommend angegeben; dies sind aber offenbar
entweder Formen von A. repens oder Kreuzungsformen.

B. Blattnerven schmal, von einander entfernt, mit einer einfachen
Reihe sehr kurzer Borsten besetzt und dadurch rauh.

**\* 44. A. repens Palisot, Quecke.** — ♃; 50—150 cm.
Grundachse lange weisse Ausläufer aussendend. Stengel aufrecht
oder aufsteigend, glatt. Laubblätter dünn, meist flach, oberseits rauh
und oft mit einzelnen langen Haaren besetzt. Blütenstand aufrecht.
Aehrchen meist genähert, wesentlich kleiner als bei *A. junceum* (10
bis 15 mm lang, selten darüber). Hüllspelzen lanzettlich, zugespitzt,
5-, seltener 7-nervig. Deckspelzen unbegrannt oder mit einer ihre

Länge nicht erreichenden Granne. — Juni—August. Auf Wiesen,
Weiden und bebautem Boden häufig. [Häufig.] Die Pflanze kommt
auch auf den Inseln in sehr verschiedenen Formen vor: höher
oder niedriger, grasgrün oder graugrün, mit dichtem oder lockerem
Blütenstande, kahlen oder oberseits mit zerstreuten langen Haaren
besetzten Blattflächen, begrannten oder unbegrannten Spelzen u. s. w.
Die var. *maritimum Koch* (mit graugrünen, zusammengerollten Laubblättern und stumpflichen Spelzen) halte ich für eine der vielen
Rückkreuzungsformen von *A. acutum* × *repens* mit *repens*. *Triticum
repens L.*

## 26. Hordeum L., Gerste.

+ 45. **H. murinum L.** — ☉ und ☉; bis 40 cm hoch. Grasgrün. Stengel aufsteigend, nebst den Blattscheiden kahl. Oberste
Blattscheide bauchig. Laubblätter behaart. Aehren ohne Gipfelährchen. Seitenährchen (jeder Gruppe) männlich. Hüllspelzen
des Mittelährchens linealisch-pfriemlich, borstig-gewimpert, die
der Seitenährchen ungleich: die innere schmal-linealisch, die
äussere borstenförmig. Deckspelzen gleichfalls lang begrannt. —
Mai—August. An behauten Orten, auf Schutt, zerstreut. [Ruderal-
flora.]

↑ 46. **H. secalinum Schreber.** — ♃; 30—50 cm. Dicht-
rasig, graugrün. Stengel aufrecht, schlank. Untere Blattscheiden
behaart, alle dem Stengel anliegend. Blütenstand kürzer und
dünner als bei voriger, ohne Gipfelährchen; Seitenährchen (jeder
Gruppe) kurzgestielt, männlich. Hüllspelzen sämtlich grannen-
förmig. Deckspelzen mit kurzen Grannen. — Juni, Juli. Auf
fruchtbaren Wiesen: *Bo, N.* [Marschflora.]

H. maritimum Withering (Aehre kurz, straff, nur wenig aus der Scheide
hervorragend; Hüllspelzen aller Aehrchen rauh, die inneren der seitlichen Aehrchen
halblanzettlich, die übrigen borstlich), eine einjährige unbeständige Ruderalpflanze
der Küste, fand H. Koch 1846 auf *Bo.*

## 27. Elymus L., Hüllgras.

* 47. **E. arenarius L.** — ♃; bis 120 cm. Grundachse
kriechend, lange weisse Ausläufer treibend. Bläulichgraugrün.
Stengel aufsteigend, dick, steif, nebst den Scheiden glatt und kahl.
Laubblätter steif, ziemlich breit, stechend, bei trockenem Wetter
eingerollt; Nerven oberseits mit zahlreichen, kurzen, ziemlich
weichen Härchen besetzt. Aehre lang, mässig locker, ein Gipfelährchen tragend. Aehrchen meist 3 blütig, unten und oben zu 2,
in der Mitte zu 3 in Gruppen beisammen; oberste Blüte männlich. Hüllspelzen lanzettlich, zugespitzt, so lang oder fast so
lang als die Blüten, gekielt, unbegrannt, am Kiele gewimpert,
oberwärts kurzhaarig. Deckspelzen länglich-lanzettlich, unbegrannt, kurz-zottig. — Juni. Auf den Dünen und Vordünen sämtlicher Inseln, einzeln auch angepflanzt („blauer Helm"), jedoch

weit seltener als der eigentliche Helm *(Ammophila)*. [Weitverbreitete Dünenpflanze.] — *Hordeum arenarium Ascherson*. Die Pflanze wird oft durch einen schwarzen Brandpilz: *Uredo hypodytes Rabenhorst* befallen; dann schiessen die Stengel, ohne Blüten zu bilden, lanzenförmig bis zu 2 m Höhe auf. — Die Wuchsverhältnisse dieser Pflanze sind eingehend geschildert in meinem Aufsatze: Ueber die Wuchsverhältnisse des „Helms" und der verwandten Dünengräser, in Abh. Nat. Ver. Bremen, 1889, X, p. 397 bis 412.

Elymus arenarius × Triticum junceum (= Triticum strictum Dethar- ding) eine hohe steifaufrechte Pflanze, den grossen Formen von *Tr. junceum* ähnlich, aber mit behaarten Deckspelzen, wurde bei uns trotz vielen Suchens noch nicht gefunden. Auf den baltischen Dünen häufig; nach Holkema auf Terschelling.

### 28. Lepturus Rob. Brown, Dünnschwanz.

\* 48. **L. incurvatus Trinius.** — ⊙; 5—15 cm, selten darüber. Stengel aufsteigend, rund. Laubblätter kurz, zuletzt eingerollt; ihre Scheiden nach oben etwas erweitert. Laubblätter und Blütenstände meist gekrümmt. Blütenstand fast stielrund, zur Reifezeit leicht in die einzelnen Glieder zerbrechend. Deckspelzen so lang oder etwas länger als die Blüten. — Juli bis September. Auf den Aussenweiden nicht selten, seltener auf den Wiesen. [Auf sandigen Küsten weit verbreitet.] *L. filiformis Trinius* ist hiervon nicht wirklich verschieden.

### 29. Nardus L., Nardengras.

\* 49. **N. stricta L.** — ♃; 10—25 cm hoch. Sehr dichtrasig. Graugrün. Stengel aufrecht, am Grunde beblättert, glatt. Laubblätter schmal, borstlich, an den Rändern rauh, steif-aufrecht. die äusseren abstehend. Blatthäutchen ziemlich lang. Aehrchen linealisch-pfriemlich, anfangs angedrückt, später abstehend. — Juni, Juli. In Dünenthälern, sowie auf den höher gelegenen Teilen der Wiesen und Weiden nicht selten. [Häufig.]

## 10. Fam. Cyperaceae Juss., Rietgräser.

1. Blüten getrennten Geschlechtes, ohne Perigon.     *4. Carex.*
1\*. Blüten zwitterig.
  2. Aehrchen zweizeilig, in einen undeutlich zweireihigen Kopf zusammengestellt. Die unteren Deckspelzen kleiner, unfruchtbar, die 2—4 oberen fruchtbar.     *1. Schoenus.*
  2\*. Aehrchen von allen Seiten dachziegelig.
    3. Die 3—4 untersten Deckspelzen kleiner, unfruchtbar. Perigonborsten fehlend. Frucht durch den bleibenden ungegliederten Griffelgrund bespitzt.     *1a. Cladium.*
    3\*. Die 1—2 untersten Deckspelzen unfruchtbar, aber nicht kleiner als die andern.

4. Aehrchen reichblütig. Perigonborsten von den Deckspelzen eingeschlossen, meist 6, seltener fehlend.          *2. Scirpus.*

4*. Aehrchen reichblütig. Perigonborsten zur Fruchtzeit weit aus den Deckspelzen hervorragend, zu langen, weissen, seidigen Fäden entwickelt.          *3. Eriophorum.*

## 1. Schoenus L., Kopfriet.

\* 1. **S. nigricans L.** — ♃; 15—50 cm. Dichte Polster bildend. Stengel rund, gestreift. Blattscheiden schwarzbraun, glänzend; Blattfläche borstenförmig, flach-rinnig, reichlich halb so lang als die Stengel. Blütenstand schwarzbraun, aus 5—10 zwei- bis dreiblütigen Aehrchen zusammengesetzt. Unterstes Deckblatt schräg abstehend, den Kopf überragend, mit langer laubiger Spitze; zweites meistens auch mit laubiger Spitze. Deckspelzen mit scharfem Kiele. Frucht elliptisch-kugelig, schwach 3kantig, weiss, glänzend, mit abfallendem Griffel. — Juni, Juli. Auf Aussen- weiden, in Dünenthälern: *Bo* (vielfach., z. t. in grosser Menge), *J* (einzeln), *N* (auf Lüttje-Eiland sehr spärlich), *L* (1885 nur ein einzelner Rasen am Westende des Blumenthales), *S* (früher be- sonders auf dem jetzt eingepolderten Areale häufig, jetzt spärlich). [Im westfriesischen Dünenterrain häufig; auf den nordfriesischen Inseln und dem Festlande fehlend.]

**Cladium Mariscus Rob. Brown** (stattliche Pflanze mit starren, am Rande und auf dem Rücken sägezähnigen Laubblättern und reichverzweigtem Blüten- stande) ein grosser Rasen in der Waterdelle auf *Lo* untern der Viktoriahöhe 1895, (F. Wirtgen und Fr. Buchenau).

## 2. Scirpus Tourn., Binse.

A. Blütenstände (Aehrchen) einzeln an der Spitze des Stengels und der Zweige.

1. Griffelgrund bleibend, stark verbreitert, gegliedert.

\* 2. **S. paluster L.** — ♃; 15—50 cm. Grundachse kriechend, ihre Glieder auf trockenem Boden verkürzt, in Ge- wässern oft sehr verlängert. Stengel aufrecht, rundlich, grün- gefärbt. Aehre meist länglich-linealisch; unterste Deckspelze die Basis nur halb umfassend. Perigonborsten rückwärts-rauh, etwa so lang als die Frucht. 2 Narben. Frucht zusammengedrückt, glatt, mit abgerundeten Rändern. — Juni—August. Auf Wiesen, in Gewässern und Dünenthälern hie und da. [Röm, Sylt. In dem niederländischen Dünenterrain und auf dem Festlande häufig.] *Heleocharis palustris* Rob. Brown. Häufig ist die *var. arenaria Sonder* mit kurzem, oft gekrümmtem Stengel und kurzer Aehre.

\* 3. **S. uniglumis Link.** — ♃; 15—25 cm. Leicht gelb werdend. Grundachse und Stengel wie bei voriger, aber viel zarter. Aehre länglich-eiförmig; unterste Deckspeize die Basis völlig umfassend. Perigonborsten, Narben und Frucht wie bei voriger. — Juni—August. Auf Weiden, in Dünenthälern häufig. [Salz- und Küstenflora.] *Heleocharis uniglumis Link.*

2. Griffelgrund bleibend, ungegliedert, nicht verbreitert.

\* 4. **S. pauciflorus Lightfoot.** — ♃.; 5—25 cm. Locker-rasig und Ausläufer treibend. Stengel aufrecht. Blattscheiden ohne Blattfläche. Deckspelzen braun, ohne Stachelspitze, unterste den Blütenstand ganz umfassend. Perigonborsten rückwärts rauh, so lang oder etwas kürzer als die breit-eiförmige, flachgedrückte, zugespitzte Frucht. — Juni, Juli. Auf Wiesen und Weiden, in Dünenthälern häufig. [Ebenso in den anderen Gebieten.] Die grosse Form der Inseln ist der vorigen Art oft äusserlich sehr ähnlich.

B. Blütenstand mehr oder weniger verzweigt, mehrährig (bei *S. setaceus* und *pungens* findet sich öfters, bei den anderen Arten seltener, nur ein Aehrchen, welches dann aber trugseitenständig ist).

1. Pflanze einjährig, nur wenige cm hoch.

\* 5. **S. setaceus L.** — ☉; 2—10 cm. Rasig-verzweigt, selten mit ausläuferartig-gestreckter Grundachse. Stengel faden-förmig, länger als die fadenförmigen Laubblätter. Aehren zu 1, 2 oder 3, eiförmig. Deckspelzen länglich-eiförmig, stumpf, stachel-spitzig, mit grünem Mittelstreif. Staubblätter 2. Perigonborsten meist fehlend. Narben 3. Frucht längsrippig. — Juli—Herbst. Auf Weiden, an Grabenrändern und freien Stellen der Wiesen: *Bo* (vielfach), *N.* [Röm, Sylt; Texel, Vlieland; auf dem Fest-lande zerstreut.]

2. Pflanze mehrjährig.

a. Laubblätter und grössere Deckblätter des Blütenstandes grasartig, flach.

\* 6. **S. maritimus L.** — ♃; 30—100 cm. Grundachse Ausläufer treibend, welche an der Spitze knollig verdickt sind. Stengel dreikantig, beblättert. Laubblätter flach, gekielt, am Rande rauh. Blütenstand 1 bis zahlreiche Aehren enthaltend, die unteren meist gestielt. Aehren meist eiförmig. Deckspelzen eiförmig, ausgerandet, in der Ausrandung begrannt. Perigonborsten 1—6, rückwärts rauh. Frucht verkehrt-eiförmig, plankonvex. — Juni bis August. Auf Aussenweiden, an Wiesengräben, in Dünenthälern häufig. [Salz- und Ufer-Flora.] Auf den trockeneren Stellen der Aussenweiden finden sich nicht selten einjährige Zwergformen; die *var. leptostachys G. F. W. Meyer* mit linealischen, gegen 3 cm langen Aehren hie und da zwischen der Hauptform.

b. Laubblätter fehlend oder nur durch eine kurze rinnige Blattfläche auf dem obersten Niederblatte vertreten.

**✳ 7. S. Tabernaemontani Gmelin.** — ♃ ; 50—100 cm. Gruudachse kriechend. Stengel stielrund, aufrecht, graugrün. Blütenstand zusammengesetzt. Scheinfortsetzung des Stengels meist kürzer als der Blütenstand. Aehren büschelig-gehäuft, breit-eiförmig. Deckspelzen rotbraun, punktiert-rauh. Perigonborsten 6, rückwärts-rauh. Narben 2. Frucht zusammengedrückt. — Juni—August. An Gräben und Gewässern der Wiesen, Weiden und Dünenthäler zerstreut. [Salz- und Küstenflora.]

**✳ 8. S. pungens Vahl.** — ♃ ; 30—40 cm. Grundachse horizontal, kurze Ausläufer treibend. Stengel aufrecht, dreikantig, mit hohlen Flächen. Blattfläche dreikantig, oben rinnig (10 bis 15 cm lang). Blütenstand wenig zusammengesetzt, von der Schein-fortsetzung des Stengels weit überragt; sämtliche Aehren unge-stielt. Aehren breit-eiförmig. Deckspelzen mit spitzen Lappen. Perigonborsten fehlend. Narben 2. Frucht eiförmig, plankonvex. — Juli, August. An feuchten Stellen der Aussenweiden und an-grenzenden Dünenthäler: *Bo,* Ausgang der Kiebitzdelle und der Bandjedelle gegen die Aussenweide in Menge. [Küstenflora; ziem-lich weit an den Flüssen hinauf steigend.]

C.   Blütenstand eine endständige, aus zweireihig geordneten Aehrchen gebildete Aehre.

**✳ 9. S. rufus Schrader.** — ♃ ; 10—25 cm. Grundachse kriechend. Stengel stielrund. Laubblätter halbrund, unterseits nicht gekielt. Blütenstand endständig, länglich, ährig, zweizeilig, meist nicht von dem untersten Deckblatte überragt. Aehrchen 2—3blütig, so lang als die unterste Deckspelze. Perigonborsten aufrecht, weichhaarig oder fehlend. Narben 2. Frucht lanzettlich, wenig zusammengedrückt, gelblich. — Mai bis Juli. Auf Aussen-weiden und in Dünenthälern häufig. [Salz- und Küstenflora.] Sehr auffallend ist die *var. bifolius Wallroth* (als Art), bei welcher das unterste laubige Deckblatt verlängert, (bis 8 cm lang) ist, sich aufrichtet und den Blütenstand zur Seite drängt; zwischen der Hauptform.

### 3. Eriophorum L., Wollgras.

**✳ 10. E. angustifolium Roth.** — ♃ ; 20—45 cm. Locker-rasig mit kurzen Ausläufern. Stengel rundlich. Stengelständige Laubblätter linealisch, rinnig-gekielt, an der Spitze dreikantig. Blütenstand aus 3—5 gestielten, zuletzt überhängenden Aehren gebildet. Aehrenstiele glatt. Deckspelzen eilanzettlich, zugespitzt, einnervig. Frucht geflügelt - dreikantig, stachelspitzig. — April, Mai. An feuchten Stellen der Dünenthäler und Wiesen, seltener auf den Aussenweiden. [Häufig.]

## 4. Carex Micheli, Segge.

### A.  Auf der Spitze des Stengels eine einzige Aehre.

↑ 11. **C. dioeca L.** — ♃: kurze Ausläufer treibend, selten über 20 cm hoch. Stengel rund, glatt, fadenförmig. Laubblätter fadenförmig, oben rinnig, glatt, grasgrün. Zweihäusig; männliche Aehren zuweilen an der Basis mit einer oder mehreren weiblichen Blüten. Deckspelzen bleibend. Narben 2. Fruchtschlauch eiförmig, mehrnervig, oberwärts an den Kielen rauh, zuletzt aufrecht oder abstehend, rostbraun. — Mai. In Dünenthälern, namentlich auf buschigem Grunde: *Bo* (Kiebitzdelle). [Texel. Auf dem Festlande anmoorige Waldwiesen liebend.] ˙

↑ 12. **C. pulicaris L.** — ♀; bis 20 cm. Lockerrasig. Stengel rund, glatt. Laubblätter fadenförmig, oben rinnig, grasgrün. Deckspelzen bald nach der Blüte abfallend. Einhäusig. Aehren 6—12blütig, unten weiblich. Narben 2. Fruchtschläuche länglich-lanzettlich, beiderseits verschmälert, glatt, zuletzt zurückgeschlagen, flohfarben. — Mai. Bewachsene Dünenthäler: *Bo* (westlicher Teil der Kiebitzdelle; Dr. S. Dreier). [Föhr; Texel. Anmoorige Wiesen liebend; auf dem Festlande nicht selten.]

### B.  Auf der Spitze des Stengels mehrere Aehren.

#### I. Aehren ziemlich gleichgestaltet, ährig, traubig oder rispig angeordnet.

##### a. Grundachse kriechend, ausläufertreibend.

↑ 13. **C. disticha Hudson.** — ♃; Glieder der kriechenden Grundachse mässig lang. Stengel 30—60 cm lang, dreiseitig, oberwärts rauh, länger als die schmalen, rinnigen Laubblätter. Aehren 6—20, ährig- oder am Grunde rispig-gestellt, meist die unteren und oberen weiblich, die mittleren männlich, rotbraun. Deckspelzen länglich, zugespitzt. Schläuche eiförmig, mit rauhen, scharfen Kielen. — Mai, Juni. In Dünenthälern und auf den Binnenwiesen, selten auf den Dünen: *Bo, N.* [Texel, Ameland, Schiermonnikoog; auf dem Festlande nicht selten.]

∗ 14. **C. arenaria L.** — ♀; Ausläufer sehr lang (oft in einem Sommer 4—6 m lang) mit gestreckten Gliedern. Stengel aufrecht, selten über 30 cm hoch, dreikantig, oberwärts rauh, etwa so lang als die ziemlich schmalen, etwas rinnigen, starren, oft zurückgekrümmten Laubblätter. Aehren 6—16, meistens die unteren weiblich, die oberen männlich, die mittleren gemischt. Deckspelzen ei-lanzettlich, fein-zugespitzt. Fruchtschläuche von der

Mitte an häutig-geflügelt, gelbbraun gefärbt, Flügel grünlich. — Juni, Juli. Auf den Dünen und in den Dünenthälern sehr häufig; oft von einem schwarzen Brandpilze, der *Ustilago urceolorum Tulasne* befallen, welcher die Blüten zerstört. [Sand- und Dünenflora.] — Die Wuchsverhältnisse dieser Pflanze sind näher geschildert in meinem Aufsatze: Ueber die Vegetationsverhältnisse des „Helms" und der verwandten Dünengräser, in: Abh. Nat. Ver. Brem., 1889, X, p. 397—412.

b. Grundachse aufrecht, rasig-wachsend.

1. Aehren ährig oder rispig, an der Spitze männlich.

α. Fruchtschläuche aussen gewölbt, innen flach.

↑ 15. **C. vulpina L.** — ♃; grasgrün. Stengel 40—80 cm hoch, geflügelt-dreikantig, mit etwas vertieften Flächen, an den Kanten sehr rauh, so lang oder länger als die ziemlich breiten, am Rande rauhen Laubblätter. Aehren 5—8, reichblütig, meist dicht ährig-gestellt, rotbraun. Deckspelzen länglich, zugespitzt. Fruchtschläuche länglich-eiförmig, deutlich 6—7 nervig. — Mai, Juni. An Gräben, nicht häufig: *Bo* (auf dem Ostlande an den Gräben des Ackerlandes), *J* (Loog und Bill, an einigen Stellen), *N*, *L* (Ostende, in dem Dünenthale Dreebargen). — [Föhr; Texel, Terschelling, Schiermonnikoog; auf dem Festlande häufig.]

↑ 16. **C. contigua Hoppe.** — ♃; Stengel 20—60 cm hoch, dreikantig, mit ebenen Flächen, nur oberwärts rauh. Laubblätter schmaler als bei *C. vulpina*, meist 2 1/2 bis 3 mm breit. Aehren 8—10, wenigerblütig, ährig-gestellt, grünlich. Blütenstand im ganzen cylindrisch, zuweilen am Grunde etwas unterbrochen. Fruchtschläuche 4 1/2—5 mm lang, sparrig abstehend, verlängert ei-lanzettlich, wenigstens auf dem Rücken deutlich-gestreift, zur Reifezeit im unteren Drittel schwammig verdickt. Frucht deutlich gestielt, unten trapezförmig. Deckspelzen länglich, zugespitzt. — Juni, Juli. Feuchte Stellen in Dünenthälern und an Deichen, selten: *Bo* (unfern des Deiches seit Jahren nicht mehr beobachtet); nach Scheele auch auf *N* im Gebüsch beim Konversationshause eingeschleppt. [Marschflora; die Angaben für die anderen Inseln sind unsicher.]

β. Fruchtschläuche beiderseits gewölbt.

↑ 17. **C. teretiuscula Goodenough.** — ♃; Lockerrasig; Reste der alten Laubblätter nicht in Fasern aufgelöst. Stengel 30—70 cm hoch, graugrün, oberwärts dreikantig, mit etwas gewölbten Flächen, unten mässig rauh. Laubblätter schmal. Aehren meist dicht-stehend, unten rispig. Deckspelzen eiförmig, kurzzugespitzt. Fruchtschläuche länglich-eiförmig, am Grunde schwach gestreift, sonst nervenlos. — Mai, Juni. In Dünenthälern, sehr selten: *Bo* (Kiebitzdelle, seltener in der Bandjedelle; Waterdelle, einzeln bei Upholm; — Gräben des Ostlandes, J. Dreier und F. Wirtgen). [Texel. Moorige Wiesen des Festlandes zerstreut.]

2. Aehren einfach ährig, alle genähert, am Grunde männlich.

α. Fruchtschläuche geflügelt.

↑ 18. **C. leporina L.** — ♃; ca. 20—40 cm hoch. Grau-grün. Stengel dreiseitig, nur oben etwas rauh, länger als die starren Laubblätter. Aehren meist 6, genähert, zuletzt oval, stumpf, hellbraun. Deckspelzen länglich, spitz. Fruchtschläuche aufrecht, plankonvex, eiförmig, in einen ziemlich langen, zweizähnigen, am Rande rauhen Schnabel verschmälert. — Mai, Juni. Auf Binnen-wiesen, an Gräben, nicht häufig: *Bo, N, S*. [Nord- und west-friesische Inseln zerstreut, auf dem Festlande häufig.]

β. Fruchtschläuche ungeflügelt.

† Laubblätter schmal, starr, kürzer als der dreiseitige Stengel. Fruchtschläuche plankonvex.

✱ 19. **C. echinata Murray.** — ♃; selten über 30 cm hoch. Graugrün. Stengel nur oben rauh. Aehren 3—5, ziemlich genähert. Deckspelzen eiförmig, spitz. Fruchtschläuche sparrig-abstehend, eiförmig, aussen nervig-gestreift, innen nervenlos, in einen ziemlich langen, deutlich zweizähnigen Schnabel verschmä-lert, gelb-grünlich. — Juni. In Dünenthälern, auf Aussenweiden: *Bo, L* (häufig auf der Wiese des Westendes nach den Dünen zu). [Nord- und westfriesische Inseln zerstreut; auf dem Festlande häufig.] *C. stellulata Goodenough.*

†† Laubblätter mässig-breit, schlaff, nahezu so lang als der oben dreikantige Stengel. Fruchtschläuche innen schwächer-, aussen stärker-gewölbt.

↑ 20. **C. canescens L.** — ♃; ca. 20—45 cm hoch. Grau-grün. Stengel oben rauh. Aehren 4—6, meist genähert, oval. Fruchtschläuche eiförmig, fein-gestreift, mit kurzem, kaum aus-gerandetem Schnabel. — Juni, Juli. An Wiesengräben, selten: *Bo* (Binnenwiese, am Wege zur Kiebitzdelle). [Nicht auf den nord- und westfriesischen Inseln; auf dem Festlande häufig.]

II. Aehren verschiedengestaltet, endständige (oder die obersten) männlich, seit-liche weiblich.

a. Fruchtschläuche ungeschnabelt oder mit kurzem gestutztem Schnabel.

1. Narben 2.

✱ 21. **C. Goodenoughii Gay.** — ♃; 10—20, seltener bis 50 cm hoch. Grundachse lockerrasig, meist kurze Ausläufer trei-bend. Stengel graugrün, oberwärts rauh. Laubblätter schmal, oft

zusammengefaltet oder zusammengerollt; grundständige Blattscheiden nicht oder doch sehr wenig netzig-gespalten. Deckblatt
der untersten Aehre laubartig, die Spitze des Stengels nicht überragend. Aehren cylindrisch, kurz, die 2—4 weiblichen aufrecht.
ungestielt. Deckspelzen eiförmig, stumpf. Fruchtschläuche aussen
schwach-gewölbt, innen flach, undeutlich nervig, länger als die
Deckspelzen. — Juni, Juli. Auf moorigen Heideplätzen, in Dünenthälern, auf Wiesen nicht selten. [Fast überall häufig.] *C. vulgaris Fries.* Ueberwiegend häufig sind niedrige Formen mit aufsteigendem Stengel, steifen Laubblättern und kurzen, schwarz-
gefärbten Fruchtähren, weit seltener sind höhere, schlanke Formen.

* 22. **C. trinervis Degland.** — ⚇.; meist gegen 20, selten
bis 50 cm hoch. Ausläufertreibend. Graugrün. Stengel stumpfkantig, glatt. Laubblätter schmal-linealisch, gefaltet, am Rande
rauh. Männliche Aehren meist 2—3; weibliche ebenfalls 2—3, dicht
gedrängt, eiförmig, dick. Deckspelzen länglich-eiförmig. Fruchtschläuche breit-eiförmig, auf dem Rücken gewölbt, deutlich gestreift, zuweilen braun-gefleckt. — Juni, Juli. In den Dünenthälern der meisten Inseln nicht selten; (*Ba* und *W?*) [Charakter-
pflanze der westeuropäischen Küstendünen. Nicht auf dem Festlande. Häufig in den Dünengebieten der französischen Küste.] *C.
frisica H. Koch.* Die weiblichen Aehren zuweilen an der Spitze
männlich, nicht selten aber auch die männlichen an der Spitze
weiblich. Die Pflanze gehört der Verwandtschaft der *C. acuta* an
und wurde früher als eine Varietät dieser Art angesehen; es finden
sich auch zuweilen schlankere Formen mit schmaleren Fruchtähren,
indessen sind auch diese noch leicht von der *C. acuta* des Festlandes zu unterscheiden.

* oder ↑ 23. **C. acuta L.** — ⚇.: 5—ca. 120 cm hoch.
Grundachse ausläufertreibend. Grasgrün. Stengel scharf-dreikantig,
sehr rauh. Laubblätter flach, am Rande und auf dem Rücken sehr
rauh, mit geschlossenen, nicht netzfaserigen Scheiden. Deckblatt
der untersten Aehre laubig, den Stengel meist bemerklich überragend. Aehren schlank-cylindrisch, in der Jugend meist stahlblau
gefärbt, weibliche 3—5, später überhängend, männliche 2—3.
Deckspelzen länglich, spitz. Fruchtschläuche eiförmig, beiderseits gewölbt, undeutlich-nervig, kürzer als die Deckspelzen. —
Mai, Juni. In nassen Dünenthälern: *Bo, J* (Bill.), *L* (im nördlichen Dünenthale, sowie in der Melkhören). [Nord- und westfriesische Inseln? Auf dem Festlande häufig.]

2. Narben 3.

* 24. **C. flacca Schreber.** — ⚇; meist 10—20 cm. Ausläufertreibend; graugrün. Stengel gewölbt-dreikantig, sehr wenig
rauh. Laubblätter flach. Deckblätter der Aehren laubig, lang- bis sehr
kurz-scheidig. Weibliche Aehren 2—3, schmalcylindrisch, reich-

blütig, zur Fruchtzeit meist überhängend, sehr dunkel gefärbt, am
Grunde oft locker. Männliche Aehren 2, seltener 1 oder 3. Fruchtschläuche ellipsoidisch, nervenlos, von kurzen Haaren rauh, selten
kahl. — Juni, Juli. In Düennthälern, an Gräben, auf Weiden,
sehr häufig und sehr variabel. [Röm, Sylt. Westfriesisches Dünen-
gebiet und Festland häufig.] *C. glauca Scopoli.*

**\* 25. C. panicea L.** — ♃; 20—30 cm. Ausläufertreibend.
Graugrün. Stengel undeutlich dreikantig, glatt. Laubblätter flach.
Deckblätter der Aehren kurzlaubig, das unterste langscheidig. Weibliche Aehren 1 oder 2 (selten 3), cylindrisch, locker; männliche
Aehre 1. Fruchtschläuche kugelig-eiförmig, sehr gross, nervenlos,
glatt, länger als die Deckspelzen, hellgefärbt. — Mai, Juni. Bewachsene Dünenthäler, sehr viel seltener als *C. flacca* (*Ba, IV?*)
[Nord- und westfriesische Inseln zerstreut. Auf dem Festlande
häufig.]

b. Fruchtschläuche mit zweizähnigem Schnabel. Narben 3. Unterstes Aehren-
Deckblatt laubig.

1. Zähne des Schnabels gerade vorgestreckt; männliche Aehre meist 1.

a. Weibliche Aehren entfernt, dichtblütig.

**\* 26. C. distans L.** — ♃; 20—50 cm hoch. Dichtrasig,
grasgrün. Stengel stumpfkantig, nur unterwärts beblättert, länger
als die flachen Laubblätter, meist nach allen Seiten übergebogen.
Laubblätter flach, schmal. Weibliche Aehren meist 3, weit von
einander entfernt, oval oder kurz-cylindrisch, blass-gelbgrün. Deckspelzen breit-eiförmig, stachelspitzig. Fruchtschläuche aufrecht-
abstehend, dreikantig-ellipsoidisch, innen flach, zugespitzt, deutlich
nervig; Schnabel rauh. — Juni, Juli. Auf Wiesen und Weiden
nicht selten, seltener in Dünenthälern. [Nord- und westfriesische
Inseln. Auf dem Festlande vorzugsweise an den Küsten. Salzliebend.]

**\* 27. C. punctata Gaudin.** — ♃; 15—30, seltener 45 cm.
Kleinere Rasen bildend, gelbgrün oder hell grasgrün. Stengel aufrecht oder ausgebreitet, nicht überhängend, rundlich-dreikantig,
glatt. Laubblätter flach oder schwach rinnig, am Rande durch
vorwärts-gerichtete Zähnchen rauh. Weibliche Aehren 2 bis (häufiger)
3, weit von einander entfernt, kürzer- oder länger-cylindrisch;
männliche Aehre 1. Deckspelzen breit-eiförmig, lang-stachel-
spitzig. Fruchtschläuche fast senkrecht abstehend, eiförmig, beiderseits gewölbt, mit einem kräftigen Randnerven, glatt, glänzend,
gelblich-gefärbt. Schnabel glatt. — Juni, Juli. In Dünenthälern,
am Rande von Wiesen. *Bo* (nur einmal 1888 in einem Dünenthale
am Wege nach dem Ostlande gefunden; Dr. Dreier), *J* (an den
kleinen Grüppen' im Graslande des Polders), *L* (Westende, spärlich
auf dem oberen Rande der Wiese, häufiger in den Blumenthälern).

[Atlantisch·mediterran. Von den west- und nordfriesischen Inseln nicht bekannt.]

3. Weibliche Aehren alle oder doch die oberen genähert.

\* 28. **C. flava L.** — ♃.; 2—40 cm hoch (selten höher). Rasigwachsend. gelbgrün. Stengel schwach-dreikantig, glatt. Laubblätter flach, nicht rauh. Deckblätter der Aehren laubig, das unterste oft die Spitze des Stengels überragend, häufig zurückgeknickt. Weibliche Aehren 2—6, meist alle genähert. Fruchtschläuche eiförmig, aufgeblasen, nervig, abstehend. Schnabel rauh. — Juni, Juli. An feuchten, namentlich an moorigen Stellen der Dünenthäler und Aussenweiden häufig. [Häufig.] Auf den Inseln kommt die typische Form α *vulgaris* Döll. (20—60 cm hoch) nicht vor, sondern nur die Var. β *Oederi Ehrhart,* (2—65 cm. Weibliche Aehren klein, kugelig oder etwas länglich; Fruchtschläuche klein, mit ziemlich kurzem geradem Schnabel, lange grünlich bleibend) und deren Unterform *cyperoides Marsson* (meist klein; 2—10, selten bis 40 cm; weibliche Aehren länglich, sehr dicht gedrängt, früh gelb werdend).

\* 29. **C. extensa Goodenough.** — ♃; 7—20. seltener bis 40 cm. Dichtrasig wachsend, meist mit ausgebreiteten, oder stark gekrümmten, seltener aufrechten Stengeln. Graugrün. Laubblätter schmal, rinnenförmig. Aehrendeckblätter laubig, das unterste meist bedeutend länger als der Stengel, abstehend oder zurückgeknickt. 2—4 weibliche, eiförmige oder länglich-eiförmige Aehren, die unterste bisweilen entfernt, die obere genähert, mit breit-eiförmigen, stachelspitzigen gelben oder blassbraunen Deckspelzen; 1 endständige linealische männliche Aehre mit eiförmigen. meist nicht deutlich stachelspitzigen Deckspelzen. Fruchtschläuche aufrecht-abstehend, eiförmig, zugespitzt, länger als die Deckspelzen, deutlich 2- oder 3kantig, stark-gerippt, grünlich. Schnabel glatt. — Juli, August. Auf Wattwiesen und Weiden, in bewachsenen, nach dem Watt zu geöffneten Dünenthälern häufig (*S.* und *W.*?). [Texel. Küstenpflanze; jedoch nicht im nordwestlichen Deutschland.] Die kleineren Exemplare haben eine ziemlich grosse Aehnlichkeit mit *Carex flava cyperoides*, indessen unterscheiden sie sich von ihr sofort durch die graugrünen rinnenförmigen Laubblätter.

2. Zähne des Schnabels von einander abstehend.

C. rostrata Withering (Stengel stumpfkantig, nur zwischen den Aehren rauh, Fr.schläuche hellgrün, fast kugelig, plötzlich in den Schnabel verschmälert, länger als die stumpflichen Deckblätter), *Bo*, 1891 an einem Wasserloche an der Eisenbahn, Dr. Dreier.

C. riparia Curtis (Stengel sehr kräftig, scharfkantig; Laubblätter sehr breit; Fruchtschläuche ei-kegelförmig, kürzer als die in eine lange Spitze vorgezogenen Deckspelzen), 1895 ein einzelner Stock in einem Wasserloch in den Dreebargen auf Ostende Langcoog.

# 11. Fam. Lemnaceae Juss., Wasserlinsengew.

## 1. Lemna L., Wasserlinse.

### A. Untergetaucht wachsend.

† 1. **L. trisulca L.** — ♃; Stengelglieder flach, länglich-lanzettlich, zuletzt langgestielt, meist kreuzförmig verbunden, jedes Stengelglied mit einem Mittelnerven und einer Wurzel. — Mai. In Gräben und Gewässern, zuweilen das Wasser fast ganz erfüllend: *Bo* (West- und Ostland, zerstreut), *J* (Tümpel im Loog) *S*. [Allgemein verbreitet.]

B. Schwimmend. Stengelglieder rundlich oder eiförmig, nicht hervortretend gestielt. Jedes Stengelglied mit einer Wurzel.

＊ 2. **L. minor L.** — ♃. Stengelglieder beiderseits flach, nervenlos, grün oder (namentlich unterseits) rötlich. — April bis Juni. Auf Gräben und stehenden Gewässern: *Bo* (vielfach auf dem Westlande und dem Ostlande), *J*, *N*, *L* (am Westende des Hauptdorfes mit *Alisma Plantago* und *Helosciadium inundatum* zusammen). [Allgemein verbreitet.]

† 3. **L. gibba L.** — ♃. Stengelglieder oberseits flach, unterseits halbkugelig gewölbt, nervenlos, frühzeitig gelbrot werdend. — April—Juni. In Gräben: *Bo* (Binnenwiese und bei der Schanze), *N* (bei der Schanze und im Gemüse-Lande zwischen der Schanze und dem Orte). [Föhr, Sylt; Texel. Auf dem Festlande zerstreut.]

Acorus Calamus L. *J*; Graben in der Nähe des Billhauses, aus einem im Jahre 1890 angetriebenen und dort angepflanzten Rhizome erwachsen.

# 12. Fam. Juncaceae Bartling, Binsengew.

1. Laubblätter entweder stengelähnlich (oft mit innern Querscheidewänden) oder rinnig, aber kahl. Blattscheiden mit deckenden Rändern. Frucht ein- oder dreifächerig, vielsamig.

*1. Juncus.*

1＊. Laubblätter flach, grasartig, am Rande gewimpert. Blattscheiden geschlossen. Frucht einfächerig, dreisamig.

*2. Luzula.*

## 1. Juncus Tourn., Binse.

A. Blütenstand rispig. Blüten einzeln-stehend, die letzten oft sehr genähert, jede am Grunde mit wenigstens 2 Vorblättern.

1. Blütenstand trugseitenständig, von dem untersten Deckblatt, welches die direkte Fortsetzung des Stengels bildet, zur Seite gedrängt. Laubblätter (früher als „unfruchtbare Stengel" beschrieben) rund, den Stengeln gleich gebildet.

a. Dichtrasig. Blütenstand reichblütig. Frucht dreifächerig.

＊ 1. **J. effusus L.** — ♃; 30—75 cm. Grundständige Niederblätter gelb oder braun, nicht glänzend. Stengel rund,

äusserst zart gerillt, mit ununterbrochenem Marke erfüllt, meist
lebhaft grün gefärbt. Blütenstand locker. Staubblätter 3. Frucht
kürzer als das Perigon, an der Spitze eingedrückt; Griffelrest in
der Vertiefung stehend. — Juli, August. Auf feuchten Wiesen,
an Sümpfen und Gräben, sowie in Dünenthälern zerstreut. [Auf
den andern Inseln zerstreut, auf dem Festlande an bodenfeuchten
Stellen gemein.]

    \* 2. **J. Leersii Marsson.** — 2|.; 30—60 cm. Stengel
rund, stark-gerillt, mit ununterbrochenem Marke erfüllt, graugrün.
Blütenstand meist gedrängt oder geknäuelt. Staubblätter 3. Frucht
kürzer als das Perigon, an der Spitze eingedrückt; Griffelrest auf
einer kleinen Erhöhung stehend. — Mai, Juni. Auf heidigen, anmoorigen und trocken-sandigen Stellen zerstreut: *Bo* (Binnenwiese,
Drinkeldodenkarkhof, heidige Stellen beim Übergange des Fahrweges über den Deich und sonst). *J* (Bill, in der „Allee", in besonderer Menge auf den Weiden und im Polder), *N, L* (Westende:
im Dorfe selbst und auf den angrenzenden Wiesen, Blumenthal,
grosses Dünenthal im Norden). *W.* [Nicht so häufig als *J. effusus.*]
*J. conglomeratus aut., nec L.*

  b. Lockerrasig. Blütenstand armblütig. Frucht unvollständig-dreifächerig.

    † 3. **J. filiformis L.** — 2|.; 15—40 cm. Grundständige
Niederblätter meist strohfarben, schwach glänzend. Stengel dünn,
hellgrasgrün, sehr zart gerillt. Blütenstand etwa in der Mitte
des Stengels oder wenig über demselben. Perigonblätter schmal-
lanzettlich. Staubblätter 6. Frucht fast kugelig, stumpf. —
Juni—August. Auf nassen heidigen Stellen sehr selten: *Bo* (auf
der Südwiese und der umwallten feuchten Wiese links vom Uebergange über den Deich, ferner auf den umwallten Wiesen in der
Nähe des neuen Friedhofes). [Fehlt auf den westfriesischen Inseln; auf den nordfriesischen Geestinseln, sowie auf feuchten Heiden
und Moorwiesen des Festlandes häufig.]

    \* 4. **J. balticus Willdenow.** — 2|.; 25—75 cm. Grundstän-
dige Niederblätter stroh- oder rostfarben, glänzend. Stengel
kräftiger, glatt, grasgrün. Blütenstand in der oberen Hälfte des
Stengels. Aeussere Perigonblätter lanzettlich, innere ei-lanzettlich,
deutlich kürzer. Staubblätter 6. Frucht eiförmig-dreikantig, spitz.
— Juli, August. In flachen Dünenthälern sehr selten: *Bo*, am
Wege nach dem Ostlande, ehe derselbe die Coupierung erreicht;
hat sich seit der Auffindung im Jahre 1881 sehr vermehrt. [Ter-
schelling, Vlieland. Nicht auf den nordfriesischen Inseln und der
nordwestdeutschen Küste.]

  2. Blütenstand endständig. Laubblätter rinnig. Frucht dreifächerig (bei
J. Gerardi halbdreifächerig).

          a. Mehrjährige Pflanzen.

    \* 5. **J. Gerardi Loiseleur.** — 2|.; 5—50 cm. Grund-
achse kriechend, die Glieder wenig gestreckt. Stengel beblättert.

Laubblätter schmal-linealisch. Blütenstand locker rispig, vom untersten Deckblatt meist überragt, aber nicht zur Seite gedrängt. Perigonblätter eiförmig, stumpf, dunkelbraun. Staubblätter 6; Staubfäden kurz, kaum ¹/₃ so lang als die Beutel. Griffel lang. Frucht elliptisch, dunkelbraun, glänzend, so lang oder länger als die Perigonblätter. — Juni—August. Auf Wiesen, Aussenweiden und in Dünenthälern häufig, nicht selten die Hauptmasse des Rasens ausmachend; auf den Inseln nach Grösse und Färbung der Pflanze, sowie nach der relativen Länge der Frucht sehr veränderlich. [Salz- und Küstenflora.]

↑ 6. **J. squarrosus** L. — ♃; 10—30 cm. Grundachse senkrecht, mehrköpfig. Laubblätter nur grundständig, sparrig-abstehend, horizontal, an der Spitze oft aufwärts gebogen. Blütenstengel meist ohne Laubblätter. Blütenstand endständig, nicht von dem untersten Deckblatt überragt, rispig. Perigonblätter ei-lanzettlich, mit breitem, weissem Hautsaume, stumpf. Staubblätter 6. Frucht eiförmig, kurz-stachelspitzig, dem Perigon an Länge gleich. — Juni, Juli. Auf heidigen und anmoorigen Stellen selten: *Bo* (Westland, oberer Rand der Binnenwiese; Heidestellen in der Nähe des Ueberganges des Fahrweges über den Deich; in der Nähe von Upholm). [Auf anmoorigem Boden häufig.]

b. **Einjährige Pflanze.**

\* 7. **J. bufonius** L. — ☉; 2—30 cm. Stengel aufrecht, meist stielrund. Blütenstand mit aufrechten Aesten. Blüten entfernt oder dicht zusammengedrängt. Perigonblätter lanzettlich, bleich, meist länger als die hellstrohgelbe oder grünliche Frucht. — Juni—Oktober. Auf feuchtem Sande und an Wegen häufig. [Fast ubiquitär.] — In der Länge und Zuspitzung der Perigonblätter sehr veränderlich. Von den auf den Inseln vorkommenden Pflanzen sind namentlich hervorzuheben die *var. fasciculatus Bertoloni* mit büschelig-zusammengedrängten Blüten, und die auf trockenen Stellen der Weide und der Vordünen vorkommenden Kümmerlinge, welche oft kaum 2 cm hoch, einblütig und in allen Blütenkreisen nur zweigliedrig sind.

B. Blütenstand rispig; Einzelblütenstände kopfig. Blüten vorblattlos in der Achsel eines Deckblattes.

1. Wuchs dicht-rasig. Blütenstand trugseitenständig, von dem aufgerichteten untersten Deckblatte überragt. Laubblätter („unfruchtbare Stengel") rund, den Stengeln gleichgebildet, mit harter, stechender Spitze. Frucht dreifächerig.

\* 8. **J. maritimus** Lamarck. — ♃; 50—120 cm. Pflanze gelbgrün. Grundachse horizontal, sehr dichte, feste Rasen bildend. Stengel und Laubblätter aufrecht, sehr steif, mit ununterbrochenem Marke gefüllt. Niederblätter braun, oft purpurrot überlaufen, die obersten mit einer kleinen stielrunden stechenden Blattfläche. **Blütenstand stark verzweigt.** Perigonblätter gleichlang, lanzettlich, spitz, strohgelb, oft rötlich überlaufen. Staubblätter 6. Frucht elliptisch-dreikantig, eben so lang als das Perigon. — Juli, August. Auf den Aussenweiden und in flachen Dünenthälern (hat sich seit dem Jahre 1881 auch auf Langeoog in Menge angesiedelt); noch nicht auf *Ba.* — [Küstenflora.] Die Rasen bilden, da die Pflanze vom Vieh nicht abgeweidet wird, eine Hauptfundstätte für die selteneren Pflanzen der Aussenweiden.

2. **Mehrjährige Pflanzen.** Blütenstand deutlich **endständig**, das unterste **Deckblatt** meist überragend. Laubblatt mit Querscheidewänden. Frucht einfächerig.

a. Laubblätter cylindrisch oder von der Seite her zusammengedrückt, mit einer Längshöhle und durchgehenden queren Scheidewänden.

**✳ 9. J. lampocarpus Ehrhart.** — ♃; 10—40 cm. Grundachse kurz-kriechend. Stengel aufrecht, wie die Aeste des Blütenstandes meist ausgebreitet. Laubblätter cylindrisch oder zusammengedrückt. Köpfe meist 3—8blütig. Perigonblätter lanzettlich, äussere spitz, innere stumpflich, gleichlang, kürzer als die dreiseitig-eiförmige, dunkelbraune, stark glänzende Frucht. Staubblätter 6. — Juli—September. Auf Wiesen und Weiden, sowie in Dünenthälern häufig. [Gemein.] Ausser im Wuchs. der Zahl und Grösse der Köpfe ändert die Pflanze auf den Inseln auch in der Richtung der Aeste des Blütenstandes ab. Die niedrige starre Form mit sehr dunkeln Früchten ist die *var. littoralis Patze, Meyer et Elkan.* Eine der *var. cuspidatus Brenner* nahekommende Form mit zugespitzten äusseren und spitzen inneren Perigonblättern auf Ostland *Bo* hinter dem Wirtshause (F. Wirtgen).

J. anceps × lampocarpus; *Bo*, Kiebitzdelle, 1894 und 1895 (F. Wirtgen).

Auf J. lampocarpus finden sich auf den Inseln sehr häufig die quastenförmigen Missbildungen der Blütenstände, welche durch den Stich eines Insektes, der Livia juncorum Latreille, entstehen; auf J. anceps var. atricapillus sind sie selten.

**✳ 10. J. anceps Laharpe.** — ♃; 20—50 cm. Grundachse länger-kriechend. Stengel steif-aufrecht, wie die Laubblätter stielrund oder mehr oder weniger zusammengedrückt (zuweilen wirklich zweischneidig). Köpfe zahlreich, meist 3—8blütig, kleiner als bei *J. lampocarpus.* Perigonblätter lanzettlich, stumpf, die äusseren mit einer mehr oder weniger deutlich rückenständigen Stachelspitze, kürzer als die dreiseitig-eiförmige, stachelspitzige, dunkelbraune Frucht. Staubblätter 6. — Juli, August. In den Dünenthälern häufig, weniger auf den Aussenweiden. Unsere Pflanze stellt die *var. atricapillus Buchenau* dar. In den früheren Publikationen über die Inseln wurde sie als *J. alpinus Vill., J. fusco-ater Schreber* oder *J. atricapillus Drejer* aufgeführt. [Charakterpflanze der westeuropäischen Dünen.] — Auf *Bo* fand ich einmal eine Pflanze mit völlig geknäueltem Blütenstande.

**J. acutiflorus Ehrhart.** (Die Angaben für unsere Inseln beruhen wohl sicher auf Verwechselung mit **J. anceps**).

b. Laubblätter sehr dünn, mit mehreren Längshöhlen und unvollständigen Querscheidewänden.

† 11. **J. supinus Mönch.** — ♃; 5—20 cm. Grundachse sehr kurz, nicht kriechend. Stengel dünn, aufrecht oder niederliegend und dann wurzelnd. Blütenstand wenigkopfig. Perigonblätter lanzettlich, kürzer als die längliche, stumpfe, stachelspitzige Frucht, äussere spitz, innere stumpf. Staubblätter meist 3. — Juli — September. Auf feuchtem Sande, in Dünenthälern, an heidigen Stellen: *Bo* (Kiebitzdelle, südlicher Teil der Wiese, bei Upholm, moorige Heidestellen am Uebergange des Fahrweges über den Deich), *W* (häufig). [Häufig.] — Von den zahlreichen Formen dieser Art finden sich auf *Bo* namentlich die *var. uliginosus Roth* mit kurzen aufrechten Stengeln, die *var. fluitans Lamarck* mit gestreckten wurzelnden Stengeln (in Gewässern) und die *var. bulbosus Lange* mit knollig-angeschwollener Stengelbasis.

**J. pygmaeus Thuillier;** Röm, Sylt, Amrum; Vlieland, Terschelling; eine kleine einjährige Pflanze, sei besonderer Beachtung empfohlen.

3. Pflanze einjährig. Laubblätter rinnig. Nur 1 endständiger und 1—2 seitenständige Köpfe vorhanden. Frucht dreifächerig.

**J. capitatus Weigel** wurde von mir im Jahre 1856 auf *N* in einem, jetzt in Gemüsebeete umgewandelten Dünenthale gefunden, ist sonst aber noch nicht weiter von den Inseln bekannt. Die Pflanze sei besonderer Beachtung empfohlen.

## 2. Luzula DC., Hainsimse.

✳ 12. **L. campestris DC.** — ♃; 5—40 cm. Stengel aufrecht. Laubblätter linealisch, flach, besonders an der Scheidenmündung gewimpert-behaart. Blüten in kurzen Aehren. Perigonblätter nahezu gleichlang, wenig länger als die Frucht, lanzettlich, dunkelbraun mit blasseren Rändern. Staubblätter 6. Tritt in zwei ausgezeichneten Varietäten auf: *a. vulgaris Gaudin,* 5—15 cm hoch, locker-rasig, mit kurz-bogigen Ausläufern; seitliche Aehren meist überneigend-gestielt, im April und Mai blühend; auf bewachsenen Dünen und Weiden häufig — und *var. multiflora Celakovsky,* 15—40 cm hoch, dichtrasig, mit steif-aufrechten Stengeln, seitliche Aehren auf aufrechten Stielen oder sehr kurzgestielt, im Mai und Juni blühend, so in Dünenthälern, namentlich zwischen Gestrüpp, seltener als die vorige. — [In fast ganz Europa häufig.]

# 13. Fam. Liliaceae DC., Liliengew.

## 1. Asparagus L., Spargel.

✳ 1. **A. officinalis L.** — ♃; 20—50 cm. Grundachse wagerecht, fleischige, mit Niederblättern besetzte Sprosse nach

oben treibend. Stengel nur Niederblätter tragend, in deren Achseln
Büschel von nadelförmigen Zweiglein stehen, welche gewöhnlich
für Laubblätter gehalten werden. Blütenstiel gegliedert. Perigon
glockig, grünlich-gelb, sechsblätterig. Griffel an der Spitze dreispaltig, drei Narben tragend. Frucht beerig, korallenrot. — Juni,
Juli. Auf Dünen, immer nur einzeln: *Bo, J, N, L* (Westende:
am Ausgange des Blumenthales nach der Weide zu). [Auch auf
den niederländischen Dünen und den Flussdünen des deutschen
Nordwestens, aber nicht auf den nordfriesischen Dünen.] Die Inselpflanzen gehören zur *var. maritimus Du Mortier* (Bouquet, p. 50)
mit ziemlich langen Scheinblättern.

**Allium vineale L.** *Bo.* Auf einer Umwallung in der Südstrasse, nahe vor
dem Eintritt des Pfades in die Dünen (Dr. Dreier).

**Nartheciuim ossifragum Hudson;** 1887 angeblich ein Exemplar auf *L.*

## 14. Fam. Orchidaceae Juss., Knabenkrautgew.

1. Lippe des Perigons am Grunde gespornt oder sackartig. Staubbeutel ganz angewachsen.
   2. Lippe ungeteilt, linealisch, weiss.                    *3. Platanthera.*
   2\*. Lippe geteilt, dreilappig oder dreizähnig.
      3. Sporn kegelförmig oder sackartig, kürzer als der Frucht-
         knoten. Fächer des Staubbeutels am Grunde durch ein
         zweifächeriges Beutelchen verbunden.            *1. Orchis.*
      3\*. Sporn fadenförmig, bedeutend länger als der Fruchtknoten.
         Fächer des Staubbeutels am Grunde nicht verbunden.
                                                        *2. Gymnadenia.*
1\* Lippe weder gespornt noch sackartig. Staubbeutel frei.
   4. Lippe gross, quergegliedert, der vordere Teil gross, zart,
      lebhaft gefärbt. Blüten gestielt, ansehnlich.    *4. Epipactis.*
   4\*. Lippe nicht quergegliedert. Blüten gelb-grünlich-gefärbt.
      5. Obere Perigonblätter helmartig zusammenneigend. Staub-
         beutel unter der Spitze der Befruchtungssäule. Pfl. ohne
         Knollen.                                       *5. Listera.*
      5\*. Obere Perigonblätter abstehend. Staubbeutel auf der Spitze
         der Befruchtungssäule, abfallend. Pflanze mit 2 grünlichen
         aus der Stengelbasis entstandenen Knollen.     *6. Liparis.*

### 1. Orchis L., Knabenkraut.

A. Sämtliche 5 Perigonblätter (mit Ausnahme der Lippe) helmartig zusammengeneigt.

\* 1. **O. Morio L.** — ♃; 6—15 cm. Knollen rundlich. Laubblätter länglich oder linealisch-länglich, die unteren abstehend, die
oberen den Stengel meist umhüllend. Blütenstand armblütig.

Deckblätter 3—5-, die obersten einnervig. Perigonblätter purpurn
(seltener rosenrot oder weiss), die oberen mit grünen Adern, die
Lippe am Grunde weiss mit purpurnen Flecken. — Mai, Juni. Auf
Wiesen selten: *Bo* (Westland: Binnenwiese, namentlich am oberen
Rande, wo dieselbe an die Dünen grenzt; auf der grossen Wiese
des Ostlandes), *J* (Bill, im Westende des Polders), *S* (1893 eine Gruppe
von Exemplaren in dem kleinen Dünenthale, unmittelbar östlich
vom trigonom. Signale, zwei Exemplare am Nordende des Kiefern-
wäldchens beim Rettungsbootsschuppen). [Nicht auf den nordfriesischen Inseln; auf den westfriesischen zerstreut. In Ostfriesland selten; erst weiter südlich häufiger werdend.]

B. Die 3 oberen Perigonblätter helmartig zusammenschliessend,
   die beiden seitlichen flügelartig abstehend.

　*** 2. O. latifolius L.** — ♃; 20—45 cm. Grasgrün. Knollen
handförmig-geteilt. Stengel hohl. Laubblätter 4—6, häufig gefleckt, abstehend, aus schmalerem Grunde bis zur Mitte verbreitet,
die unteren oval oder länglich, stumpf, die oberen lanzettlich, zugespitzt. Blütenstand walzlich, reichblütig. Deckblätter krautig,
länger als die Blüten. Perigon lilapurpurn, die Lippe dunkler
gezeichnet. Lippe am Grunde breit-keilförmig, dreilappig, mit
rhombischen Seitenlappen und sehr kleinem Mittellappen. Sporn
kürzer als der Fruchtknoten. — Mai, Juni. Auf Wiesen zerstreut:
*Bo, J, N, Ba, L.*

　*** 3. O. incarnatus L.** — ♃; 15—30 cm. Gelbgrün.
Knollen handförmig-geteilt. Stengel hohl. Laubblätter 4—6, aufgerichtet, locker-scheidig, vom Grunde an allmählich verschmälert,
an der Spitze kappenförmig zusammengezogen, meist ungefleckt,
das oberste den Grund des Blütenstaudes überragend. Blütenstand
walzlich, reichblütig. Deckblätter krautig, länger als die Blüten.
Perigon rot-violett, seltener hellpurpurrot oder weiss. Lippe ungeteilt oder undeutlich dreilappig, gezähnelt. — Mai, Juni. Dünenthäler, sehr zerstreut: *Bo, N.* [Die Standorte von *O. latifolius*
und *incarnatus* sind neu zu sichern, da beide erst in neuerer Zeit
unterschieden wurden. Beide kommen auf den westfriesischen,
aber nicht auf den nordfriesischen Inseln vor. Auf dem Festlande
ist *O. latifolius* sehr viel häufiger als *incarnatus.*]

　* 4. **O. maculatus L.** — ♃; 30—75 cm. Grasgrün. Stengel
solide. Laubblätter 6—10, gefleckt, aus schmalerem Grunde verbreitet, die unteren länglich, stumpf, die oberen lanzettlich, spitz,
alle meist braun-gefleckt. Deckblätter krautig. Perigon hellpurpurn oder weisslich, die Lippe dunkel marmoriert. Sporn kürzer
als der Fruchtknoten. — Juni, Juli. Auf Wiesen und heidigen
oder anmoorigen Stellen: *Bo* (ziemlich häufig), *N* (sehr spärlich),
*Ba* (sehr spärlich). [Heiden der nordfriesischen und westfriesischen
Inseln und des Festlandes.]

## 2. Gymnadenia Rob. Brown, Gymnadenie.

\* 5. **G. conopea R. Br.** — ♃; 20—50 cm. Knollen 2 lappig, die Lappen 3—4 teilig. Laubblätter linealisch-lanzettlich. Blüten purpur-lila, köstlich duftend. Lippe dreispaltig, Lappen eiförmig, stumpf. Sporn dünn, meist 1½—2 mal so lang als der Frucht- knoten. — Juni—September. In Dünenthälern, namentlich zwischen Gesträpp: *Bo* (an sehr vielen Stellen massenhaft vorhanden), *J* (Bill, einzeln auch beim Loog). [Texel, Ameland, Schiermonni- koog; nicht auf den nordfriesischen Inseln. Waldwiesen des Fest- landes, jedoch erst in Mitteldeutschland häufig.]

## 3. Platanthera Richard, Platanthere.

\* 6. **P. bifolia Reichenbach.** — ♃; 4—23 cm. Knollen länglich, in eine Wurzel verschmälert. Stengel kantig. Laub- blätter 2, grundständig, oval, stumpf oder spitzlich, in einen ge- flügelten Stiel verschmälert. Perigon weisslich, innere seitliche Perigonblätter, Spitze der Lippe und des Spornes grünlichweiss. Staubbeutelhälften parallel. Blüte besonders am Abend sehr an- genehm duftend. — Juli, August. An moorigen und heidigen Stellen, in Dünenthälern selten: *Bo* (Kiebitzdelle, heidige Stellen und Wiesen beim Uebergang des Fahrweges über den Deich), *L* (Westende: spärlich im Blumenthale und am Rande der Wiese gegen das grosse nördliche Dünenthal hin). [Röm; Texel, Vlie- land, Ameland; auf dem Festlande häufig, namentlich auf Heiden.] Die Pflanze der Inseln bildet die *var. compacta O. v. Seemen*, Oesterr. botan. Zeitschrift 1894, XLIV, p. 448, (niedrig wüchsig; Blütenstand dicht, walzenförmig; Deckblätter so lang oder selbst länger als die Blüten; Lippe breitlinealisch; Sporn deutlich keulig verdickt).

## 4. Epipactis Richard, Epipactis.

\* 7. **E. palustris Crantz.** — ♃; 15—30 cm. Glieder der Grundachse ausläuferartig verlängert. Laubblätter länglich oder lanzettlich, spitz. Blütenstand kurz, traubig, nicht sehr reichblütig. Blüten länger als die Deckblätter. Aeussere Perigonblätter bräun- lich- (seltener gelblich-) grün, innere rot und weiss; Lippe weiss, purpurn-gestreift, vorderes Glied derselben rundlich, flach. — Juli, August, einzeln im September. In Dünenthälern, namentlich zwischen Gesträpp, häufig; nicht auf *W*. [Röm. Im nieder- ländischen Dünengebiete häufig; auf dem Festlande zerstreut.]

\* 8. **E. latifolia Allioni.** — ♃; 20—50 cm. Glieder der Grundachse kurz. Laubblätter eiförmig, spitz oder stumpf. Blüten- stand traubig, verlängert, reichblütig. Deckblätter der untersten Blüten länger als die Blüten. Perigon grün, bräunlich überlaufen. Vorderes Glied der Lippe herz-eiförmig, spitz, am Grunde mit einem gekerbten Höcker. — Juli—September. Auf bewachsenen

Stellen der inneren Dünen, meist zerstreut und einzeln wachsend: *Bo* (an vielen Stellen), *J* (zerstreut), *N* (Dünenthäler in der Mitte der Insel), *L* (1884 ein Exemplar in der Nähe der Giftbude). [Ameland, Schiermonnikog. Nicht auf den nordfriesischen Inseln. Auf dem Festlande in Gehölzen zerstreut.]

### 5. Listera Rob. Brown, Listere.

\* 9. **L. ovata Rob. Brown.** — ♃; 30—50 cm. Grundachse horizontal, gestreckt, lange dauernd, mit Niederblättern besetzt. Stengel kräftig, aufrecht. Laubblätter 2, breit-eiförmig, mit einem kurzen Spitzchen, unterhalb der Mitte des Stengels befestigt, fast gegenständig. Blütenstand verlängert, reichblütig. Blüten gelblich-grün. — Juni, Juli. In Dünenthälern, einzeln: *Bo* (Kiebitzdelle, Bandjedelle; Ostland), *J* (Bill; einzeln auch nordwestlich vom Loog), *N* (spärlich in den Norddünen des Westendes; R. Bielefeld), *L* (im grossen Dünenthale der Melkhören, einzeln auch in den Dreebargen. [Niederländische Dünen; nicht auf den nordfriesischen Inseln. Auf dem Festlande häufige Wald- und Waldwiesenpflanze.]

### 6. Liparis Richard, Fettblatt.

\* 10. **L. Loeselii Richard.** — ♃; 8—20 cm. Pfl. gelblichgrün, fettglänzend. Stengel am Grunde mit zwei etwas flachgedrückten grünen Knollen, welche aus der Verdickung der Stengelbasis hervorgehen. Laubblätter 2, länglich, spitz, kürzer als der dreiseitige, oben dreikantige Stengel. Blütenstand ährig, locker, armblütig. Deckblätter meist so lang als der Blütenstiel. Lippe länglich, stumpf, kleingekerbt, so lang als die übrigen linealischen Perigonblätter. — Juni, Anfang Juli; vereinzelt auch später. In nassen Dünenthälern zwischen Gestrüpp: *Bo* (häufig), *J* (Bill häufig; selten im Loog), *N* (in der Nähe der weissen Düne), *Ba* (grosses Dünenthal im Norden des Ostdorfes), *L* (grosses Dünenthal im Nordwesten des Ostendes). [Texel, Schiermonnikoog; nicht auf den nordfriesischen Inseln. Im nordwestlichen Deutschland sehr selten, in Ostdeutschland häufiger werdend.] *Sturmia Loeselii Reichenbach.*

Iris Pseudacorus L. 1890 ein verschlepptes Exemplar in der Bill auf *J* (Fr. Buchenau).

# 15. Fam. Salicaceae Richard, Weidengew.

## 1. Salix Tourn., Weide.

A. Blütenstände („Kätzchen") auf seitlichen beblätterten Zweigen. Deckblätter der Einzelblüten gleichfarbig-gelbgrün. Stiele der Laubblätter oberwärts mit höckerförmigen Drüsen. Narbenspitzen rechts und links paarweise genähert.

1. Deckblätter („Kätzchenschuppen") vor der Fruchtreife abfallend.

S. pentandra L., die fünfmännige W. (höherer Strauch mit eiförmig-elliptischen, oberseits glänzenden Laubblättern und 5—12 Staubblättern) findet sich nur in einzelnen, zufällig eingeschleppten Exemplaren, so in der Dodemannsdelle und in der Bandjedelle auf *Bo*, im Dünenthale der Bill auf *J* zwischen Hippophaës.

S. alba L., weisse W. (Baum oder Strauch mit rutenförmigen Zweigen und schmal-lanzettlichen, unterseits seidig-filzigen Laubblättern), findet sich hie und da angepflanzt, einzeln auch in Dünenthälern ausgestreut (grosse Exemplare in den Dreebargen auf Ostende *L*).

S. fragilis L., Bruchweide (mehr baumartig, mit etwas breiteren Laubblättern und 2 Staubblättern), findet sich einzeln angepflanzt, z. B. im Dorfe *Bo* und in der Bill auf *J*.

2. Deckblätter („Kätzchenschuppen") zur Fruchtzeit bleibend.

S. amygdalina L., Mandelweide (Strauch mit lanzettlichen kahlen Laubblättern und 3 Staubblättern), kommt nur einzeln angepflanzt vor, so z. B. auf *N*. auf Gartenumwallungen von *L* (hier auch der Bastard: S. undulata Ehrhart, S. alba × amygdalina).

S. caspica Pallas (mit rutenförmigen, roten Zweigen, linealisch-lanzettlichen lang zugespitzten, scharfgesägten, oben dunkelgrünen und kahlen, unten graugrünen und schwach-behaarten Laubblättern) ist durch Herrn Gartenmeister Lampe mehrfach auf *N* (z. B. in der Nähe des Schiessstandes sowie bei der Schanze) angepflanzt worden und gedeiht dort ganz vortrefflich.

B. Blütenstände (Kätzchen) seitlich, ungestielt oder sehr kurz gestielt. Deckblätter der Blüten zweifarbig, an der Spitze dunkelgefärbt. Laubblätter ohne Höcker am Stiele. Narbenspitzen hinten und vorne paarweise genähert.

1. Staubblätter nicht verwachsen. Staubbeutel nach dem Verblühen gelb; innere Rinde grünlich.

S. daphnoides Villars (strauchartig, mit schlanken dunkelbraunen, blaubereiften Zweigen) im Osten von *N* angepflanzt.

S. viminalis L., die Korbweide (Strauch mit sehr langen zähen Zweigen und linealisch-lanzettlichen, unterseits weissen Laubblättern) findet sich nur einzeln in und bei Ortschaften angepflanzt oder verstreut, so z. B. ein grosses Exemplar in einem Dünenthale östlich der Vogelkolonie, andere in den Dreebargen auf Ostende *L*.

S. stipularis Smith (S. cinerea × viminalis, oder nach Wimmer S. Caprea × viminalis) ein hoher Strauch oder niedriger Baum; Zweige lang, zäh, im ersten Jahre graufilzig; Laubblätter schmal verlängert-lanzettlich, ganzrandig oder ausgeschweift-gezähnelt, kurzgestielt, allmählich zugespitzt oben trübgrün, unten dicht-weissfilzig, sehr schwach seidenglänzend; Sommertriebe mit grossen Nebenblättern, welche aus halbherzförmigem Grunde lanzettlich verschmälert sind, findet sich besonders auf Norderney vielfach in den älteren Anlagen angepflanzt und bildet mit Erlen zusammen hohe Laubengänge. Nur weibliche Exemplare.

S. Smithiana Willdenow (S. Caprea × viminalis), Strauch mit langen, zähen, graufilzigen, schon im ersten Jahre kahl werdenden Zweigen; Laubblätter eilanzettlich, lang zugespitzt, ausgeschweift gezähnelt, oben grün, unten dicht mit grauem, schwach seidenglänzendem Filz bedeckt; Nebenblätter halb nierenherzförmig, zugespitzt, kürzer als der Blattstiel — findet sich hie und da in Hecken und auf Wällen angepflanzt, auf *N* auch in den Anlagen.

2. Staubblätter nicht verwachsen. Staubbeutel nach dem Verstäuben gelb. Sträucher mit ziemlich kurzen, nicht lang rutenförmigen Zweigen.

S. Caprea L. (mit rundlichen oder breit-elliptischen, kurz-zugespitzten, oberseits zuletzt kahlen, unterseits graufilzigen Laubblättern und kurzen dicken

Blütenständen), findet sich auf den Inseln in einzelnen verschleppten oder angepflanzten Exemplaren. Zahlreichere kleine Sträucher fand ich 1873 in den Dreobargen auf Ostende *L*; sie waren 1885 sehr herangewachsen.

↑ **1. S. cinerea L.** — ♃. Mittelhoher Strauch. Junge Aeste und Knospen graufilzig, Laubblätter länglich-verkehrt-eiförmig, gesägt, anfangs weisslich-filzig, zuletzt mit vertieftem Adernetze, kurzhaarig, oberseits trübgrün, unterseits graugrün. Blütenstände („Kätzchen") kurz, männliche eiförmig, weibliche cylindrisch. Deckblätter der Blüten dichtzottig. Fruchtknoten ei-kegelförmig, filzig. Stiel 3—5mal so lang als die Drüse. — April, Mai. In Dünenthälern ziemlich selten und meist nur in einzelnen Exemplaren: *Bo, J* (Loog, Bill). *Ba* (Dünenthal im Osten), *N, L* (im Blumenthale: Ostende mehrfach); vielfach auf Umwallungen angepflanzt. [Auf den nordfriesischen und westfriesischen Inseln nur angepflanzt; auf dem Festlande auf feuchtem Sande und an salzarmen Gewässern häufig.]

S. cinerea × repens. *Bo*, Ostseite der Dorndello (F. Wirtgen).

* **2. S. aurita L.** — Niedriger Strauch mit dünnen, kahlen oder schwach-behaarten Zweigen. Knospen kahl. Nebenblätter nierenförmig. Laubblätter verkehrt-eiförmig oder länglich-verkehrt-eiförmig, mit zurückgekrümmter Spitze, wellig-gesägt, mit oberseits stark eingedrücktem Adernetz, zuletzt oberseits trübgrün, kurzhaarig, glanzlos, unterseits bläulich-grün, filzig-weisshaarig. Blütenstände klein. Deckblätter der Blüten rostfarbig, behaart. Fruchtknotenstiel 2—4mal so lang als die Drüse. Griffel sehr kurz. — Mai, Juni. An Heidestellen, in Dünenthälern zerstreut, an manchen Stellen nur einzelne Exemplare. [Sehr häufig.]

S. aurita × cinerea. Von diesem nicht leicht zu erkennenden Bastarde finden sich einige Exemplare in dem Dünenthale Dreebargen auf Ostende *L*. Wahrscheinlich ist er auch mehrfach auf Erdwällen zwischen *S. cinerea* angepflanzt.

S. aurita × repens bildet sich vielfach zwischen den Stammarten und dürfte daher wohl wieder aufzufinden sein (nach Bley früher auf *Bo*, nach Meyer's Chloris auf *N* und *Ba*).

3. Staubblätter nicht verwachsen. Staubbeutel nach dem Verblühen gelb. Niedriger Strauch mit niedergestrecktem, zuweilen unterirdischem Hauptstamme.

* **3. S. repens L.** — Kriechender Strauch. Aeste aufsteigend, meist dünn, die jüngeren behaart. Laubblätter oval bis lineal-lanzettlich, schwach wellig-gesägt oder ganzrandig, ohne eingedrücktes Adernetz. Nebenblätter lanzettlich. Blütenstände eiförmig. Deckblätter der Blüten behaart. Frucht eilanzettlich, filzig oder kahl; Stiel 2—3mal so lang als die Drüse. Griffel kurz. — Mai, Juni, nicht selten im August zum zweitenmale. Auf bewachsenen Dünen, in Dünenthälern sehr häufig; auf *W*. nur spärlich. — [Eine Charakterpflanze der westeuropäischen Dünen: auch auf dem Festlande gemein.] Eine der veränderlichsten Pfl.

Die Formen mit linealischen Laubblättern fehlen auf den Inseln; die Laubblätter sind vielmehr eiförmig, elliptisch oder lanzettlich, mit abgerundeter oder verschieden stark keiliger Basis, meist ganzrandig, selten fein gesägt; die Fruchtstände haben sehr verschiedene Länge. Als wichtigste Formen sind hervorzuheben: *var. vulgaris Marsson,* ältere Laubblätter unterwärts seidig, Frucht filzig; *var. leiocarpa G. F. W. Meyer,* ältere Laubblätter schwachseidig oder selbst kahl; Frucht kahl; *var. argentea Smith,* alle Laubblätter dicht und glänzend seidig behaart.

Von Populus kommt keine Art auf den Inseln wild vor; indessen siedeln sich ab und an einzelne Exemplare, deren Samen durch den Wind herbeigeführt wurden, an; so wurde von Dr. W. O. Focke ein einzelnes kleines Exemplar der P. monilifera Aiton im Hauptthale der Melkhören auf *L*, von mir an derselben Stelle eine ganze Kolonie kleiner (wahrscheinlich als Wurzelbrut zusammenhängender) Exemplare von P. tremula L. gefunden. Angepflanzt finden sich ab und an P. alba L., pyramidalis Rozier, nigra L., monilifera Aiton, tremula L. Von P. tremula L., der Zitterpappel, kommen aber auch einzelne angeflogene Exemplare in den Dünenthälern vor. Beachtenswert sind die schönen Exemplare von P. canescens Smith (alba × tremula) in der Nähe der Häuser auf Ostland *Bo*.

Die Stieleiche, Quercus pedunculata Ehrhart, findet sich nur selten baumartig auf den Inseln, häufiger dagegen als Buschwerk auf Umwallungen (so z. B. beim Dorfe *L*).

Von der Birke (Betula verrucosa Ehrhart oder pubescens Ehrhart) finden sich einzelne Exemplare angepflanzt, z. B. auf *J*, junge Exemplare dagegen zuweilen in den Dünenthälern angeflogen, z. B. *Bo* (Dodemannsdelle; am Weg nach dem Ostlande aber absichtlich ausgesäet), *J* (grosses Dünenthal der Bill), *N*, im mittleren Teile der Insel viele Exemplare.

Die Erle (Alnus glutinosa L.) wird auf den Inseln nicht selten angepflanzt und gedeiht, fern von der See (so z. B. auf Ostland *Bo*) recht gut; auf *N* sind kleine Gehölze durch sie gebildet.

Myrica Gale L. Ein kräftiger Strauch auf *S* am Rande der Kiefernpflanzung westlich vom Dorfe (Fr. Buchenau, 1893).

# 16. Fam. Urticaceae Endlicher, Nesselgew.

## 1. Urtica Tourn., Nessel.

+ 1. **U. urens L.**, — ⊙; 20—50 cm. Stengel aufrecht, gefurcht, mit Brennhaaren besetzt. Laubblätter eiförmig oder elliptisch, spitz, eingeschnitten-gesägt. Blütenzweige trugdoldig, männliche und weibliche Blüten tragend, meist kürzer als die Blattstiele. — Sommer, Herbst. In und bei den Ortschaften häufig. [Ruderalflora.]

+ 2. **U. dioeca L.** — ♃; 30—100 cm. Stengel aufrecht, tief gefurcht, mit Brennhaaren und kürzeren einfachen Haaren besetzt. Laubblätter länglich-herzförmig, zugespitzt, die oberen grob-gesägt. Blüten meist zweihäusig. Blütenstände länger als die Blattstiele. — Sommer. Auf Schuttstellen, in Ortschaften zerstreut; auf *L* anscheinend nur bei den westlichen Häusern des Hauptdorfes. [Ruderalflora; auch Gebüsche und Gehölze.]

Humulus Lupulus L., der Hopfen, auf *N* in den Gebüschen beim Konversationshause und beim Rupertsberg, mit Pflanzmaterial vom Festlande eingeschleppt.

Von Morus alba L., dem weissen Maulbeerbaume, finden sich mehrere kräftige Bäume auf *Lo* und zwar sowohl im Hauptdorfe, als auf dem Ostlande.

Der Feldrüster, Ulmus campestris L., wird auf den Inseln häufig bei den Häusern angepflanzt und gedeiht dort vortrefflich, bis die Bäume die Höhe der Dachfirst erreicht haben; dann aber sterben die Triebe, sobald sie von der Gewalt des Windes getroffen werden, ab.

# 17. Fam. Polygonaceae Juss., Knöterichgew

1. Perigon 6 blätterig, bis zum Grunde geteilt, 3 Blätter gross, 3 klein. Blütenstände rispig.       *1. Rumex.*

1*. Perigon 4—5 spaltig, meist kronartig gefärbt. Blüten wickelig gestellt, in Scheinähren, seltener in den Blattwinkeln.
      *2. Polygonum.*

## 1. Rumex L., Ampfer.

A. Blüten zweihäusig. Laubblätter pfeil- oder spiessförmig.

✳ oder + 1. **R. Acetosa L.** — ♃ ; 30—80 cm. Stengel aufrecht, gefurcht. Laubblätter etwas fleischig, die unteren langgestielt, stumpf, die obersten ungestielt, spitz. Blütenstand lockerrispig. Innere Perigonblätter doppelt so lang als die äusseren, mit kurzer, herabgebogener Schwiele, rundlich-eiförmig, durchscheinend häutig, länger als die Frucht, äussere zur Fruchtzeit abstehend. — Juni, Juli. Auf Grasplätzen, Wiesen, zuweilen auch auf bebautem Lande, seltener in Dünenthälern, zerstreut. [Häufig.]

✳ 2. **R. Acetosella L.** — ♃ ; 5—30 cm. Wurzeläste Adventivsprosse bildend. Stengel aufrecht, einfach oder ästig. Laubblätter spiessförmig. Blütenstände locker-rispig. Aeussere Perigonblätter angedrückt, innere eiförmig, so lang als die Frucht, ohne Schwiele. — Juni—August. Auf Wiesenflecken, in Dünenthälern, sowie in der Nähe der Ortschaften, häufig. [Häufig.]

B. Blüten zwitterig, zuweilen mit einigen weiblichen untermischt. Laubblätter nicht pfeil- oder spiessförmig.

1. Blütenstand sehr gross, vielfach zusammengesetzt, einen ei- oder kegelförmigen Strauss bildend, ohne Laubblätter. Innere Perigonblätter breit, ganzrandig oder undeutlich gezähnt, ohne vorgezogene Spitze.

+ 3. **R. crispus L.** — ♃ ; 50—90 cm. Grundständige Laubblätter linealisch-länglich oder länglich, meist stumpf, am Rande stark wellig, stengelständige lanzettlich, spitz, welligkraus. Innere Perigonblätter zur Fruchtzeit kreisrundlich-herzförmig,

ganzrandig oder an der Basis etwas gezähnt. alle oder nur eins
mit einer Schwiele, selten alle ohne Schwiele. — Sommer. Auf
Grasplätzen, in den Dünenthälern, sowie in den Ortschaften zerstreut. [Ruderalflora.]

↑ 4. **R. Hydrolapathum L.** — ♃; bis 150 cm. Grundständige und stengelständige Laubblätter derb, länglich-lanzettlich, flach, nach beiden Seiten verschmälert; Blattstiel oberseits
flach. Innere Perigonblätter zur Fruchtzeit ei-delta-förmig,
sämtlich mit einer Schwiele versehen. — Juli, August. An nassen
Stellen der Dünenthäler, sehr selten: *Bo.* Hat sich jetzt in der
Waterdelle (dem südlichen Teile der Dodemannsdelle) regelmässig
angesiedelt und bereits ziemlich stark vermehrt. [Föhr; im westfriesischen Dünengebiete und auf dem Festlande häufig.]

2. Blütenstand gross, aber viel weniger zusammengesetzt, die einzelnen Blüten-
büschel mehr quirlähnlich von einander entfernt, die unteren von Laubblättern
gestützt. Innere Perigonblätter im Fruchtzustande mit einer vorgezogenen Spitze,
an der Basis oft mit längeren Zähnen versehen.

α. Ausdauernde Pflanze.

\* 5. **R. obtusifolius L.** — ♃; 50 bis 90 cm. Grundständige
Laubblätter gross, flach, herz-eiförmig, meist stumpf. Blütenstand
an der Basis mit Laubblättern, mit aufsteigenden Aesten. Innere
Perigonblätter ei-deltaförmig mit vorgezogener Spitze, am Grunde
gezähnt. — Sommer. In den Ortschaften hie und da, oft nur
einzelne Exemplare. [Ruderalflora.] Ich sah auf den Inseln nur
die *var. Friesii Döll*, grossblütig, mit 3—4 langen spitzen Zähnen
an jeder Seite der Perigonblätter, diese aber mit stärkeren Schwie-
len als bei der Festlandspflanze.

β. Pflanze nach der Fruchtreife absterbend.

↑ 6. **R. maritimus L.** — ☉☉, seltener ☉; 15—75 cm.
Gelbgrün. Stengel einfach oder ästig. Laubblätter lanzettlich bis linealisch-lanzettlich, am Rande wellig, die unteren länger-,
die oberen kürzer-gestielt. Blütenstände dicht, unterbrochen-
beblättert, zuletzt lebhaft gelb-gefärbt. Innere Perigonblätter
länglich-rhombisch, fast doppelt so lang als breit, jederseits mit
2 (seltener 3 oder 4) borstenförmigen Zähnen von der Länge der
Perigonblätter. — Sommer, Herbst. An Gräben und Gewässern.
nicht häufig: *Bo* (auf der Binnenwiese und am langen Wasser
in der Bandjedelle; bei der Wasserstation in der Kiebitzdelle, auf
dem Ostlande), *J*, 1881 ein einzelnes Exemplar in der Nähe der
Kirche *N*, *W* (nur spärlich). [Auf den nordfriesischen Inseln
selten, auf den holländischen häufiger; auf dem Festlande mehr
an süssen und brackischen Gewässern als an der Küste.]

## 2. Polygonum L., Knöterich.

### A. Stengel nicht windend.

1. Stengel ästig; Blüten in den Achseln von Laubblättern, seltener die obersten in denen von Hochblättern.

\* oder + 7. **P. aviculare L.** — ⊙ (oder auch ⚥|?); 10—45 cm. Kahl. Stengel ästig, meist niederliegend, seltener aufrecht; Aeste bis zur Spitze beblättert. Tuten zweispaltig. Blütenstände wickelig, 3—5blütig. Perigon dreikantig, grün, weisslich oder purpurrot. Frucht matt, gestreift, mit erhabenen Punkten, das Perigon nicht überragend. — Juni—Oktober. Auf bebautem Boden in der Nähe der Ortschaften häufig. — Eine äusserst veränderliche Pflanze. Als Hauptformen sind zu unterscheiden: α. *erectum Roth*, Stengel aufrecht; Laubblätter lanzettlich; Blüten oben zu Scheintrauben zusammengedrängt; so namentlich auf Aeckern und Gemüsebeeten; β. *monspeliense Thiebaud*, Stengel aufrecht, Laubblätter gross, elliptisch, deutlich gestielt; Blüten wie bei voriger, meist weniger zahlreich; so auf feuchten Aeckern; γ. *neglectum Besser*, Stengel niederliegend; Laubblätter linealisch, spitz; so namentlich auf den Weiden und Wattwiesen; δ. *triviale Reichenbach*, Stengel niederliegend, Laubblätter länglich oder eiförmig, stumpf; so namentlich auf Dämmen und Schuttstellen. — Die Pfl. der Inseln haben nicht selten auffallend grosse silberweisse Tuten. [Häufig, meist als Ruderalpflanze.]

Zu achten bleibt auf das ähnliche **P. Raji Babington** mit glänzender, aus dem Perigon hervorragender Frucht.

2. Stengel ästig, die Aeste von ährenähnlichen Blütenständen abgeschlossen.

a. Blütenstände walzenförmig, dicht.

α. Pflanze ausdauernd. Grundachse kriechend.

\* 8. **P. amphibium L.** — ♃. Grundachse ausläufertreibend. Laubblätter länglich bis lanzettlich; Stiele über der Mitte der Tuten abgehend. Blüten oft getrennten Geschlechtes, rosa. Staubblätter 5. Frucht beiderseits gewölbt, scharfkantig. — Juni—September. In Gewässern und auf Uferschlamm, zerstreut: *Bo* (an vielen Stellen des Westlandes), *J* (Bill, in einem kleinen Tümpel am Südrande, östlich vom Hofe), *L* (feuchte Aecker und Wiesen des Westendes, besonders am Westrande des Dorfes, meist auf dem Lande). [Nicht selten.] Es findet sich namentlich die *var. maritimum Detharding* mit schmalen Laubblättern.

β. Pflanze einjährig.

+ 9. **P. lapathifolium L.** — ⊙; 30—60 cm. Laubblätter länglich-elliptisch bis lanzettlich, unterseits drüsig-punktiert, zu-

weilen schwarz-gefleckt. Tuten locker, kahl oder spärlich-kurz-
haarig, kurz und fein gewimpert. Blütenstände kurz. Blütenstiele
und Perigon drüsig-rauh. Perigon meist grünlich, seltener rötlich. Frucht beiderseits vertieft. — Sommer, Herbst. Auf feuchtem, bebautem Boden, stellenweise häufig. [Ruderalflora.] Die
Pfl. variiert auf den Inseln nicht so stark als auf dem Festlande;
besonders beachtenswert ist die *var. incanum Schmidt* mit unterseits weissfilzigen Laubblättern; so besonders auf den Äckern
der Bill, *J.*

+ 10. **P. Persicaria L.** — ⊙; 30 bis 60 cm. Laubblätter
lanzettlich, spitz oder stumpf, oft mit einem schwarzen Flecken.
Tuten enganliegend, ziemlich lang-gewimpert. Blütenstände mässig
lang. Blütenstiele und Perigon drüsenlos. Perigon meist rot,
selten weisslich. Frucht beiderseits flach oder auf einer Seite
gewölbt. — Sommer, Herbst. Auf bebautem Boden, an Gräben,
zuweilen auch in Dünenthälern (u. a. in der Dodemannsdelle auf
*Bo*) nicht selten. [Ruderal- und Wasserflora.]

b. Blütenstände locker, dünn, schlank.

+ 11. **P. Hydropiper L.** — ⊙; 25—50 cm. Kraut pfeffer-
artig schmeckend. Laubblätter länglich-lanzettlich, beiderseits
verschmälert. Tuten ziemlich kahl, kurz-gewimpert. Perigon
drüsig-punktiert, meist vierteilig, grün oder rötlich. Staubblätter
meist 6. Frucht höckerig-rauh, auf der einen Seite stark-, auf
der anderen schwach-gewölbt. — Spätsommer, Herbst. An
Gräben und feuchten Stellen kultivierten Bodens, seltener als
die vorigen: *Bo, J, N, L, S.* [Röm; nicht auf den westfriesischen
Inseln; auf dem Festlande häufig.]

⁕ 12. **P. minus Hudson.** — ⊙; 10—50 cm. Kraut milde
schmeckend. Stengel meist niederliegend. Laubblätter linealisch-
lanzettlich, fast bis zur Mitte gleichbreit. Tuten kurzhaarig und
langgewimpert. Perigon 5teilig, drüsenlos, hellpurpurrot. Staubblätter meist 5. Frucht glänzend, beiderseits gewölbt. — Sommer, Herbst. An Gräben und Gewässern: *Bo* (auf dem Westlande an ziemlich vielen Stellen, z. B. auf der Binnenwiese, auf
feuchten Aeckern, am Deiche, am langen Wasser, in der Kiebitzdelle). [Fehlt auf den nord- und den westfriesischen Inseln; auf
dem Festlande moorige Stellen liebend.]

B. Stengel rechts-windend.

+ 13. **P. Convolvulus L.** — ⊙; selten über 1 m hoch.
Meist kurzhaarig. Laubblätter rundlich- bis länglich-eiförmig, zugespitzt, am Grunde herz- oder fast pfeilförmig. Blütenstiel
kürzer als das Perigon, nahe unter demselben gegliedert. Aeussere
Perigonblätter auf dem Rücken stumpf-gekielt oder sehr schmal

geflügelt, innere vertieft. Frucht glanzlos. — Juni—August.
Auf kultiviertem Boden in der Nähe der Ortschaften zerstreut.
[Ackerflora.]

**Fagopyrum esculentum Mönch**, der Buchweizen, wird zuweilen auf den grösseren Höfen angepflanzt und verwildert dann wohl in einzelnen Exemplaren.

## 18. Fam. Chenopodiaceae Ventenat, Gänsefussgew.

1. Stengel walzlich, fleischig, gegliedert. Laubblätter fehlen. Blütengruppen 3blütig, in die Stengelglieder eingesenkt. Blüten zwitterig. *3. Salicornia.*
1*. Stengel nicht gegliedert. Laubblätter vorhanden.
  2. Blüten ganz ohne Vorblätter, zwitterig. Perigon kelchartig. Keimling spiralig gewunden. Laubblätter ganz- oder halbcylindrisch.
    3. Laubblätter an der Spitze dornig. Perigon fünfblätterig, die Abschnitte dornig-zugespitzt, zur Reifezeit auf dem Rücken mehr oder weniger quer-geflügelt. *2. Salsola.*
    3*. Laubblätter an der Spitze nicht dornig. Perigon fünfteilig, die Abschnitte ungekielt. Frucht flach, von den niedergedrückten Perigonteilen bedeckt. *1. Suaeda.*
  2*. Zwitterblüten ohne Vorblätter, die weiblichen häufig ohne Perigon, aber mit zwei gegenständigen Deckblättern. Keimling ringförmig gebogen. Laubblätter nicht cylindrisch.
    4. Blüten zwitterig. Perigon nicht verhärtend, 5blätterig, ohne Anhängsel. Frucht niedergedrückt, von dem meist geschlossenen Perigon bedeckt. *4. Chenopodium.*
    4*. Blüten getrennten Geschlechts, männliche (und selten zwitterige) mit 5blätterigem Perigon und 3—5 Staubblättern, weibliche ohne Perigon, mit zwei flachen Vorblättern.
      5. Vorblätter mit der Frucht sich vergrössernd, mehr oder weniger zugespitzt. Samen mit krustiger Haut. *6. Atriplex.*
      5*. Vorblätter mit der Frucht sich vergrössernd, an der Spitze 2- oder 3lappig. Samen mit dünner Haut. *5. Obione.*

### 1. Suaeda Forskal, Schmalzmelde.

\* 1. **S. maritima DuMortier.** — ☉; 5—30 cm. Stengel aufrecht oder niederliegend, mehr oder weniger ästig. Laubblätter halb-cylindrisch, spitz. Blüten meist zu 3 blattwinkel-ständig, mit ungekielten Perigonteilen. — August, September. Auf den Aussenweiden häufig. [Salz- und Küstenflora.] — *Chenopodium L. Scho-*

*beria C. A. Meyer. Chenopodina Moquin-Tandon.* — Die Gliede-
rung dieser Art in Varietäten scheint mir am glücklichsten von
Dr. W. O. Focke vorgenommen worden zu sein, der (Abh. Nat.
Ver. Bremen, III, p. 313) unterscheidet: *var. flexilis*: zarter, meist
grün gefärbt, mit aufrechten Aesten, halbstielrunden Laubblättern
und kleineren Blüten, *var. prostrata*: derber, meist rot überlaufen,
mit niedergestreckten Aesten, unterseits flacher gewölbten, in der
Mitte etwas verbreiterten Laubblättern und grösseren Blüten.
Beide Formen kommen auf den Inseln vor, jedoch die erstere
weit seltener und nur an Stellen mit fruchtbarem Boden, während
sie an den Küsten des Festlandes weit häufiger ist, als *var.
prostrata.*

## 2. Salsola L., Salzkraut.

\* 2. **S. Kali L.** — ⊙; 20—50 cm. Stengel ausgebreitet-
ästig, kahl oder kurz-steifhaarig. Laubblätter wechselständig,
pfriemlich, mit breiter Basis, oben etwas flach, an der Spitze,
dornig. Blüten achselständig, einzeln, klein. Perigonblätter nach
der Blüte knorpelig-häutig, zugespitzt, zur Fruchtzeit auf dem
Rücken mit einem breiten horizontal-gestellten, häutigen, braun-
gestrahlten Flügel. — Juli—Herbst. Auf lockerem Sande, namentlich in den äusseren Dünen und den höheren Teilen des Aussen-
strandes, auch in den Ortschaften an den Wegen nicht selten.
[Sand- und Küstenflora.] Die Form des Strandes (*var. polysarca
G. F. W. Meyer*) hat genähert stehende Aeste, steife, kegelförmig-
cylindrische, stark-stachelspitzige Laubblätter; die in den Ortschaften wachsende (*var. tenuifolia G. F. W. Meyer*) ist schlaffer, mit
verlängerten Aesten und cylindrisch-pfriemlichen, weniger stark
stachelspitzigen Laubblättern (die im Binnenlande wachsende Pfl.
zeigt aber diese Kennzeichen in noch viel höherem Masse).

## 3. Salicornia Tourn., Glasschmalz.

\* 3. **S. herbacea L.** — ⊙; 5—35 cm. Stengel krautig,
stielrund, gegliedert, meist ästig. Laubblätter fehlend, an ihrer
Stelle nur kurze krautige, dem Stengel anliegende Scheiden.
Gesamtblütenstand ährig, zwei gegenständige Gruppen von je
drei Blüten in die Stengelglieder eingesenkt. Samen mit hakigen
Haaren besetzt. — September—November. Auf den Aussenweiden
und dem Wattstrande, der Flut besonders weit entgegengehend.
[Salz- und Küstenflora.] Die Pfl. kommt auf den Inseln in zwei
ausgezeichneten Rassen vor, zwischen denen auf den Inseln anscheinend gar keine, auf der Festlandsküste aber nicht ganz selten
Zwischenformen vorkommen. Es sind dies:

a) **S. patula Duval-Jouve.** Pfl. meist rötlich überlaufen.
Stengel aufrecht oder aufsteigend mit abstehenden Aesten.
Aehren kurz (meist 1—2 cm lang), stumpf, holperig-knotig.

Blütengruppen ein gleichschenklig-stumpfwinkligesDreieck bildend.
Mittelblüte abgerundet-stumpf. Samen fast 1 mm lang, unten mit
aufwärts; oben mit abwärts-gerichteten, an der Spitze hakigen
Haaren. Diese Pfl. ist auch an den Salinen des deutschen Binnenlandes verbreitet.

 b) **S. procumbens** Smith. Pfl. fast immer dunkelgrün.
Stengel aufrecht oder aufsteigend, seltener niederliegend; Aeste
aufsteigend, die längeren auch wohl niederliegend. Aehren lang
(3—8, ja sogar 9 cm), cylindrisch, oft verschmälert. Blütengruppen
ein gleichseitiges oder gleichschenklig-spitzwinkliges Dreieck bildend, die Mittelblüte von fast rhombischem Umrisse. Samen wie
bei voriger.

## 4. Chenopodium Tourn., Gänsefuss.

A. Laubblätter oberseits dunkelgrün, unterseits graugrün, stark
mehlig bestäubt*).

↑ oder ✚ 4. **C. glaucum L.** — ⊙; 10—40 cm. Stengel
grün und weiss gestreift. Laubblätter länglich, meist stumpf,
buchtig gezähnt, gestielt. Blüten in achselständigen oder endständigen unbeblätterten Scheinähren. Perigonabschnitte unge-
kielt. — Sommer—Herbst. Am Fusse von Dünen, sowie an stark
gedüngten Orten, selten: L (auf dem Ostende beim Gehöft, auf
der Weide und am Fusse der Dünen nicht selten), S (Wessel).
— [Auf den nordfriesischen Inseln sehr selten, auf den niederländischen fehlend; auf dem Festlande zerstreut.]

B. Laubblätter beiderseits ziemlich gleichfarbig, meist grün, bei
*C. album* stark mehlig-bestäubt (bei unseren Arten am Grunde
nicht herzförmig).

 1. Laubblätter glänzend. Samen glanzlos, rauh, gekielt-berandet.

✚ 5. **C. murale L.** — ⊙; 15—50 cm. Dunkelgrün. Meist
ausgebreitet ästig. Laubblätter eiförmig-rhombisch, am Grunde
keilförmig, spitz oder zugespitzt. Blütenstände ziemlich locker,
in abstehenden Rispen. — Sommer. Auf Erdwällen und Schutt,
an Mauern selten: Bo (im südlichen Teile des Dorfes), N (im
Dorfe). [Ruderalflora.]

 2. Laubblätter glänzend. Samen glatt, glänzend.

 C. urbicum L. — ⊙; 50—100 cm. Stengel steif aufrecht, meist nur am
Grunde ästig. Laubblätter glänzend, dreieckig, spitz, unten kurz-keilförmig.
Blütenstände geknäuelt, zu steif-aufrechten, dem Stengel angedrückten Scheinähren verbunden. Samen sämtlich wagerecht. — Sommer. Auf bebautem Lande,
früher auf Bo, hat sich jetzt verloren.

---

*) Laubblätter sämtlicher Arten der Inseln gezähnt oder buchtig-eckig.

+ oder ↑ 6. **C. rubrum L.** — ☉; 20—50 cm. Stengel meist rot-, seltener weiss-gestreift, aufrecht oder ausgebreitet, einfach oder ästig. Laubblätter eiförmig - rhombisch, am Grunde keilförmig, meist spitz, buchtig-gezähnt, oft fast spiessförmig-dreilappig. Blütenstände geknäuelt, in meist beblätterten Scheinähren. Samen der Mittelblüten wagerecht, die der übrigen aufrecht. — Sommer, Herbst. In der Nähe der Ortschaften zerstreut: *Bo* (bei der Schanze, Bandje-Dünen, bei den Häusern des Ostlandes), *J* (beim Loog und östlich vom Dorfe), *N* (spärlich), *L* (nach *Meyers Chloris;* später nicht wieder gefunden), *S*. [Ruderalflora, namentlich in der Marsch.]

3. Laubblätter glanzlos, meist grau-mehlig.

+ 7. **C. album L.** — ☉; 15—60 cm. Stengel ästig, meist aufrecht. Laubblätter eiförmig-rhombisch, etwa doppelt so lang als breit, meist gezähnt, öfter gelappt, die oberen schmaler. — Sommer, Herbst. Auf bebautem Boden häufig. [Ruderalflora.] Eine äusserst veränderliche Pflanze.

### 5. Obione Gärtner, Keilmelde.

* 8. **O. portulacoides Moquin - Tandon.** — ♃; Halbstrauchig, 30—80 cm. Stengel und Zweige aufsteigend. Laubblätter länglich-verkehrt-eiförmig, stumpf. Fruchtkelch ungestielt, dreilappig, weichstachelig. — Juli—September. An Gräben, welche der Ebbe und Flut zugänglich sind, selten: *Bo* (am Hopp), *J* (Wattkante zwischen Dorf und Loog); früher auf *W*. [Küstenflora.]

✳ 9. **O. pedunculata Moquin-Tandon.** — ☉; 5—20 cm. Grau-schülfrig. Stengel aufrecht, meist hin- und hergebogen und ästig. Untere Laubblätter umgekehrt-eiförmig, obere länglich, stumpf, ganzrandig, in den kurzen Blattstiel verschmälert. Fruchtkelch langgestielt, umgekehrt-dreieckig, stumpf-zweilappig (in der Ausrandung mit einem kurzen Zahne), an den Seiten ungestachelt. — August—Oktober. Im Rasen der höheren Teile der Aussenweiden gesellig. [Küstenflora.]

### 6. Atriplex Tourn., Melde.

A. Blüten getrennten Geschlechtes. Samen senkrecht.

1. Vorblätter der weiblichen Blüten nur an der Basis verwachsen und nur dort knorpelig.

α. Laubblätter linealisch oder linealisch-lanzettlich, ganzrandig oder scharf-gezähnt.

✳ 10. **A. litorale L.** — ☉; 30—80 cm. Stengel aufrecht. meist sehr ästig, fast verholzend. Laubblätter grün, seltener schwach schülfrig. Vorblätter zur Fruchtzeit rauten-eiförmig, gezähnt, auf dem Rücken höckerig. — Juli—September. Auf den Aussenweiden, in Vordünen und an gedüngten Stellen der Ortschaften zerstreut. [Ruderalflora.]

β. Untere Laubblätter eilanzettlich oder spiessförmig.

+ 11. **A. patulum L.** — ⊙; 30—90 cm. Stengel meist aufrecht und ästig, untere Aeste abstehend. Laubblätter lanzettlich, nur die untersten ei-spiessförmig und gezähnt. Vorblätter der Frucht spiess-rautenförmig, ganzrandig oder gezähnt. — Sommer, Herbst. Auf kultiviertem Boden, an Wegen, in den Ortschaften zertreut. [Ruderalflora.]

\* 12. **A. hastatum L.** — ⊙; 10—80 cm. Stengel ästig, ausgebreitet-niederliegend, seltener aufrecht. Untere Laubblätter oft gegenständig, dreieckig-spiessförmig, die oberen mit spiessförmigem Grunde lanzettlich, die obersten einfach-lanzettlich. Vorblätter der Frucht dreieckig, ganzrandig oder gezähnelt. — Sommer. Herbst. Auf Wiesen und Weiden, in den Dünenthälern, auf flachen Dünen und bebautem Boden häufig. [Ruderal- und Salzflora.] *Atriplex latifolium Wahlenberg.* Eine äusserst veränderliche Pflanze. — Namentlich häufig ist die durch stark-schülfrige Oberfläche ausgezeichnete *var. salinum Koch.*

2. Vorblätter (Hülle) der weiblichen Blüte von unten bis zur Mitte verwachsen und knorpelig verhärtet.

\* 13. **A. laciniatum L.** — ⊙; 20—50 cm. Ganze Pflanze dicht weissschülfrig. Stengel niederliegend oder aufsteigend. Laubblätter ei-spiessförmig, stumpf- und buchtig-gezähnt, zuweilen fast dreilappig, obere lanzettlich-spiessförmig. Männliche Blüten in endständigen Aehren, weibliche zu wenigen in den Blattwinkeln. Vorblätter der Frucht rhombisch-spiessförmig, gezähnt. — August, September. Auf Salzwiesen und Weiden in der Nähe der Ortschaften, selten und unbeständig: *Bo, N.* [An den Küsten und auf den Inseln zerstreut.]

B. Blüten weiblich und zwitterig, weibliche ohne Perigon, mit zwei anliegenden Vorblättern (Hülle) und senkrechten Samen, zwitterige mit Perigon und horizontalen Samen, ohne Vorblätter.

A. hortense L., die Gartenmelde, wird ab und an in Gärten gezogen und findet sich auf N vorwildert.

# 19. Fam. Scleranthaceae Link, Knäuelgew.

## 1. Scleranthus L., Knäuel.

\* **S. perennis L.** — ♃; 5—15 cm. Stengel kurzbehaart. Laubblätter linealisch-pfriemlich. Kelchblätter schmal-elliptisch,

abgerundet stumpf, mit breitem weissem Hautsaume, zur Fruchtzeit fast geschlossen. — Juni, Juli. Auf bewachsenen Dünen und
heidigen Plätzen zerstreut; (Ba?) [Auf den niederländischen,
den nordfriesischen Inseln und den festländischen Dünen viel
häufiger.]

**Das einjährige Ackerunkraut: S. annuus L.**, ist auf unseren Inseln bis jetzt
noch nirgends gefunden worden.

# 20. Fam. Alsinaceae DC., Mierengew.

1. Kelch und Krone vierzählig (bei einzelnen Exemplaren von
   *Sagina procumbens* auch fünfzählig).                 *1. Sagina.*
1*. Kelch und Krone fünfzählig.
   2. Griffel 3, selten 2.
     3. Kronblätter ungeteilt, höchstens etwas ausgerandet.
       4. Frucht dreiklappig.
         5. Samen wenig zahlreich, dick, birnförmig. Laubblätter
            eiförmig, dickfleischig, in vier ziemlich gedrängten
            Reihen.                              *4. Honckenya.*
         5*. Samen zahlreich, klein. Laubblätter pfriemlich, flei-
            schig, mit trockenhäutigen, hälftenweise verwachsenen
            Nebenblättern.                      *3. Spergularia.*
       4*. Frucht 6zähnig. Laubblätter nicht fleischig, eiförmig,
          ungestielt.                              *5. Arenaria.*
     3*. Kronblätter tief zweispaltig. Samen nierenförmig.
                                                  *6. Stellaria.*
   2*. Griffel 5.
     6. Kronblätter ungeteilt. Nebenblätter fehlend.
                                                 *1. Sagina nodosa.*
     6*. Kronblätter ungeteilt. Nebenblätter vorhanden.
                                                 *2. Spergula.*
     6**. Kronblätter etwa bis zur Mitte gespalten. Frucht cylin-
        drisch, mit 10 Zähnen aufspringend.        *7. Cerastium.*

## 1. Sagina L., Mastkraut.

\* 1. **S. procumbens L.** — ♃.; 2—5 cm. Kabl. Mittel-
trieb gestaucht, rosettig, seltener gestreckt und durch eine Blüte
abgeschlossen; Blütenzweige seitlich, niederliegend. Laubblätter
linealisch. Blütenstiele vor der Fruchtreife hakig gekrümmt.
Blütenteile meist vierzählig (selten auch fünfzählig). Kelchblätter
eirund, stumpf. Kronblätter weiss, kaum halb so lang als der
Kelch. — Mai bis September. An feuchten Stellen, auf Weiden
und in der Nähe der Ortschaften. [Häufig.] Eine kleine, oft kron-
blattlose Form ist als *var. maritima Nolte* unterschieden worden,
doch sehe ich keinen genügenden Grund zu ihrer Trennung.

\* 2. **S. maritima Don.** — ⊙; 1—5, selten 8 cm. Stengel aufrecht, meist vom Grunde an ästig, ohne centrale Blattrosette; Aeste aufrecht; Fruchtstiele aufrecht (nicht hakig übergebogen). Laubblätter linealisch, etwas fleischig, bisweilen gewimpert. Kelchblätter stumpf, kapuzenförmig. Kronblätter fehlend. — Juni, Juli. Auf sandigen Weiden (namentlich den Ameisenhaufen derselben), in Dünenthälern häufig. [An den europäischen Küsten weit verbreitet.] *S. stricta Fries.*

\* 3. **S. nodosa Ernst Meyer.** — ⚇; 5—15, selten bis 35 cm. Kahl oder (seltener) drüsig behaart. Stengel ausgebreitet oder aufstrebend. Untere Laubblätter linealisch-fadenförmig, kurzstachelspitzig, obere kurz, in ihrer Achsel einen Strauchtrieb mit dichtgedrängten Laubblättern tragend. Blütenstiele aufrecht. Blüten fünfgliederig. Kronblätter doppelt so lang als der Kelch. — Juli bis September. In den Dünenthälern, auf sandigen Aussenweiden nicht selten. [Häufig.] Die Form, bei welcher die gestauchten Laubtriebe kuglig geformt und rosenkranzartig an einander gereiht sind, ist von G. F. W. Meyer (Hannov. Magazin 1824, p. 169) als *var. moniliformis* beschrieben worden.

## 2. Spergula L., Spörk.

+ 4. **S. arvensis L.** — ⊙; 10—50 cm. Laubblätter scheinbar quirlig (in ihren Achseln Stauchzweige mit zahlreichen Laubblättern tragend), pfriemlich, oberseits gewölbt, unterseits von einer Furche durchzogen. Blütenstiele nach dem Verblühen zurückgeschlagen. Staubblätter meist 10. Samen kugelig-linsenförmig, fein warzig, sehr schmal-geflügelt. — Juni bis September. Auf Aeckern, in Gärten häufiges Unkraut. [Ackerflora.] Die *var. maxima Weihe* (in allen Teilen grösser) auf *Bo* und *N.*

## 3. Spergularia Presl., Schuppenmiere.

↑ 5. **S. campestris Ascherson.** — ⊙, ⊙ oder ⚇; 5—10 cm. Laubblätter linealisch, stachelspitzig, etwas fleischig, beiderseits flach. Nebenblätter eilanzettförmig, allmählich langzugespitzt, nur an der Basis etwas verwachsen. Blütenstiele und Kelch drüsig-behaart. Kronblätter rosenrot, fast so lang als die Kelchblätter. Frucht so lang als der Kelch. Samen fast dreieckig, ungeflügelt, warzig punktiert. — Mai—September. Auf Sandboden, an Wegen und Deichen: *Fo* (namentlich bei Upholm und am Deiche), *N.* [Häufig.] *S. rubra Presl.*

\* 6. **S. salina Presl.** — ⊙ und ⊙⊙; 10—20 cm. Laubblätter stumpflich, fleischig, beiderseits gewölbt. Blütenstiele und Kelch meist drüsig-behaart. Kronblätter blass rosenrot. Frucht wenig länger als der Kelch. Samen sämtlich ungeflügelt. — Juni—September. Auf den Aussenweiden und in Dünenthälern häufig. [Salz- und Küstenflora.]

⁕ 7. **S. marginata Kittel.** — ♃ ; 15—30 cm. Pfl. in allen Teilen bemerklich grösser. Blütenstiele und Kelch meist drüsig-behaart. Kronblätter blass rosenrot. Frucht doppelt so lang als der Kelch. Samen sämtlich oder teilweise weiss geflügelt, seltener ungeflügelt. — Mai—September. Auf den Aussenweiden, meist seltener als die vorige, auf *Bo, J* und *L* aber vielfach häufiger. [Küstenflora.] In den meisten Fällen sind die vorstehend charakterisierten beiden Arten leicht von einander zu unterscheiden, doch finden sich auch Pfl. (Bastarde?), welche in dem einen oder andern Kennzeichen die Mitte halten, z. B.: solche, welche man im übrigen für *S. marginata* halten muss, deren Früchte aber den Kelch nur wenig überragen, oder deren Samen ungeflügelt sind. Aus diesem Grunde sind beide von Marsson als eine Art betrachtet und unter dem Namen *S. halophila* beschrieben worden.

### 4. Honckenya Ehrhart, Honckenya.

⁕ 8. **H. peploides Ehrhart.** — ♃ ; 0,10—0,30. (Gelbgrün. Stengel niederliegend oder mehr oder weniger im Sande verborgen, vielästig. Laubblätter ungestielt, eiförmig, spitz, kahl, fleischig. Kronblätter verkehrt-eiförmig, etwas kürzer als der Kelch, gelblich·weiss. — Mai—Juli. Im losen Sande auf dem Strande und am äusseren Fusse der Dünen nicht selten, seltener in den Dünenthälern. [Eine weit verbreitete Küstenpflanze.] *Halianthus peploides Fries.*

### 5. Arenaria L., Sandkraut.

⁕ 9. **A. serpyllifolia L.** — ☉ und ☉; 5—10 cm. Stengel aufrecht, sehr ästig. Laubblätter ungestielt, eiförmig, zugespitzt. Blüten zahlreich, gestielt, die unteren in den Gabelteilungen des Stengels, die oberen in lockern Trugdolden. Kelchblätter eiförmig. Kronblätter weiss. — Mai—September. Auf Dünen, in und bei den Ortschaften. [Häufig.]

### 6. Stellaria L., Sternmiere.

(Blütenstiele bei unseren Arten nach oben gleichbreit; Kelch und Fruchtknoten unten abgerundet.)

A. Stengel stielrund; wenigstens die unteren Laubblätter gestielt.

+ 10. **S. media Cirillo.** — ☉ und ☉; 5—40 cm. Stengel meistens niederliegend oder aufstrebend, einreihig behaart. Laubblätter eiförmig, zugespitzt, öfter etwas fleischig. Kronblätter nicht länger als der Kelch, zuweilen fehlend. Staubblätter meist 3 (bis 10). — Fast das ganze Jahr über blühend. Auf bebautem Boden gemein. [Ruderalflora.]

B. Stengel kantig; alle Laubblätter ungestielt.

† 11. **S. glauca Withering.** — ♃: 20—40 cm. Laubblätter linealisch oder schmal linealisch-lanzettlich, spitz, kahl. Deckblätter trockenhäutig, am Rande ungewimpert. Kronblätter fast bis zum Grunde geteilt, etwa 1½mal so lang als die Kelchblätter; diese deutlich dreinervig. — Juni—August. Auf feuchten Wiesen, in Gräben und Dünenthälern: *Bo* (Kiebitzdelle, Binnenwiese), *N* (bei der Schanze, Lampe). [Sylt, Föhr; Texel, Ameland; in Nordwestdeutschland häufig.]

\* 12. **S. graminea L.** — ♃; 15—45 cm. Laubblätter schmal-lanzettlich, am Grunde etwas gewimpert (seltener kahl). Kronblätter fast bis zum Grunde geteilt, fast so lang oder etwas länger als die dreinervigen Kelchblätter. — Juni—August. Auf Wiesen, feuchten Aeckern und in Dünenthälern häufig; *(Ba?)*. [Häufig.]

**S. Holostea L.** (Blüten gross; Kronblätter doppelt so lang als der Kelch) *N*, an einer Stelle der ältesten Gebüschanpflanzungen eingeschleppt.

## 7. Cerastium L., Hornkraut.

\* 13. **C. semidecandrum L.** — ☉; 4—10, selten 15 cm hoch. Drüsig-behaart, aufrecht, grün oder gelbgrün gefärbt. Laubblätter länglich oder eiförmig, untere wenig in den Blattstiel verschmälert. Blütenstand gedrängt. Deckblätter (wenigstens die oberen) an der Spitze trockenhäutig, kahl. Fruchtstiele zurückgeschlagen, 2—3mal so lang als die ganzrandigen oder gezähnelten Kelchblätter. Blüten fast immer fünfgliedrig. Kronblätter ungeteilt oder kurz zweilappig. Staubblätter meist 5 (seltener bis 10). Samen punktiert. — März—Mai. An sandigen Stellen, auf den Dünen und in den Dünenthälern sehr häufig. [Häufig.]

\* 14. **C. tetrandrum Curtis.** — ☉; 4—10 cm. Sehr stark drüsig behaart. Stengel aufrecht, meist höher als bei *semidecandrum*, gewöhnlich rot überlaufen. Laubblätter wie bei *semidecandrum*. Blütenstand lockerer als bei ihm. Blütenstiele nicht immer zurückgebrochen. Deckblätter laubig, grösser als bei *semidecandrum*, vom Aste abstehend. Blüten etwas grösser als bei *semidecandrum*, meist viergliedrig (einzelne Organkreise, namentlich der Kreis der Fruchtblätter zuweilen fünfgliedrig). Kronblätter bis etwa ⅓ der Länge eingeschnitten. Staubblätter 4 (selten bis 8). Samen wie bei *C. semidecandrum*. — April—Juni. In den Thälern der äusseren Dünen und an den Rinnsalen der Hochfluten häufig. [Auch auf den westfriesischen und nordfriesischen Inseln.]

\* 15. **C. triviale Link.** — ☉, ☉ und ♃; 10—30 cm. Abstehend behaart, meist ohne Drüsen. Stengel aufsteigend, an den Gelenken wurzelnd, seitliche niederliegend, nicht blühend.

Laubblätter länglich, untere in den Blütenstiel verschmälert. Deckblätter (wenigstens die oberen) an der Spitze trockenhäutig, kahl. Blüten fünfgliedrig, noch grösser als bei *C. tetrandrum*. Staubblätter 10. Fruchtstiele meist gebogen, 2—3 mal so lang als die ganzrandigen Kelchblätter. Samen mit spitzen Knötchen besetzt. — Sommer. Auf Grasplätzen, Weiden und Dämmen, an Abhängen der Dünen und in Dünenthälern häufig. [Häufig.]

C. glomeratum Thuillier (gelbgrün; Laubblätter rundlich- oder länglich-eiförmig. Deckblätter und Kelchblätter ganz krautig; Fr.stiele kurz) fand sich in einzelnen verschleppten Exemplaren auf den Westdünen von Borkum.

C. arvense L. (Kronblätter doppelt so lang als der Kelch), *N*, beim Dorfe am Wattstrande eingeschleppt.

# 21. Fam. Silenaceae DC., Taubenkropfgew.

1. Drei Griffel.   Frucht mit sechs Zähnen oder Klappen aufspringend.   *1. Silene.*

1\*. Fünf Griffel.

   2. Kronblätter tief vierspaltig. Frucht fünfzähnig. Zähne vor den Kelchblättern stehend.   *2. Coronaria.*

   2\*. Kronblätter zweispaltig. Frucht zehnzähnig.   *3. Melandryum.*

## 1. Silene L., Taubenkropf.

\* 1. **S. Otites Smith.** — ♃.; 30—60 cm. Stengel aufrecht, unten flaumhaarig, oben kahl.   Untere Laubblätter spatelförmig, bespitzt, obere linealisch.   Blütenstand rispig, dicht gedrängt, wiederholt-dreiteilige, scheinquirlige Trugdolden tragend. Kelch röhrig-glockig, zehnstreifig, mit kurzen stumpflichen Zähnen. Kronblätter ungeteilt, am Grunde ohne Schuppen, linealisch, grünlich. Blüten zwitterig oder getrennten Geschlechtes, oft zweihäusig. — Mai—August.   Auf niedrigen Dünen, Grasplätzen und Erdumwallungen der westlichen Inseln: *Bo* (anscheinend nur auf dem Westlande, besonders in der Nähe des Ortes), *J* (an manchen Stellen sehr häufig), *N* (spärlich), *Ba* (auf dem Sandrücken, der sich zwischen West- und Ostdorf südwärts auf die Weide erstreckt). [Fehlt auf der Geest; in Ostdeutschland häufig. Auf den holländischen Dünen mehrfach.]

Silene gallica L., auf *N* und *W* einmal gefunden, ist als eine lediglich zufällige Einschleppung zu betrachten.

S. noctiflora L. *Bo*, 1894 zahlreich auf einem Acker in der Kiebitzdelle unweit der Wasserstation (F. Wirtgen).

## 2. Coronaria L., Kronrade.

↑ und + 2. **C. flos cuculi Alex. Braun.** — ♃; 25—50 cm. Stengel mit einzelstehenden, rückwärts angedrückten Haaren. Untere Laubblätter spatelig, obere linealisch-lanzettlich. Kron-

blätter rosenrot, selten weiss. — Mai bis August. Auf Wiesen.
(namentlich Kunstwiesen), an moorigen Stellen und in Dünenthälern hier und da. [Häufig.]

### 3. Melandryum Röhling, Lichtnelke.

+ 3. **M. album Garcke.** — ☉ und ☉☉; 30—80 cm.
Pfl. kurz-zottig, oben drüsig. Laubblätter eilanzettlich oder lanzettlich, allmählich zugespitzt. Zähne der harten Frucht gerade vorgestreckt. Blüten zweihäusig, weiss, während der Nacht geöffnet,
wohlriechend. — Sommer. In der Nähe von Ortschaften auf Umwallungen, in Grasgärten zerstreut. [Ruderalflora.]

**M. rubrum Garcke;** J, zuweilen verschleppt (Otto Leege).

**Agrostemma Githago** L. Lo: 1881 auf einem Gerstenacker (Joh. Dreier).

**Vaccaria segetalis** Garcke: Bo, 1881 ein Exemplar auf einem Gerstenacker
(Joh. Dreier).

## 22. Fam. Ranunculaceae Juss., Hahnen-fussgewächse.

### (Blüten aller auf den Inseln vorkommenden Arten actinomorph.)

1. Kelch und Krone deutlich von einander verschieden. Kronblätter an der Basis mit einer Honiggrube. Frucht einsamig.
   2. Kronblätter langgestielt, schmal. Pistille zahlreich, einem
      langgestreckten Blütenboden eingefügt. Laubblätter grund-
      ständig, linealisch. *2. Myosurus.*
   2*. Kronblätter ungestielt oder ganz kurz-gestielt, eiförmig oder
      rundlich.
      3. Honiggrube meist (nicht bei *R. sceleratus*) mit einer Deck-
         schuppe. Kronblätter gelb, innen glänzend.
         *3. Ranunculus.*
      3*. Honiggrube unbedeckt. Kronblätter weiss mit gelbem
         Nagel. Früchtchen querrunzelig. (Im Wasser flutende
         oder auf Schlamm kriechende Gewächse.) *4. Batrachium.*
1*. Blüten mit einem kronartig-gefärbten Perigon (Kelch und
   Krone also nicht deutlich von einander verschieden).
   4. Laubblätter nieren- oder herzförmig. Perigonblätter breit,
      dottergelb. Frucht mehrsamig. *5. Caltha.*
   4*. Laubblätter gefiedert. Perigonblätter schmal, gelblichweiss.
      Frucht einsamig. *1. Thalictrum.*

### 1. Thalictrum Tourn., Wiesenraute.

↑ 1. **T. flavum L.** — ⚄; 30 cm. (?) Grundachse kriechend,
lange, gelbe. mit Schuppenblättern besetzte Ausläufer bildend,
welche sich an der Spitze zum Stengel aufrichten. Stengel auf-

recht, stark gefurcht. Laubblätter gefiedert; Blättchen eiförmig,
keilig oder unten abgestutzt, 3—5lappig oder spaltig, die obern
schmäler. Blütenstand (s. u.) dicht gedrängt, wiederholt rispig,
fast ebensträussig. Blüten gelblich, aufrecht. — Juni, Juli. — Wiesen.
Bisher nur auf einer kleinen Stelle auf Bo am oberen Rande der
Binnenwiese, nahe bei Upholm. [Marschflora.] — Die dort vor der
Blütezeit im Juni 1876 gesammelten und im Garten zur Blüte
gebrachten Exemplare erreichten nur eine Höhe von 30 cm und
besassen nur etwa 12 Blüten. Zur Blütezeit konnte ich sie an
Ort und Stelle noch nicht beobachten.

&ast; 2. **T. minus L.** — $2_|$; 25—40 cm. Graugrün. Grund-
achse kriechend, gelbe, mässig lange, mit Schuppenblättern besetzte Ausläufer bildend, welche sich an der Spitze zum Stengel
aufrichten. Stengel kantig-gestreift. Laubblätter mehrfach gefiedert; Blättchen klein, rundlich, an der Spitze eingeschnitten,
kahl, unterseits grau. Blütenstand wiederholt rispig, sehr locker,
mit starren, fast rechtwinkelig abstehenden Zweigen. Blüten
grünlich, hängend. — Juni—August. — Auf den inneren Dünen
und an grasigen Stellen zerstreut: Bo, J (Bill), N (spärlich), L, S
(spärlich). [Auch auf den belgischen und holländischen Dünen,
nicht auf den nordfriesischen Inseln und dem nordwestdeutschen
Festlande. Kalkliebend.] B. Du Mortier hat diese Pflanze (Bouquet, p. 44) als neue Art: *T. dunense* beschrieben und: *rhizomate
turioniformi, caule erecto, geniculato, ramis divaricatis, foliis pubes-
centi-glandulosis, inferne cinereis, nucellis 8-costatis* charakterisiert;
indessen sind diese Kennzeichen wenig zuverlässig, und vermag
ich die Pfl. nur als eine *var.* von *T. minus* anzusehen.

## 2. Myosurus L., Mäuseschwanz.

+ 3. **M. minimus L.** — ⊙ (oder ⊙ ?); 5—10 cm. Stengel
unverzweigt, einblütig, nur an der Basis mit Laubblättern besetzt,
aus deren Achseln Seitenstengel entspringen. Kelchblätter zuletzt
zurückgeschlagen. Kronblätter blass-gelb. Staubblätter oft fünf-
— Mai—Juli. Auf Aeckern und Gemüsebeeten selten: J (Kier-
flaktstunen an einem Walle), N, L (Westende, auf Gemüsefeldern
spärlich), S (Gemüsebeete östlich der Schule). [Geestflora.]

## 3. Ranunculus L., Hahnenfuss.

### A. Laubblätter ungeteilt.

&ast; 4. **R. flammula L.** — $2_|$; 10—40 cm. Stengel ohne
unterirdische Ausläufer, aufrecht, aufsteigend oder niederliegend; untere Laubblätter eiförmig, die höheren elliptisch, lanzettlich oder linealisch-lanzettlich. Blütenstiele gefurcht. Frücht-

chen mit kurzem Spitzchen. — Juni bis September. — Feuchte Stellen der Dünenthäler, Grabenränder und Sümpfe sämtlicher Inseln. [Allgemein verbreitet.] — Vorzugsweise kleine, niederliegende oder aufstrebende Formen mit schmalen Laubblättern.

**R. Ficaria L.** massenhaft im Gehölze auf *N*, mit dem Pflanzenmateriale eingeschleppt.

B. (s. auch C.) Laubblätter gelappt oder tief-geteilt: Früchtchen glatt.

a. Blütenstiele nicht gefurcht.

$\uparrow$ oder + 5. **R. acer L.** — $\mathcal{Q}$| ; 30—60 cm. Grundachse schiefaufsteigend, ohne Ausläufer. Stengel aufrecht, angedrückt-behaart. Laubblätter handförmig geteilt; Lappen fast rauten-förmig, eingeschnitten-gezähnt. Früchtchen linsenförmig, kahl, mit kurzem. wenig gekrümmtem Schnabel. — Mai bis August. Wiesen, Dünenthäler, grasige Ackerränder und Gehölze, meist nicht selten; auf *Ba* nicht gesehen.

b. Blütenstiele gefurcht.

$*$ (oder +) 6. **R. repens L.** — $\mathcal{Q}$| ; 15—45 cm. Stengel aufrecht, aus den Achseln der unteren grundständigen Laubblätter Stockknospen. aus denen der oberen oberirdische, niedergestreckte. sich bewurzelnde Ausläufer treibend. Haare der Blütenstiele angedrückt, sonst veränderlich. Laubblätter dreizählig oder doppelt-dreizählig. Kelchblätter abstehend. Früchtchen eingedrückt-punktiert mit schwach gekrümmtem Schnabel; Fruchtboden borstig. — Mai bis August. Auf Wiesen, Feldern und begrasten Stellen nicht selten. [Nicht selten.]

+ 7. **R. bulbosus L.** — $\mathcal{Q}$| ; 15—30 cm. Stengel aufrecht. ohne Ausläufer, am Grunde knollig verdickt, unterwärts nebst den Blattstielen abstehend-, oberwärts anliegend-behaart. Laubblätter einfach- oder doppelt-dreiteilig. mit länger gestieltem Mittel-blättchen, mit vorne eingeschnittenen Zipfeln. Blüten mittelgross. Kelchblätter zurückgeschlagen. Kronblätter goldgelb. Früchtchen flachlinsenförmig, berandet, mit kurzem, zurückgekrümmtem Schnabel. — Mai, Juni. Trockene Grasplätze und Raine: *Ba*. an mehreren Stellen des Westdorfes in Menge. [Geestflora.]

C. Laubblätter geteilt. Früchtchen runzelig oder höckerig.

$\uparrow$ 8. **R. sardous Crantz.** — $\odot$ und $\odot$; 15—40 cm. Meist zottig behaart. Stengel aufrecht. Laubblätter dreizählig oder drei-teilig. Blütenstiele gefurcht. Kelch zurückgeschlagen. Frücht-chen linsenförmig-zusammengedrückt, am Rande mit einer Reihe von Knötchen besetzt, mit sehr kurzem Schnabel. — Juni bis September. Auf Grasplätzen, selten: *Bo*, im Orte selbst und auf

der Binnenwiese mehrfach, *N*, spärlich auf der Wiese am Wattstrande. [Geest- und Marschflora, nicht selten.]

    **R. acer × sardous,** 1860 ein Exemplar auf *Bo* in einem Dünenthale beim
langen Wasser.

↑ **9. R. sceleratus L.** — ⊙; 10—40 cm. Stengel aufrecht,
hohl, stark ästig, meist kahl. Laubblätter glänzend, etwas
fleischig, handförmig-dreiteilig, mit keiligen, eingeschnitten-
gekerbten Teilen. Blütenstiele stumpfkantig. Kelch zurückgeschlagen.
Kronblätter citronengelb. Früchtchen zahlreich, klein, mit schwachen
Querrunzeln. — Sommer, Herbst. An Gräben der Wiesen: *Bo.
J, N, L, W.* [Häufig.]

### 4. Batrachium Gray, Froschkraut.

A. Blütenachse ei-kegelförmig, mit zahlreichen schwachen Borsten
    besetzt.

    ✻ **10. B. Baudotii van den Bosch.** — ⚥ ; 15—80 cm.
Freudiggrün. Stengel kräftig, rund, hohl, verzweigt, mit mässig
langen Gliedern. Blattscheide ziemlich gross, stark geöhrt, weit
mit dem Blattstiele verwachsen. Untergetauchte Laubblätter
meist ungestielt, wiederholt dreispaltig, zuletzt zweispaltig; Zipfel
haarfein, nach allen Richtungen abstehend, etwas steif, ausserhalb
des Wassers meist nicht zusammenfallend; schwimmende Laubblätter lang gestielt, kreis- oder schwach nierenförmig, meist dreispaltig oder dreiteilig, mit dreieckig-keiligen, dreispaltigen, oft
schmalen Zipfeln. Blütenstiele gewöhnlich bedeutend länger als
die Blätter, dick, oben verjüngt. Blüten ziemlich gross. Kronblätter umgekehrt-breiteiförmig, doppelt so lang als die Kelchblätter, weiss mit gelbem Grunde und ringsum-gerandeter Honiggrube. Staubblätter zahlreich, kürzer als die Pistille. Früchtchen zahlreich, dicht-gedrängt, nahezu halbkreisförmig, kahl;
Innenrand ziemlich gerade, direkt in die kurze, den Oberrand
nicht überragende Spitze endigend. — Sommer. In süssen und
brackischen Gewässern, an Viehtränken, auf feuchtem Sand und
Schlamm, hie und da: *Bo, J. N, L.* [In den Küstengegenden
häufig.]

B. Blütenachse halbkugelig, mit zahlreichen, langen, starren Borsten
    besetzt.

    ✻ **11. B. Petiveri van den Bosch.** — ⚥ ; 10—30, selten
50 cm. Gelbgrün. Stengel zart, stumpfkantig, wenig verzweigt,
oft kurzgliedrig, kahl. Laubblätter meist zweigestaltig, alle gestielt, die untergetauchten mit linealischen, starren Zipfeln, die
schwimmenden langgestielt, am Grunde gestutzt oder fast schildförmig, dreispaltig oder selbst dreiteilig, oben gekerbt. Blattscheiden klein, auf ²/₃ ihrer Länge mit dem Blattstiele verwachsen,

schwach behaart. Blütenstiele 1,5 bis 3 cm lang, meist etwas länger als die benachbarten Blätter, nach oben nicht oder schwach verjüngt. Blüten mittelgross bis klein (15 bis 8 mm). Kronblätter hinfällig, umgekehrt schmaleiförmig, doppelt so lang als die Kelchblätter, mit rundlicher, unten umrandeter Honiggrube. Früchtchen wenig zahlreich, nahezu halb-kreisförmig mit gerader Innenseite, auf dem Rücken starkborstig. — Sommer. Im Wasser und auf feuchtem Sande; seltener als *B. Baudotii*: *Bo J, N, L*. [In den Küstengegenden selten.]

Diese Pflanzen tauchen bei der Veränderlichkeit ihrer Standorte bald hier, bald da auf; sie werden gewiss auch häufig durch Wasservögel verschleppt. Bei der Häufigkeit von *B. trichophyllum* und *aquatile* in den Küstengegenden ist zu erwarten, dass auch diese nach den Inseln werden eingeschleppt werden. Ich teile daher ihre wichtigsten Merkmale mit:

**B. trichophyllum** van den Bosch. Dunkelgrün. Laubblätter alle untergetaucht, in haarfeine, ausserhalb des Wassers nicht zusammenfallende Zipfel geteilt. Blütenstiele meist nicht länger als die Blätter. Blüte klein bis mittelgross (10—15 mm); Blütenachse meist länglich. Kronblätter umgekehrt schmaleiförmig; Honiggrube nur unten berandet. Früchtchen borstig.

**B. aquatile** Ernst Meyer. Freudiggrasgrün. Blätter fast stets von zweierlei Art, die untergetauchten in haarfeine, ausserhalb des Wassers zusammenfallende Zipfel geteilt, die schwimmenden kreis- oder nierenförmig, 3- oder 5-spaltig. Blütenstiele lang, oben etwas verjüngt. Blüten gross (20—25 mm), Blütenachse kuglig, besonders stark borstig. Kronblätter umgekehrt breit-eiförmig. Honiggrube oval, ringsum berandet. Früchtchen mit einigen Borsten. Eine hierher gehörige oder als *B. aquatile* × *Petiveri* anzusehende Pflanze fand ich im Juni 1895 in der Viehtränke der Melkhören auf Langeoog.

### 5. Caltha L., Dotterblume.

↑ 12. **C. palustris L.**, Sumpfdotterblume. — ♃.; 15—40 cm. Grundachse kräftig, schief, ohne Ausläufer. Stengel aufsteigend, kahl, mit mehreren grundständigen, lang gestielten, glänzenden und 2—3 stengelständigen, ungestielten Laubblättern. Blüten wenige, ansehnlich, dottergelb, mit 5 oder mehr Perigonblättern. — Mai, Juni, nicht selten nochmals im Herbste. Sumpfige Stellen: *Bo*, in der Kiebitzdelle. [Föhr; in den Niederlanden und dem nordwestlichen Deutschland sehr häufig.]

**Anemone nemorosa** L., 1886 im Dünenthale Hall-Ohms-Glopp auf Juist von Herrn Otto Leege angepflanzt, gedeiht dort recht gut.

# 23. Fam. Papaveraceae DC., Mohngewächse.

## 1. Papaver Tourn., Mohn.

+ 1. **P. Argemone L.** — ☉ und ☉; 15—30 cm. Stengel anliegend-steifhaarig. Kronblätter rot, an der Basis mit schwarzem Fleck. Staubfäden oberwärts verbreitert. Frucht verlängert-keulenförmig, mit abstehenden Borsten besetzt. Narbe 4—5-

strahlig. — Juni, Juli. Aecker und sandige Stellen: *Bo, J, S.*
[Geestflora.]

+ 2. **P. dubium L.** — ☉ und ☉; 15—50 cm. Stengel unten
abstehend, oben anliegend behaart. Kronblätter wie bei *P. Arge-*
*mone.* Staubfäden pfriemlich. Frucht länglich-verkehrt-eiförmig,
kahl: Narbe 4—9 strahlig. — Juni, Juli. Raine, Gemüsefelder,
sandige Stellen, regelmässig auf Juist und Spiekerooge, sonst
einzeln. [Geest und Marsch.]

P. Rhoeas L.; einzeln verschleppt.

P. somniferum L., der Schlafmohn, wird öfters in Gärten gezogen und
verwildert einzeln daraus.

Fumaria officinalis L., einzeln verschleppt.

# 24. Fam. Cruciferae DC., Kreuzblütler.

1. Frucht schötchenförmig, durch eine Querwand in zwei über
einander stehende einsamige Fächer geteilt, von denen meist
das eine, vorzugsweise das untere, taub wird, und welche sich
bei der Reife trennen; beide Glieder zusammengedrückt, das
obere dolchförmig. Krone violett, rötlich oder weiss.
*13. Cakile.*

1*. Frucht schotenförmig, langgeschnäbelt, zur Reifezeit mehr
oder weniger perlschnurförmig, scheinbar einfächerig; Scheidewand sehr dünn, gegen die dicken Wandungen sehr zurück-
tretend, undeutlich, oft durchlöchert.    *14. Raphanus.*

1**. Frucht durch eine Längsscheidewand in zwei Fächer geteilt,
mit zwei abspringenden Klappen.

  2. Frucht schotenförmig, etwa vier mal so lang als breit und
darüber.

    3. Kronblätter weiss, rötlich oder violett.

      4. Samen in jedem Fache einreihig (d. i. an den beiden
Kanten befestigt, aber dabei so zwischen einander geschoben, dass sie nur eine senkrechte Reihe bilden).

        5. Frucht im Querschnitte rundlich, ohne Rippen. Laub-
blätter gefiedert oder fiederspaltig.   *2. Cardamine.*

        5*. Frucht schwach-vierkantig. Scheidewand dem kleinen
Durchmesser der Frucht entsprechend. Laubblätter
ungefiedert, gezähnt.   *4. Stenophragma.*

      4*. Samen in jedem Fache mehr oder weniger zweireihig.
Frucht abstehend; Klappen ohne Rippe.
*1. Nasturtium officinale.*

    3*. Kronblätter gelb oder gelblichweiss.

      6. Samen in jedem Fache einreihig.

        7. Frucht ungeschnabelt oder kurzgeschnabelt.

8. Querschnitt der Frucht rundlich. Klappen dreinervig Kelch abstehend. Samen länglich. Laubblätter schrotsägeförmig oder gefiedert. *3. Sisymbrium.*

8*. Querschnitt der Frucht vierkantig. Samen eiförmig. Laubblätter unzerteilt, ganzrandig oder gezähnt. *5. Erysimum.*

7*. Frucht geschnabelt; Samen kugelig.

9. Schnabel fast stielrund. Klappen vielnervig oder netzaderig. *6. Brassica.*

9*. Schnabel der Frucht zusammengedrückt. Klappen 3 bis 5 nervig. *7. Sinapis.*

6*. Samen in jedem Fruchtfache mehr oder weniger zweireihig. *1. Nasturtium spec.*

2*. Frucht schötchenförmig, höchstens dreimal so lang als breit.

10. Kronblätter weiss oder rötlich.

11. Laubblätter nur in einer grundständigen Rosette.

12. Laubblätter ungeteilt, gezähnt. Frucht oval-länglich. *8. Draba.*

12*. Laubblätter leierförmig-fiederspaltig. Frucht verkehrteiförmig, ausgerandet. *9. Teesdalea.*

11*. Stengel beblättert, zuweilen (bei *Capsella* und *Cochlearia*) auch mit einer Rosette am Grunde.

13. Scheidewand der Frucht schmal (Frucht also von der Seite her zusammengedrückt).

14. Fächer zwei- bis mehrsamig. Frucht umgekehrt-dreieckig. Untere Laubblätter meist fiederteilig. *12. Capsella.*

14*. Fächer einsamig. Frucht rund; Klappen gekielt. (Blüten oft mit 2 Staubblättern!). *11. Lepidium.*

13*. Scheidewand der Frucht breit. Frucht rundlich (bei *C. anglica* so stark gedunsen, dass die Scheidewand den kleineren Durchmesser der Frucht bildet). *10. Cochlearia.*

10*. Kronblätter gelb. Frucht wenig zusammengedrückt, elliptisch, länglich (bis schotenförmig). *1. Nasturtium.*

## 1. Nasturtium Rob. Brown, Brunnenkresse.

### A. Kronblätter weiss.

↑ 1. **N. officinale Rob. Brown.** — ♃; 15—40 cm. Laubblätter gefiedert, die Seitenblättchen ungestielt, elliptisch, das Endblättchen gestielt, breiteiförmig. Samen deutlich grubig-netzig. — Mai—September. Wiesengräben: *Bo* (häufig, aber wegen starker Abweidung selten zur Blüte gelangend). [In Gewässern zerstreut.

## B. Kronblätter gelb.

↑ **2. N. amphibium Rob. Brown.** — ♃; 30—80 cm.
Stengel am Grunde wurzelnd und kriechend. Laubblätter ungeteilt
oder fiederspaltig, gezähnt. Kronblätter länger als der Kelch.
Frucht schötchenförmig, eiförmig oder schmal-elliptisch, 2—4mal
so lang als der Griffel; Stiel 2—3mal so lang als die Frucht.
Samen grubig-netzig. — Mai bis August. An Grabenrändern und
auf feuchtem Boden: *Bo*, beim Dorfe und auf dem Ostlande; *S.*
(Koch und Brenneke). [Geestflora.]

↑ **3. N. palustre DC.** — ♃; 15—50 cm. Laubblätter fiederspaltig, meist mit eiförmigen Zipfeln. Kronblätter hellgelb, so
lang als der Kelch. Frucht länglich, gedunsen, etwa so lang als
ihr Stiel; Griffel sehr kurz. Samen mit vertieftem Maschennetz.
— Sommer. An Gräben und feuchten Orten sehr zerstreut.
[Geest- und Marschflora.]

*N. silvestre* Rob. Brown (dem *N. palustre* ähnlich, aber Kronblätter hochgelb, länger als der Kelch; Frucht linealisch; Samen grubig-netzig) gehört der
Inselflora nicht regelmässig an.

## 2. Cardamine L., Schaumkraut.

* oder ↑ **4. C. pratensis L.** — ♃.; 20—60 cm. Grundachse senkrecht oder schief. Stengel hohl. Laubblätter gefiedert, die Blättchen der grundständigen rundlich, die der stengelständigen linealisch. Kronblätter verkehrt-eiförmig, dreimal so lang als der Kelch
und doppelt so lang als die Staubblätter. Griffel länger als die
Breite der Frucht. — April, Mai. Auf Wiesen (namentlich Kunstwiesen) und in grasigen Dünenthälern zerstreut, aber gesellig.
[Häufig.]

* **5. C. hirsuta L.** — ⊙, ⊙, ⊙—⊙ (oder selbst ♃?); 10—40 cm.
Stengel hohl, mit Blattrosette. Laubblätter gefiedert (zuweilen
unterbrochen-gefiedert), mit eiförmigen, lanzettlichen oder linealischen Fiedern. Kronblätter höchstens doppelt so lang als der
Kelch, schmal. Früchte auf abstehenden Stielen aufrecht. Griffel
so lang (seltener kürzer) als die Frucht breit ist. — Mai, Juni.
Auf Vordünen, Weiden, Brachäckern und an Grabenrändern auf
Juist häufig; *var. multicaulis Hoppe.* [Auch auf den niederländischen Dünen; auf dem Festlande zerstreut.]

## 3. Sisymbrium L., Raukensenf.

+ **6. S. officinale Scopoli.** — ⊙ und ⊙; 30—60 cm.
Laubblätter schrotsäge-fiederspaltig mit grossem Endzipfel und
2—3 Paaren Seitenzipfeln, geschweift-gezähnt. Kronblätter gelb,
etwa anderthalb mal so lang als der Kelch. Frucht nach der
Spitze verschmälert, kurzgestielt, dem Stengel angedrückt. —

Mai bis Herbst. Auf Schutt, an Dorfwegen hie und da, zuweilen in den Dünen; die kahle Form : var. *leiocarpum DC.* [Ruderalflora.]

+ 7. **S. Sophia L.** — ☉ und ☽; 30—60 cm. Laubblätter dreifach gefiedert, mit linealischen, oft fiederspaltigen Zipfeln. Kronblätter hellgelb, kürzer als der Kelch. Frucht gleich dick. 1—1½mal so lang als die zarten Stiele, aufrecht oder auswärts gebogen. — Mai bis Herbst. Auf Schutt, an Dorfwegen, in Gärten meist nicht selten. [Ruderalflora.]

S. Alliaria Scopoli. Zahlreich in den Anlagen auf *N* eingeschleppt.
S. Sinapistrum Crantz, eine Wanderpflanze aus Südostdeutschland, hat sich seit 1891 am Hauptwege des Dorfes Juist angesiedelt.

### 4. Stenophragma Čelakovský, Schmalwand.

+ 8. **S. Thalianum Čelakovský.** — ☽, seltener ☉; 10—35 cm. Laubblätter länglich-lanzettlich, gezähnelt, die untersten eine bodenständige Rosette bildend, mit einfachen oder gabelspaltigen Haaren. Kronblätter weiss. Frucht schlank, auf dünnen Stielen, 1—2mal so lang als die letzteren. Griffel sehr kurz. — April bis Juni. Auf sandigen Stellen, Umwallungen und bebautem Boden: *J, N, Ba, S.* [Acker- und Ruderalflora.]

### 5. Erysimum L., Schotendotter.

+ 9. **E. cheiranthoides L.** — ☉ und ☽; 30—70 cm. Pfl. von angedrückten Haaren rauh; Haare des Stengels meist zweispaltig, die der Laubblätter dreispaltig. Laubblätter lanzettlich, beiderseits zugespitzt, geschweift-gezähnt. Kelch anliegend. Kronblätter goldgelb. Blütenstiele 2—3mal so lang als der Kelch. — Mai, Herbst. Auf bebautem Boden: *Bo,* im Dorfe; *J* (unbeständig). [Acker- und Ruderalflora.]

### 6. Brassica L., Kohl.

↑ 10. **B. nigra Koch.** — ☉; 60—120 cm. Laubblätter sämtlich gestielt, grasgrün, die unteren leierförmig-fiederspaltig, die oberen ungeteilt. Kelch zuletzt wagerecht abstehend. Fruchtstiele und Frucht an die Stengel angedrückt. Klappen einnervig. — Juli, August. Auf Erdumwallungen, an Wegen: *Bo* (im Dorfe vielfach), *N, S.* [Amrum, Föhr. Fehlt auf den westfriesischen Inseln. Marschflora.]

Brassica Rapa L. wird öfters angebaut und verwildert dann zuweilen. Auch Raps wird (namentlich auf Ostland *Bo* und Ostende *L*) gebaut und liefert eine sehr geschätzte Ware.

### 7. Sinapis Tourn., Senf.

+ 11. **S. arvensis L.** — ☉; 20—50 cm. (meist niedrige Formen). Laubblätter eiförmig oder lanzettlich, buchtig-, unterste

fast leierförmig-fiederspaltig. Kelch wagerecht abstehend. Kronblätter goldgelb. Frucht walzlich, holperig, etwa so lang als der
zweischneidige Schnabel; Klappen dreinervig. Samen schwarz.
glatt. — Sommer. Auf Schuttstellen und bebautem Boden, selten:
J, N, Ba, S. [Ackerflora.]

    **S. alba L.** (mit gefiederten unteren Laubblättern, fünfnervigen Klappen
und gelben Samen) wurde von Scheele im Dorfe N, dann wieder von Dr. W. O.
Focke beim Westerloog auf Ba und von Dr. Dreier auf Bo auf bebautem Boden
gefunden, gehört aber der Inselflora nicht regelmässig an.

## 8. Draba L., Hungerblümchen.

    **\* 12. D. verna L.** — ⊙; 2—15 cm. Laubblätter eine
grundständige Rosette bildend. Blütenstiele aufrecht-abstehend.
Frucht oval. — März—Mai. Auf sandigen, schwach begrasten
Stellen und Vordünen sämtlicher Inseln, jedoch nicht so häufig
wie auf dem Festlande. [Häufig.]

## 9. Teesdalea Rob. Brown, Teesdalee.

    **\* 13. T. nudicaulis Rob. Brown.** — ⊙ und ⊙; 5—20 cm.
Laubblätter eine grundständige Rosette bildend (seltener einzelne
am gestreckten Stengel), leierförmig-fiederspaltig. Kronblätter
ungleich, die äusseren länger, weiss. Frucht verkehrt-herzförmig.
— April, Juni. Auf Sandboden und Vordünen, sehr selten. *Ba*
(spärlich beim Westerloog), *W* (in den Binnendünen zerstreut,
aber gesellig). Die Seltenheit dieser echten Sandpfl. auf den
Inseln ist ein sehr auffallender Umstand. [Auf den nordfriesischen und den holländischen Dünen zerstreut; auf dem Festlande häufig.]

## 10. Cochlearia L., Löffelkraut.

(Frucht der drei aufgezählten Arten mit einem Mittelnerven auf
jeder Klappe; Samen feinknötig-rauh.)

    A. Obere Laubblätter mit tief-herzförmigem Grunde stengel-
umfassend.

    **C. officinalis L.** — ⊙; 15—40 cm. Grundständige Laubblätter langgestielt.
rundlich, tiefherzförmig, stengelständige breit-, die obern schmal-herzförmig, gezähnt. Blütenstand verlängert. Kronblätter etwa noch einmal so lang als der
Kelch, breit-oval, plötzlich in den Stiel verschmälert. Frucht 3—4 mm lang,
gedunsen, elliptisch, spitz, netzförmig-geadert, mit fädlichem, etwa 1 mm langem
Griffel. — Mai, Juni. Auf Aussenweiden. Gehört der Inselflora nicht regelmässig
an und wurde nur einzeln auf Juist (Metzger, Leege) und Norderney (Dr. J. Dreier)
gefunden.

    **\* 14. C. anglica L.** — ⊙; 10—20 cm. Grundständige
Laubblätter langgestielt, eiförmig, am Grunde stumpf oder in den

Stiel verschmälert, die stengelständigen eiförmig oder rauten-
förmig, buchtig-gezähnt. Blütenstand gewöhnlich kurz (meist
unter 10-blütig). Blüten bemerklich grösser als bei den andern
Arten. Kronblätter länglich-spatelförmig, fast dreimal so lang
als der Kelch. Frucht 10—12 mm lang, gedunsen, elliptisch oder eiförmig, netzaderig, mit fädlichem, 1—2 mm langem
Griffel. — April—Juni. Auf den Aussenweiden und an Gräben
mit Salzwasser zerstreut. 1895 ein Exemplar mit blassroten
Blüten am Wattstrande von Norderney. (W. O. Focke.) [Küsten-
flora.]

  B. Untere und mittlere Laubblätter länger-, obere sehr kurz-
     gestielt, aber nicht stengelumfassend.

  ✳ 15. **C. danica L.** — ☉; seltener ☉; 5—20 (in seltenen
Fällen bis 40) cm. Grundständige Laubblätter herzförmig, obere
dreieckig-rautenförmig, schwach dreilappig, selten spiessförmig.
Blüten klein, wenig zahlreich. Kronblätter kaum länger als die
Kelchblätter. Frucht 3—4 mm lang, gedunsen, elliptisch, fast
kugelig, spitz, netzaderig, mit fädlichem, etwa $\frac{1}{2}$ mm langem
Griffel. — Frühjahr, Sommer. Auf Erdumwallungen, sandigen
Weiden (namentlich auf den Ameisenhaufen derselben) und schwach
begrasten Dünenabhängen, nicht selten. [Küstenflora.]

  Die Unterscheidung dieser drei Arten, zwischen denen man in andern
Gegenden Mittelformen beobachtet hat, macht bei uns keine Schwierigkeiten.
  Der Meerrettig, *C. Armoracia L.*, gedeiht auf den Inseln vortrefflich und
verwildert ab und an, gehört aber der eigentlichen Inselflora nicht an.
  Thlaspi arvense L., tritt gelegentlich als Ruderalpflanze auf, so auf *J*,
*N* und *W*.

## 11. Lepidium L., Kresse.

  ↑ 16. **L. ruderale L.** — ☉ oder ☉; 15—30 cm. Uebel-
riechend. Stengel aufrecht, verzweigt. Untere Laubblätter gestielt, gefiedert oder doppelt gefiedert, obere ungestielt, linealisch,
ungeteilt. Blüten kronblattlos, mit nur 2 Staubblättern. Frucht
abstehend, rundlich-eiförmig, stumpf, an der Spitze schmal-geflügelt und ausgerandet. Griffel sehr kurz. — Juni bis September.
An Deichen, Wegrändern und Schuttstellen meist häufig. [An
den Küsten häufige Ruderalpflanze, und von da sich rasch ver-
breitend.]

  Die auf dem Festlande in der Marsch häufige Coronopus Ruelli Allioni
(Senebiera Coronopus Poiret) wurde bisher nur im September 1893 in einigen
Exemplaren auf *N* zwischen dem Pflaster in der Nähe des Strandetablissements
gefunden (G. Capelle).

## 12. Capsella Medicus, Täschelkraut.

  + 17. **C. bursa pastoris Mönch.** — ☉ oder ☉; 10—40 cm.
Untere Laubblätter rosettig, meist schrotsägeförmig-fiederspaltig,

stengelständige kleiner. Frucht umgekehrt-dreieckig-herzförmig,.
abstehend. — April bis Herbst. Auf bebautem Boden häufig.
[Häufig.]

### 13. Cakile Tourn., Meersenf.

\* 18. **C. maritima Scopoli.** — ☉; 20—50 cm. Stengel
meist stark verzweigt, wie die ganze Pfl. fleischig. Laubblätter
fiederspaltig mit linealischen Zipfeln, buchtig-gezähnt oder ganzrandig. Blüten gross, lila, rötlich oder weiss. Frucht abstehend,
auf kurzem, dickem Stiele, korkartig hart. — Juli—December.
In den Dünen, besonders an deren äusserer Abdachung und auf
dem Sandstrande häufig. [An den europäischen Küsten häufig.]
Crambe maritima L., noch im Anfange unseres Jahrhunderts auf N gefunden (vergl. F. C. Mertens in: F. W. v. Halem, die Insel Norderney und ihr
Seebad, 1822, p. 77) ist jetzt gänzlich verschwunden. Die Angabe für W von
K. Müller (Flora 1839, p. 611) ist wohl sicher irrig.

### 14. Raphanus L., Hederich.

+ 19. **R. Raphanistrum L.** — ☉; 30—60 cm. Untere
Laubblätter leierförmig-fiederspaltig oder lanzettlich. Kelch anliegend. Kronblätter gelblich, selten weiss, mit violetten Adern.
Frucht perlschnurförmig. Samen glatt. — Sommer. Auf Schuttstellen, als Unkraut in Gärten und Feldern, weit seltener als auf
dem Festlande. [Ackerflora.]

## 25. Fam. Droseraceae DC., Sonnentaugew.

### 1. Drosera L., Sonnentau.

\* 1. **D. rotundifolia L.** — ♃; 10—20 cm. Blüten-
tragender Stengel aufrecht, 3—4 mal so lang als die langgestielten,
kreisrunden Laubblätter. Samen spindelförmig, glatt, olivenfarbig.
— Juli bis September. Auf heidigen und anmoorigen Stellen zerstreut; häufiger auf Bo (besonders in den südlichen Thälern),
Norderney (Mitte und Osten) und Spiekerooge. [Heiden und Moore
häufig.]

## 26. Fam. Crassulaceae DC., Dickblattgewächse.

### 1. Sedum L., Fetthenne.

\* 1. **S. acre L.** — ♃; 8—15 cm. Grundachse unter der
Erdoberfläche stark verzweigt. Stengel sechszeilig beblättert.
Laubblätter dick, eiförmig walzlich, klein, mit stumpfem Grunde
sitzend (ohne nach unten gerichtetes sporenartiges Anhängsel).

Blüten lebhaft gelb. — Juni bis September. Auf den Dünen und sonstigen trocknen Orten, in den Dünenthälern häufig. [Charakterpflanze der Sand- und Dünenflora.]

**Sempervivum tectorum L.**, der Hauslauch, wird auf Dächern hin und wieder angepflanzt und gedeiht gut auf den Inseln.

## 27. Fam. Saxifragaceae Ventenat, Steinbrechgew.

### 1. Saxifraga L., Steinbrech.

\* 1. **S. tridactylites L.** — ⊙; 5—15 cm. Gelbgrün; drüsig-kurzhaarig. Stengel aufrecht, unverzweigt oder verzweigt. Grundständige Laubblätter rosettig, gestielt, spatelförmig, ungeteilt oder dreilappig, stengelständige entfernt, ungestielt, keilförmig, länglich, vorn meist dreizähnig. Blüten locker trugdoldig, langgestielt, klein. Fruchtknoten mit der glockigen Cupula verwachsen. Kronblätter weiss, doppelt so lang als die eiförmigen, aufrechten Kelchblätter. — April bis Juni. Dünenthäler: *J*, Hall-Ohms-Glopp, sich immer weiter ausbreitend. [In Nordwestdeutschland sonst kaum vertreten; auf einigen niederländischen Dünen häufig.]

## 28. Fam. Parnassiaceae Drude, Parnassiengew.

### 1. Parnassia L., Parnassie.

\* 1. **P. palustris L.** — ♃; 10—30 cm. Grundständige Laubblätter eine Rosette bildend, langgestielt, herzförmig, stumpf, stengelständiges ungestielt, mit tief herzförmiger Basis stengelumfassend. Blüten einzeln auf der Spitze des Stengels, weiss. — Juli—September. In feuchten Dünenthälern, meist sehr häufig: *Bo*, *J*, *N*, *Ba*, *L* (in den südlichen Blumenthälern spärlich), *S*. [Auf den westfriesischen Inseln und der Geest meist häufig, auf den nordfriesischen Inseln nur an einzelnen Stellen.] — Die Exemplare sind oft ausserordentlich vielstengelig und gedrungen, an mageren Stellen dagegen wenigstengelig und nur 2—3 cm hoch.

## 29. Fam. Rosaceae Juss., Rosengewächse.

1. Blüten grünlich, mit 8-spaltigem Perigon, die vier inneren Teile grösser als die äusseren. Scheibe der Blütenachse hohl. Einjähriges Ackerunkraut.                    *1. Alchimilla*.

1\*. Blüten mit Kelch und Krone.

2. Scheibe der Blütenachse hohl, krugförmig, auf dem obern Rande
die Kelchblätter, Kronblätter und Staubblätter, auf der innern
Seite die zahlreichen Früchtchen tragend. Einzelfrucht nuss-
ähnlich, einsamig. Stacheliger Strauch mit unterirdischem
Stamme.                                                *4. Rosa.*
2*. Scheibe der Blütenachse becherförmig oder flach.
  3. Kelch 5 blättrig. Niedriger feinstacheliger Strauch mit langen
  niederliegenden Schösslingen und wenig sich erhebenden
  fruchttragenden Zweigen. Kronblätter weiss.       *2. Rubus.*
3*. Kelch 8- oder 10-blätterig oder zähnig, zweireihig. Stauden.
  Kronblätter braun oder gelb.                    *3. Potentilla.*

### 1. Alchimilla Tourn., Alchimille.

+ 1. **A. arvensis Scopoli.** — ☉ und ☺; 3—10 cm.
Stengel dünn, aufsteigend oder aufrecht, stark verzweigt. Laub-
blätter handförmig, 3—5 spaltig, mit keilförmigen, tief eingeschnit-
tenen Lappen, rauhhaarig. Blütenstand geknäuelt, trugdoldig.
Staubblätter 1—2. — Juli, August. Auf Aeckern als Unkraut:
*Bo*, Ostland. [Ackerflora.]

### 2. Rubus L., Brombeere.

\* 2. **R. caesius L.** — ♄; Schössling völlig niederliegend,
bis 1 m lang und darüber, rund, mit vielen kleinen gebogenen
Stacheln, grau-bereift und schwach filzig. Laubblätter dreizählig.
Blättchen schlaff. mittelgross, ungleich eingeschnitten-gesägt, die
seitlichen ungestielt. Nebenblätter ziemlich breit, nach beiden
Seiten verschmälert. Blütenstand locker, mit langen Blütenstielen.
Blütenstiele und Kelch filzig-behaart mit sehr spärlichen Stiel-
drüsen. — Mai bis September. Auf bewachsenen Dünen: häufig auf
*Bo* und dem westlichen Teile von *J*; auf *N* nur auf den südöstlichen Dünen häufiger, im Westen als Ruderalpflanze; fehlt auf
den östlichen Inseln. [Auf dem Festlande und den niederländischen Dünen häufig; auf den nordfriesischen Inseln als Ruderalpflanze.]

R. Idaeus L. (die Himbeere) und R. plicatus Weihe et Nees finden sich
in den Anpflanzungen auf *N*, sind aber offenbar nur mit Pflanzmaterial eingeschleppt; von anderen Arten treten hie und da einzelne verschleppte Exemplare auf.

Geum urbanum L. findet sich eingeschleppt in den Anlagen beim Konversationshause auf *N*.

### 3. Potentilla L., Fingerkraut.

A. Laubblätter 5- oder 7-zählig-gefiedert. Kronblätter braun, bleibend.

\* oder ↑ 3. **P. palustris Scopoli.** — ♃; 20—80 cm.
Grundachse horizontal, verholzend: Stengel aufsteigend, ästig.

Laubblätter 5—7 zählig gefiedert. Blättchen lang - lanzettlich,
scharf - gesägt, unterseits bläulich - grün, anfangs filzig, später
meistens kahl. Kronblätter schwarzpurpurn, kürzer als der Kelch.
— Juni, Juli, einzeln bis September. In Sümpfen, an Gräben: *Bo*
(auf der Binnenwiese, in der Kiebitzdelle und der Bandjedelle.
einzeln auch auf dem Ostlande), *J* (Bill, an einer Stelle am Südrande der Dünen, östlich vom Hofe. [Meist häufig.] *Comarum*
*palustre L.*

B. Laubblätter gefiedert. Kronblätter gelb, abfallend.

\* 4. **P. anserina L.** — 2|; Stengel niederliegend, bis
50 cm lang, oft wurzelnd. Blütenstengel in der Achsel eines Laubblattes der bodenständigen Laubrosette, niederliegend. Laubblätter
unterbrochen - gefiedert, oberseits grün, unterseits seidenhaarig,
silberweiss (seltener beiderseits weiss); kleinere Blättchen zahn-
förmig, grössere eirund, fiederspaltig-gesägt. — Sommer. In Dünenthälern, auf den Binnenwiesen und Aussenweiden (hier besonders
häufig und weit auf das Watt hinausgehend). [Auch auf der Geest,
den niederländischen und den nordfriesischen Inseln häufig.]

C. Laubblätter drei- bis fünf-zählig, gefingert. Kronblätter gelb,
abfallend.

1. Kelch und Krone vierzählig.

P. **Fragariastrum Ehrhart**, (mit dreizähligen Laubblättern und weissen
Kronblättern) in den Anlagen bei der Schanze auf *N* beobachtet, ist zufällig vom
Festlande mit Pflanzmaterial dorthin verschleppt worden.

\* 5. **P. silvestris Necker.** — 2|; 15—35 cm. Stengel
aufrecht oder aufsteigend, nicht an den Gelenken wurzelnd. Laubblätter ungestielt oder kurzgestielt, 3-, untere fünfzählig. Nebenblätter drei- oder mehrspaltig. Blüte von ca. 12 mm Durchmesser. — Sommer, Herbst. In Dünenthälern, an Gartenumwallungen und auf anmoorigen Stellen: *Bo, N, S, W. P. Tormentilla*
*Sibthorp. Tormentilla erecta L.* [Häufig.]

† 6. **P. procumbens Sibthorp.** — 2|; Stengel ausläufer-
artig, niederliegend, an den Gelenken wurzelnd, bis 50, ja sogar
80 cm lang. Blütenstengel aus der Achsel eines Laubblattes der
bodenständigen Blattrosette entspringend. Laubblätter gestielt,
die oberen drei-, die unteren fünfzählig. Blättchen keilförmig,
vorne stark gesägt. Nebenblätter ungeteilt oder 2—3spaltig.
Blüte von etwa 16 mm Durchmesser. — Sommer, Herbst. Auf
Aeckern, abgeplaggten Stellen und Weiden, in Dünenthälern, selten
und unbeständig: *Bo* (hier und da), *N* (in einem grossen Dünenthale
bei den weissen Dünen). Auf *N* auch der Bastard: *P. procumbens* ×
*silvestris* (Nöldeke, Buchenau). [Föhr; Texel, Ameland, Schiermonnikoog; in Ostfriesland häufig.]

2. Kelch und Krone fünfzählig.

**P. reptans L.** — ♃ ; Stengel niederliegend, 3—4gliedrig und dann in eine Reihe aus einander hervorsprossender Blütenstiele übergehend, bis 75 cm. Laubblätter 5- (selten einzelne 3-) zählig. Blättchen verkehrt-eiförmig (breiter und tiefer gesägt als bei *P. procumbens*). Blüten einzeln oder zu 2. Kronblätter länger als der Kelch. — Mai—Juni. — In Dünenthälern, sehr selten: nur einzelne verschleppte Exemplare auf *N* und *J*.

## 4. Rosa L., Rose.

\* 7. **R. pimpinellifolia L.** — ♃ ; Zwergstrauch. Stamm unterirdisch, stark verzweigt; Zweige meist nur 10—20 cm über den Boden hervortretend, dichtstachelig, mit längern derben und feinen nadelförmigen Stacheln bedeckt. Nebenblätter schmal. Laubblätter 3—4 paarig, mit kleinen eiförmigen oder rundlich-eiförmigen, stark gezähnten, kahlen, unterseits blassen Blättchen. Kelchblätter einfach (nicht gefiedert). Kronblätter innen weiss, aussen rötlich oder gelblich. Scheinfrucht kuglig, schwärzlich, lederartig, auf aufrechtem Stiele. — Mai, Juni. Auf den Dünen von *N* häufig; auf *J* östlich vom Dorfe spärlich, dann im „Deller" zwischen Dorf und Loog, sowie beim Loog; auf *S* früher auf einer dichtbewachsenen Düne im Südwesten der Insel. [Niederländische Dünen und nordfriesische Inseln: nicht auf dem nordwestdeutschen Festlande.] *R. spinosissima* Smith. — Meyer unterscheidet (Hann. Magaz. 1824, p. 156) von der gewöhnlichen Form mit schwarzen Früchten eine andere: *var. sanguinea* mit roten Früchten.

Rosa canina L., die Hundsrose, gehört der Inselflora ursprünglich nicht · an; einzelne Sträucher in *N* auf Gartenumwallungen und auf Ostland *Bo*; auf *J* in dem Buschwerke am Südrande der Bill ziemlich zahlreiche Sträucher.

Der Weissdorn, Crataegus oxyacantha L., zu Hecken angepflanzt und baumförmig kultiviert; ein verschlepptes Exemplar auf *Bo* in der Dodemannsdelle.

Crataegus monogyna Jacquin, baumförmig kultiviert, ein einzelner Strauch in der Mitte von Norderney, zwei auf *J* mit *Rosa canina* zusammen.

Sorbus aucuparia L., die Vogelbeere, findet sich in einzelnen verschleppten Exemplaren (so z. B.: in der Nähe des Leuchtturms auf *N*, auf *J* in der Region' der *Rosa canina*), wird aber nur unter Schutz zu einem wirklichen Baume.

Pirus dasyphylla Borkhausen, der wilde Apfel; ein niedriger Busch in einem der entlegensten Dünenthäler im NO von Norderney (Dr. W. O. Focke).

# 30. Fam. Papilionaceae DC., Schmetterlingsgew.

1. Staubfäden in ein Bündel verwachsen.
    2. Untere Laubblätter dreizählig-gefiedert, obere ungeteilt.
        3. Gelbblühender Strauch mit kantigen Zweigen ohne Dornen.
                                                    *1a. Sarothamnus.*

3*. Rot- (selten weiss-) blühende Staude, mit niederliegenden, verholzenden, wenigstens an der Spitze dornigen Zweigen.
*1. Ononis.*

2*. Untere Laubblätter ungeteilt, obere unpaarig-gefiedert. Staude mit kopfförmig-gestellten Blüten. Blütenstände von hand-förmig-eingeschnittenen Deckblättern gestützt. *2. Anthyllis.*

1*. Ein Staubfaden frei, die übrigen neun in ein Bündel verwachsen.

4. Laubblätter dreizählig (bei Lotus in Wahrheit fünfzählig).

5. Kronblätter mit einander vertrocknend, nicht abfallend. Frucht kürzer als der Kelch, gerade. *4. Trifolium.*

5*. Kronblätter abfallend. Frucht länger als der Kelch.

6. Laubblätter fünfzählig, mit sehr kleinen braunen Nebenblättern (gewöhnlich für dreizählig gehalten, wo dann die grossen am Grunde des Blattstieles stehenden Blättchen für Nebenblätter gehalten werden). Blütenstand kopfig-doldig. *5. Lotus.*

6*. Laubblätter dreizählig, mit kleinen laubigen Nebenblättern. Blütenstand kurztraubig. Frucht nierenförmig. *3. Medicago.*

4*. Laubblätter gefiedert.

7. Mittelrippe in eine kurze Spitze oder eine sehr unvollständige Wickelranke auslaufend. *6. Vicia lathyroides.*

7*. Mittelrippe in eine Wickelranke endigend.

8. Laubblätter 1—4 paarig. Griffel breitgedrückt, auf der ganzen obern Seite der Länge nach behaart. *7. Lathyrus.*

8*. Laubblätter mehrpaarig. Griffel fadenförmig, oberwärts behaart oder auf der unteren Seite unter der Narbe bärtig. *6. Vicia.*

## 1. Ononis L., Hauhechel.

\* 1. **O. spinosa L.** — ♃; 30—60 cm. Grundachse schräge und senkrechte Triebe nach oben sendend. Stengel aufsteigend oder niederliegend, verholzend, rauhhaarig und zerstreut drüsenhaarig, die Haare vorzugsweise ein- oder zweireihig; Zweige in Dornen auslaufend. Blättchen eiförmig-lanzettlich, gezähnelt, ziemlich kahl. Blüten blattwinkelständig, einzeln oder zu zweien. Krone rosenrot, selten weiss. Frucht eiförmig, so lang oder länger als der Kelch. — Juni—September. Auf den Aussenweiden, am Fusse der Dünen nicht selten (zuweilen auch in trockenen Dünenthälern und als Ruderalpflanze). [Auf dem Festlande vorzugsweise in der Marsch.] Die Pfl. der Inseln ist von Meyer in der *Chloris Hannoverana* als var. *angustifolia* (Stengel niedriger, dichtästiger, dorniger, kürzer und weniger behaart; Blättchen schmaler) beschrieben worden; ich fand aber diese Unterschiede, vielleicht mit Ausnahme des letzten, ganz unzuverlässig.

\* 2. **O. repens L.** — ♃.; 30—60 cm. Grundachse unter dem Boden horizontale weisse Niederblattsprosse treibend. Stengel niederliegend, seltener aufsteigend, verholzend, ringsum gleichmässig zottig. nur an der Spitze dornig oder völlig dornenlos. Blättchen eiförmig, (breiter als bei O. *spinosa*). gezähnelt, drüsig und stark wollig behaart. Stellung und Farbe der Blüten wie bei O. *spinosa*. Frucht eiförmig, kürzer als der Kelch. — Juni, Juli. Auf Dünen und in Dünenthälern: *Bo* (häufig), *J* (Bill), *N* (hie und da), *L* (an einzelnen Stellen), *S* (sehr spärlich). [Auch auf den holländischen, jedoch nicht auf den nordfriesischen Inseln: auf dem Festlande vorzugsweise in der Marsch.] — B. Du Mortier beschreibt (Bouquet, p. 39) die Küstenform als eine eigene Art: *O. maritima (caule basi eradicato ramisque humifusis inermibus, floribus solitariis axillaribus)*; mir erscheinen aber alle diese Kennzeichen, ebenso wie die sehr starke Behaarung, weder als wichtig. noch als beständig genug, um darauf eine Trennung zu begründen, und kann ich daher jene Benennung nur als Bezeichnung für eine Varietät gelten lassen.

Ulex europaeus L.. der Stechginster, früher in einigen Büschen beim Dorfe N, jetzt in der Langendelle auf *Bo* (bei der Kiefernpflanzung) angepflanzt.

Sarothamnus scoparius Koch, der Besenginster, in den Anlagen südwestlich vom Dorfe N, ist mit Pflanzmaterial dorthin gelangt; die wenigen auf *Bo* am Rande der Langendelle unfern der Kiefern-Anpflanzungen wachsenden Exemplare sind absichtlich angepflanzt.

## 2. Anthyllis L., Wundklee.

\* 3. **A. Vulneraria L.** — ♃.; 20—40 cm. Stengel niederliegend, anliegend-, Laubblätter und Kelch abstehend-behaart. Unterste Laubblätter lang-gestielt, länglich-eiförmig, ungeteilt oder mit einem Paar kleiner Seitenfiedern; stengelständige Laubblätter gefiedert. Blüten in endständigen (meist trugseitenständigen) fast kugeligen Köpfen mit handförmig geteilten Deckblättern. Kelch bauchig, seine Zähne weit kürzer als die Röhre. — Juni, Juli, einzeln bis November. Auf bewachsenen Dünen. häufig auf *N*. *Ba*, *L* (besonders auf dem Westende) und der Westhälfte von *J*, sowie auf *S*; spärlicher auf der Osthälfte von *J* und *W*; auf *Bo* nur einzelne verschleppte Exemplare. [Eine Charakterpflanze der europäischen Dünenflora. Auf der Geest anscheinend nur auf den Hügeln im Gebiete der Ems; in Mittel- und Süd-Deutschland häufig.] — Die Pflanze der Inseln gehört zu der durch niederliegende Stengel, stärkere Behaarung und schmalere Blättchen von der Hauptart verschiedenen Var. *maritima Schweigger (sericea G. F. W. Meyer*, Hann. Mag. 1824. pag. 171).

### 3. Medicago L., Schneckenklee.

+ und ↑ 4. **M. lupulina L.** — ⊙, ⊙ und ♃; 15—30 cm.
Stengel ästig, niedergestreckt oder aufsteigend. Blättchen verkehrt-eiförmig, ausgerandet, vorne gezähnt. Blütenstand traubig,
vielblütig. Blüten klein, gelb. Frucht nierenförmig, ohne Hohl-
raum in der Mitte der Windung, geadert. — Mai—September.
Auf trockenen Wiesen und Grasplätzen, in der Nähe der Häuser,
als Ruderalpflanze, ziemlich selten. [Auf der Geest und den
holländischen Dünen häufiger.]

**M. sativa L.** die Luzerne, einzeln angebaut; auf dem Ladeplatze zu Norderney angesiedelt, auch die grünblütige Form; von letzterer 1893 ein Exemplar
an der Rhederstrasse zu *Bo* (Wirtgen).

**Melilotus officinalis Willdenow** auf dem Ladeplatze zu Norderney angesiedelt.

### 4. Trifolium L., Klee.

A. Einzelblüten ungestielt. Kronblätter weiss oder rot.

#### 1. Kelchschlund innen mit einem Haarkranze.

∗ 5. **T. pratense L.** — ♃ : 20—50 cm. Stengel aufrecht.
Nebenblätter eiförmig, plötzlich grannig-zugespitzt. Blütenstand
kopfig, kuglig-eiförmig. einzelstehend oder paarig-genähert, von
Laubblättern gestützt. Kelch 10 nervig, aussen weichhaarig, innen
am Schlunde mit einem dichten Haarkranze. Krone purpurrot,
selten weiss. — Juni—September. Auf Wiesen, in Dünenthälern
häufig: (besonders massenhaft auf *L*, was wohl mit der Häufigkeit der Hummeln auf dieser Insel zusammenhängt.) [Häufig.]

∗ 6. **T. arvense L.** — ⊙; 10—30 cm. Stengel aufrecht,
wie die ganze Pflanze zottig-behaart. Blättchen linealisch-länglich. Nebenblätter eiförmig, pfriemlich-zugespitzt. Blütenstand
kopfig, einzeln, eiförmig, ohne stützende Laubblätter, langzottig.
Kelch innen am Schlunde mit einer schwieligen Linie und lockerm
Haarkranze; Kelchzähne pfriemenförmig, länger als die zuerst
weisse, dann fleischfarbene Krone. — Juli—September. Auf sandigen Weiden. bewachsenen Dünen und bebautem Boden häufig.
[Häufig. Charakterpflanze der europäischen Küstenflora.]

#### 2. Kelchschlund inwendig kahl.

∗ 7. **T. fragiferum L.** — ♃; bis 30 cm, selten darüber.
Stengel niederliegend, kriechend. Nebenblätter lanzettlich-pfriemlich. Blättchen elliptisch oder verkehrt-eiförmig, gezähnt. Blütenstand langgestielt, kopfig, kugelig, von einer vielteiligen Hülle
umgeben. Fruchtkelch aufgeblasen, netzig-aderig, behaart (Frucht-
kopf einer Erdbeere nicht unähnlich). — Juni—September. Auf
Weiden und Wiesen häufig. [Salz- und Küstenflora.]

B. Einzelblüten gestielt. Kelchschlund inwendig kahl.

1. Kelchzipfel gleichlang oder die oberen länger. Krone weiss oder rötlich.

**✳ 8. T. repens L.** — ♃; Stengel (die ersten aus den
Achseln von Laubblättern der primären Blattrosette entspringend)
niederliegend, an den Gelenken wurzelnd, bis 30 cm lang und
darüber. Nebenblätter trockenhäutig, breit-lanzettlich, stachelspitzig. Blättchen breit-elliptisch oder verkehrt-eiförmig, kleingesägt, oft oben ausgerandet. Blütenstand langgestielt, kugelig.
— Mai—Herbst. Auf Wiesen und Weiden häufig. [Gemein.]

T. hybridum L. — ♃; 30—45 cm. Stengel aufsteigend, nicht wurzelnd,
hohl., Nebenblätter lanzettlich-pfriemlich. Blättchen elliptisch, scharf-gesägt.
Blütenstand langgestielt, kugelig, bedeutend grösser als bei der vorigen Art.
Krone zuerst weiss, dann rosenrot. — Juni—September. Auf Kunstwiesen angesäet: *Bo, J* (Bill). Auch auf der Geest nicht ursprünglich wild.

2. Obere Kelchzipfel bemerklich kürzer als die unteren. Krone gelb.

**✳ 9. T. procumbens L.** — ☉ und ☉; 15—30 cm. Stengel
aufrecht oder niederliegend. Nebenblätter eiförmig, zugespitzt.
Blättchen verkehrt-eiförmig, das mittlere länger-gestielt. Blütenstand langgestielt, fast kugelig. Oberes Kronblatt gefurcht, vorn
löffelartig erweitert, seitliche weit auseinandertretend. — Mai—
September. Auf bebautem Boden und Grasplätzen, in Dünenthälern zerstreut. [Häufig.]

**✳ 10. T. minus Relhan.** — ☉; bis 30 cm. Stengel ausgebreitet. Nebenblätter eiförmig. Blättchen umgekehrt-eiförmig,
keilig, das mittlere länger gestielt. Blütenstand langgestielt,
klein, fast kugelig. lockerblütig. Oberes Kronblatt kaum bemerklich gefurcht, zusammengefaltet. — Mai—September. Auf Wiesen,
Weiden und Grasplätzen nicht selten. [Häufig.]

## 5. Lotus L., Hornklee.

**✳ 11. L. corniculatus L.** — ♃; 10—20 cm. Kahl oder
behaart. Grundachse unter der Erdoberfläche stark verzweigt.
Stengel aufsteigend, solide oder sehr engröhrig, fest. Unterste
Blättchen schief-breit-eiförmig. Blütenstand kopfig, etwa 5blütig.
Kelchzähne vor dem Aufblühen zusammenneigend. Untere Kronblätter rechtwinklig-aufsteigend, allmählich in einen Schnabel zugespitzt. Kronblätter gelb, oft rot überlaufen, Frucht plötzlich
zugespitzt. — Juni, Juli, einzeln bis September. Auf bewachsenen
Dünen, in Dünenthälern häufig. [Auf der Geest und den Dünen
weit verbreitet.] Eine besonders veränderliche Pflanze. Man unterscheidet namentlich folgende Formen: *crassifolius DC* (kahl oder
wenig behaart; Stengel niederliegend; Blättchen gross, etwas
fleischig), *microphyllus Meyer* (kahl oder wenig behaart; Stengel
kürzer, meist aufsteigend; Blättchen kleiner; Blüten gross), *hir-*

*sutus Koch* (meist weniger verzweigt; Blätter von abstehenden Haaren kurzhaarig; so nicht häufig, namentlich an feuchteren Stellen der Binnendünen).

✻ 12. **L. uliginosus Schkuhr.** — ♃; 15—40 cm. Kahl. Grundachse unterirdische Ausläufer treibend. Stengel aufrecht, höher, meist weitröhrig, weich. Unterste Blättchen kreis-eiförmig, halb herzförmig. Blütenstand kopfig, zehn- und mehrblütig. Kelchzähne vor dem Aufblühen zurückgebogen. Untere Kronblätter bogenförmig, allmählich in einen Schnabel zugespitzt. Kronblätter gelb. Frucht allmählich zugespitzt. — Juni, Juli. An Gräben, feuchten Stellen und Rändern von Sümpfen, nicht selten: *Bo* (an ziemlich zahlreichen Stellen), *J* (im Polder der Bill), *N* (bei der Schanze), *L* (Westende). [Nicht selten.]

**Ornithopus perpusillus L.**, von Koch und Brenneke früher auf *W* gefunden, scheint auffallenderweise den Inseln jetzt ganz zu fehlen.

## 6. Vicia L., Wicke.

A. Blütenstand langgestielt, traubig, 1- oder wenig-blütig. Blüten klein, bläulich- oder rötlich-weiss.

✻ oder ↑ 13. **V. hirsuta Koch.** — ☉; 26—60 cm. Stengel sehr ästig, kletternd. Laubblätter 8—10 paarig; Blättchen gestutzt; Nebenblätter halbpfeilförmig. Blütenstand 3—8 blütig. Frucht meist zweisamig, kurzhaarig. — Juni—August. Auf bebautem Lande: *Bo*; wild auf *J*; auf *N* in den Dünenthälern zwischen der Windmühle und dem Rupertsberge; auf *L* in dem grossen Thale der Melkhören namentlich in einigen Gebüschen der Nordseite massenhaft; *W* (noch jetzt?). [Amrum, Föhr; Texel, Ameland, Rottum. Sandige Geest.]

B. Blütenstand langgestielt, traubig, vielblütig. Blüten grösser als bei der vorigen, lebhaft gefärbt.

✻ 14. **V. Cracca L.** — ♃; 30—120 cm. Stengel wenig kletternd. Nebenblätter halbspiessförmig, ganzrandig. Laubblätter etwa 10 paarig; Blättchen linealisch-lanzettlich. Stiel des oberen Kronblattes so lang als die Platte. Stiel der Frucht kürzer als die Kelchröhre. — Juli bis September. Auf Wiesen und bewachsenen Dünen, in Gebüschen häufig. [Geest- und Dünenflora.] Die Pflanze der Inseln ist meist durch seidige Behaarung ausgezeichnet und daher mit Recht von G. F. W. Meyer (Hann. Mag. 1824, p. 171) als *var. argentea* bezeichnet worden; die als Unkraut in den Gemüsegärten wachsenden Pflanzen sind schwachbehaart.

C. Blütenstand sehr kurzgestielt, traubig, 1—2 blütig.

✻ (oder + ?) 15. **V. angustifolia Allioni.** — ☉ und ☉̇; 20—60 cm. Zerstreut behaart. Stengel schwach, mit Hülfe der

Wickelranken kletternd. Nebenblätter halbpfeilförmig. Laubblätter 2—7- (meist 5-) paarig. Blättchen der unteren Laubblätter
elliptisch, der oberen lanzettlich-linealisch bis linealisch. Krone
purpurrot. Frucht abstehend, kahl oder zerstreut kurzhaarig, im
reifen Zustande schwarz. Samen kugelig, glatt. — Juni—Herbst.
Als Unkraut auf Gemüsebeeten, Getreidefeldern und Grasplätzen;
auch in den grösseren Dünenthälern. [Geest-, Dünen- und Ruderalflora.]

V. sativa L. (mit meist 7paarigen Laubblättern, breiteren Blättchen und
aufrechten, dicht kurz-behaarten Früchten; oberstes Kronblatt blau) wurde
einzeln auf *Bo, J* und *N* gefunden.

**⁕ 16. V. lathyroides L.** — ☉; 6—20 cm. Stengel ausgebreitet oder aufsteigend, niedrig. Laubblätter meist nur mit einer
ganz kurzen Spitze der Mittelrippe, seltener mit einer wirklichen
kleinen (selten 10—20 cm langen) Wickelranke, 2—3paarig. Blüten
klein, violett. Samen etwas eckig, rauhpunktiert. — April, Mai;
zuweilen auch im Herbste. Auf bewachsenen Dünen, sandigen
Grasplätzen und Weiden nicht selten; für *Ba*, *S* und *W* nicht
konstatiert. [Sandige Geest. Auch auf den niederländischen
Inseln.]

D. Blütenstand sehr kurzgestielt, traubig, 2—5- (selten bis 8-)
blütig.

V. sepium L. — ♃; 30—80 cm. Stengel schwach, mit Hülfe der Wickelranken der Laubblätter kletternd. Nebenblätter halbpfeilförmig. Laubblätter
4—7paarig; Blättchen eiförmig, oben ausgerandet und stachelspitzig. Kelchzähne
ungleich, 2—3mal so kurz als die Röhre; nur einzelne verschleppte Exemplare.

## 7. Lathyrus L., Platterbse.

**⁕ 17. L. maritimus Bigelow.** — ♃; 25—80 cm. Stengel
niederliegend, kantig, kahl oder schwach behaart. Nebenblätter
meist pfeilförmig, mit spitzen Oehrchen. Laubblätter 4-paarig;
Blattstiel in eine Wickelranke auslaufend. Blättchen elliptisch.
Blütenstand reichblütig, traubig. Oberes Kronblatt purpurviolett,
seitliche bläulich-rosenrot oder weisslich-violett. Frucht elliptisch,
etwas schief. Samen kugelig. — Juni, Juli. Auf Dünen, selten:
*J* (kahle Ausläufer der Heiddünen westlich vom Loog), *S* (eine
beschränkte Stelle nördlich vom Dorfe), *W* (auf einer Düne nördlich vom Rettungsbootschuppen). [Fehlt auf den westfriesischen
Inseln und an der Küste, mit Ausnahme von Duhnen. Auf den
nordfriesischen Inseln und von denselben an nördlich bis Grönland
häufig.] *Pisum maritimum L.*

**⁕ 18. L. pratensis L.** — ♃; 30—60 cm. Unterirdische
Ausläufer treibend. Stengel kletternd, kantig, weichhaarig. Laubblätter einpaarig; Blattstiel in eine Wickelranke auslaufend. Nebenblätter meist pfeilförmig, breit-lanzettlich. Blütenstand reich-

blütig, traubig. Krone gelb. Frucht linealisch-länglich. Samen kuglig. — Juni, Juli. Auf Wiesen, in Dünenthälern nicht selten. [Meist häufig.]

L. silvester L., als Hasenfutter seit 1892 an einer Stelle im Osten von N angepflanzt.

## 31. Fam. Geraniaceae DC., Storchschnabelgew.

1. Blütenstände 1—2 blütig. Schnabel der reifen Fruchtteile bogenförmig nach aussen abstehend, innen kahl. *1. Geranium.*
1*. Blütenstände 3—vielblütig. Schnabel der reifen Fruchtteile schraubenförmig gedreht, innen bärtig. *2. Erodium.*

### 1. Geranium L., Storchschnabel (richtiger Kranichschnabel).

+ 1. **G. molle L.** — ☉ und ☉☉; 6—30 cm. Abstehend-weichhaarig. Stengel aufrecht oder ausgebreitet, ästig. Laubblätter mit rundlichem Umriss, tief 5—9 teilig, mit schmal eiförmigen oder fast linealischen Zipfeln. Kelchblätter stachelspitzig. Kronblätter verkehrt-eiförmig. Fruchtstiele viel länger als der Kelch. Fruchtschalen runzelig; Fruchtschnabel abstehend-drüsenhaarig. Samen glatt. — Mai—Herbst. Auf bebautem Lande und Schutt, an Dorfwegen, nicht selten. [Ruderalflora; Geestdünen.]

+ 2. **G. pusillum L.** — ☉, ☉☉; 10—25 cm. Stengel ausgebreitet, kurz-weichhaarig, mit rückwärts gerichteten Haaren; Laubblätter und Kelch langhaarig. Blattzipfel keilförmig, vorne oft eingeschnitten gekerbt. Blütenstiele etwa doppelt so lang als der Kelch. Kelchblätter kurz-stachelspitzig. Kronblätter länglich-verkehrt-eiförmig, über dem Stiele bärtig. Fruchtklappen glatt, angedrückt-kurzhaarig; Fruchtschnabel abstehend-kurzhaarig. Samen glatt. — Mai—Herbst. Mit dem vorigen, jedoch seltener. [Ruderalflora.]

### 2. Erodium L'Héritier, Reiherschnabel.

⁂ 3. **E. cicutarium L'Héritier.** — ☉☉; 10—30 cm. Rauhhaarig. Laubblätter gefiedert; Blättchen tief fiederspaltig, die Zipfel der unteren stumpf, fast eiförmig, die der oberen linealisch, spitz. Kelchblätter begrannt. Die 5 fruchtbaren Staubblätter am Grunde verbreitert, ohne Zähnchen. Kronblätter hellpurpurrot, bei den Pflanzen der Inseln meist nahezu gleichgross und ohne Saftmale. — Mai—Oktober. Auf bebautem Boden, in Dorfschaften und auf den benachbarten Dünen häufig. [Geestflora. Auch auf den nordfriesischen und westfriesischen Inseln häufig. Auf dem Festlande Dünen- und Ruderalpflanze.] — Die Pfl. der Inseln gehört zur *var. pilosum Thuillier* und unterscheidet

sich durch den fast fleischigen, knotigen Stengel und die doppelt-
gefiederten, ein wenig fleischigen Laubblätter.

Oxalis stricta L. 1880 auf *J* gefunden, 1888 auf *Lo*.

# 32. Fam. Linaceae DC., Leingew.

1. Blüten fünfgliedrig. Kelchblätter ungeteilt.     *1. Linum.*
1*. Blüten viergliedrig. Kelchteile 2—3 spaltig.     *2. Radiola.*

## 1. Linum L., Lein.

\* 1. **L. cathárticum L.** — ☉ und ☉; 5—25 cm. Stengel
aufrecht, oberwärts gabelspaltig. Laubblätter gegenständig, eiförmig
oder lanzettlich, am Rande rauh. Kelchblätter drüsig-gewimpert,
so lang als die Frucht. Kronblätter weiss mit gelbem Grunde. —
Juni—September. Auf sandigen Weiden und niedrigen Vordünen
nicht selten (oft zierliche, einblütige Zwergformen). [Häufig.]

## 2. Radiola Dillenius, Zwerglein.

\* 2. **R. multiflora Ascherson.** — ☉; 2—10 cm. Stengel
aufrecht, fadenförmig, vom Grunde an stark gabelästig. Laubblätter gegenständig, breit-eiförmig bis eilanzettlich. Blüten gabel-
ständig und am Ende der Aeste in geknäuelten Trugdolden.
Kelchzipfel spitz. Kronblätter weiss. — Juli—September. In den
Dünenthälern und sonst auf feuchtem Sandboden häufig. [Auf
Sand häufig.]

# 33. Fam. Polygalaceae Juss., Kreuzblum.gew.

## 1. Polygala L., Kreuzblume.

\* 1. **P. vulgare L.** — ♃; 6—15 cm. Stengel meist
niedergestreckt. Laubblätter lanzettlich bis linealisch, die untersten
kleiner, eiförmig, stumpf, meist alle wechselständig. Blütenstand
reich- (an den im ersten Lebensjahre blühenden Pfl. arm-)blütig.
Deckblätter kürzer als die Blüten. Seitliche (grosse) Kelchblätter
wenig länger, aber schmaler als die Frucht, elliptisch, stachelspitzig. Blüten klein, blassblau, rosa oder weisslich mit grünen
Adern, seltener dunkelblau. — Mai bis August. Auf grasigen
Stellen, trockenen Wiesen und Weiden; meist häufig; besonders
viel auf Langeoog; auf *Ba* noch nicht gefunden. — Die Pfl. kann
als *var. dunense* von der Festlandspfl. unterschieden werden. Du
Mortier trennt sie als Art: *P. dunense* (Bouquet, p. 31: *Caule*

*ramisque alternifoliis humifusis depressis, alis acutis, apiculatis, capsula angustioribus sesquilongis*), doch halte ich dies für widernatürlich, da die Richtung des Stengels sehr variabel ist und die grossen Kelchblätter bei unseren Pfl. nicht anderthalbmal so lang als die Frucht sind. [*P. vulgare* ist auch auf dem Festlande häufig, die Varietät wird (als *var. oxypterum Koch!*) auch für die holländischen Dünen angegeben.]

## 34. Fam. Euphorbiaceae Juss., Wolfsmilchgew.

### 1. Euphorbia L., Wolfsmilch.

A. Samen mit vertieften Gruben. Drüsen der Blütendeckblätter queroval, abgerundet.

+ 1. **E. helioscopia L.** — ☉; 15—30 cm. Stengel aufrecht, meist ästig. Laubblätter verkehrt-eiförmig, vorne gezähnt. Blütenstand doldig, 5strahlig; Einzelstrahlen erst drei-, dann 2teilig. Fruchtfächer auf dem Rücken abgerundet, glatt. — Sommer. Auf bebautem Lande zerstreut. [Ruderalflora.]

B. Samen sechskantig, eingestochen-punktiert. Drüsen der Blütendeckblätter halbmondförmig.

+ 2. **E. Peplus L.** — ☉; 10—20 cm. Stengel aufrecht, oft am Grunde ästig. Laubblätter gestielt, verkehrt-eiförmig, ganzrandig. Blütenstand doldig, dreistrahlig; Einzelstrahlen wiederholt zweistrahlig. Fruchtfächer auf dem Rücken mit zweifach geflügelten Kielen. — Sommer, Herbst. Auf bebautem Lande zerstreut. [Ruderalflora.]

## 35. Fam. Callitrichaceae Link, Wassersterngew.

### 1. Callitriche L., Wasserstern.

* 1. **C. stagnalis Scopoli.** — ♃ (auch ☉). Alle Laubblätter eiförmig oder umgekehrt-eiförmig, die oberen rosettig zusammengerückt. Pollenkörner gleichmässig, kugelig. Frucht fast kreisrund, mit breiten flügelförmigen Kielen; Furchen der Frucht ziemlich scharf. Narben meist bleibend. — Sommer. In Gräben, an Kolken und Tümpeln, auf feuchtem Boden: *Bo* (vielfach), *J*, *N* (bei der Schanze und in den benachbarten Gräben, Viehtränke im Dünenthale der Mitte der Insel). [Häufig.]

* 2. **C. verna L.** — ♃ (auch ☉). Untergetauchte Laubblätter linealisch, obere elliptisch oder umgekehrt eiförmig, rosettig

zusammengerückt. Pollen mischkörnig, die gut entwickelten Körner ellipsoidisch. Frucht fast herzförmig mit ganz schmalen, scharfen Kielen; Furche mässig tief. Narben lange bleibend. — Sommer. Mit der vorigen, aber anscheinend viel seltener: *Bo*. Beide Arten sind, da man sie meist ohne reife Früchte findet, weiter zu beachten. [Häufig.]

# 36. Fam. Empetraceae Nuttall, Rauschbeerengew.

## 1. Empetrum Tourn., Rauschbeere.

\* oder ↑ 1. **E. nigrum L.** — Niedriger, immergrüner, stark-verzweigter Strauch. Laubblätter sehr kurzgestielt, linealisch, stumpf, unterseits weiss-gekielt, hohl. Blüten zweihäusig, sehr selten zwitterig, zu 1—3 in den Blattachseln, die männlichen mehr rosa, die weiblichen purpurn-gefärbt. Frucht schwarz. unangenehm schmeckend. — April, Mai. In Dünenthälern, auf mit Busch durchwachsenen Wiesen, selten: *Bo* (Langedelle), *N* (in dem Vaccinium-Gebiete nicht selten), *Ba* (im äussersten Nordwesten, dicht unter dem trigonometrischen Signale), *L* (Westende. Blumenthal und grosses nördliches Dünenthal), *S* (zerstreut.) Mit Ausnahme von *N* überall nur wenige, offenbar von Vögeln verschleppte Exemplare. [Nordfriesische Geestinseln massenhaft. Texel, Terschelling. Auf Moor und magerem Sande des Festlandes gesellig.]

# 37. Fam. Malvaceae R. Br. Malvengew.

## 1. Malva L., Malve.

+ 1. **M. silvestris L.** — ⊙⊙ und ⍬; 25—75 cm. Rauhhaarig. Stengel niederliegend, aufsteigend oder aufrecht. Laubblätter rundlich-nierenförmig, mit 5—7 meist spitzen Lappen, gesägt. Blüten in den Blattachseln büschelig gehäuft. Blätter des Aussenkelches länglich. Kronblätter 3—4mal so lang als der Kelch, verkehrt-eiförmig, tief ausgerandet, rosa mit drei dunkleren Längsstreifen. Fruchtstiele abstehend oder aufrecht. Früchtchen scharf berandet, netzig-runzelig. — Juni—Herbst. Auf Schutt, an Wegrändern in den Ortschaften, seltener als die *M. neglecta*. In den Gärten von Juist besonders mannichfaltige und lebhaft gefärbte Formen, welche sich durch die schwach behaarten Stengel und Blütenstiele der *M. mauritiana L.* annähern.

+ **2. M. neglecta Wallroth.** — ☉ bis ♃; 15—45 cm.
Rauhhaarig. Stengel wie bei *M. silvestris*. Laubblätter rundlich, fast
nierenförmig, mit sehr flachen, stumpfen, gekerbt-gesägten Lappen.
Blüten in den Blattachseln büschelig gehäuft. Blätter des Aussen-
kelchs linealisch-lanzettlich. Kronblätter 2—3mal so lang als
der Kelch, tief-ausgerandet, blass rosa. Fruchtstiele abwärts gebogen. Früchtchen glatt, am Rande abgerundet, um eine breite
Griffelbasis geordnet (bei den Pfl. von *L* besonders stark sammetartig behaart). — Juni—Herbst. Auf Schutt, an Dorfwegen häufig.
[Ruderalflora.] *M. vulgaris Fries.*

Linden werden nicht selten auf den Inseln angepflanzt und gedeihen bis zur
Höhe der schützenden Dächer ganz gut.

# 38. Fam. Cistaceae Dunal, Cistrosengew.

## 1. Helianthemum Tourn., Sonnenröschen.

\* **1. H. guttatum Miller.** — ☉; 15—30 cm. Graugrün;
rauhhaarig. Stengel aufrecht, oberwärts oft ästig. Untere Laubblätter gegenständig, eilanzettlich oder lanzettlich, oft mit einem
grund- oder randständigen Zipfel\*), obere wechselständig, linealisch.
alle ungestielt, ganzrandig. Blütenstände verlängert, scheintraubig,
einseitswendig, ohne Deckblätter. Blüten langgestielt, nur kurze
Zeit geöffnet, nach dem Abfallen der Kronblätter sich rasch
schliessend. Kronblätter sehr verschieden gross, umgekehrt 3eckig.
gezähnelt, dunkelcitronengelb, am Grunde meist mit einem schwarz-
braunen Flecke, nur am frühen Morgen entfaltet, sehr bald abfallend.
Griffel sehr kurz. Fruchtstiel wagerecht abstehend oder zurückgeschlagen. — Juli—September. Auf locker begrastem Sandboden in
der Mitte von Norderney sehr häufig. Eine der Charakterpflanzen
von Norderney. [Vlieland, Terschelling; in Süd- und Westeuropa
nicht selten.]

# 39. Fam. Violaceae DC., Veilchengewächse.

## 1. Viola Tourn., Veilchen.

A. Ohne entwickelten eigentlichen Stengel. Laubblätter und Blüten
direkt aus der kriechenden, mit Schuppenblättern besetzten Grundachse entspringend.

↑ **1. V. palustris L.** — ♃; 5—10 cm. Laubblätter nierenherzförmig, stumpf, kahl. Nebenblätter eiförmig, zugespitzt, kurz-

---

\*) Dies sind keine echten Nebenblätter, sondern getrennte oder randständige
Abschnitte des Hauptblattes.

fransig-gezähnelt oder ganzrandig. Blütenstiele etwas unter der Mitte
zwei Vorblätter tragend. Mittlere Kronblätter seitwärts abstehend.
Krone blass-lila. Narbe ein schiefes Scheibchen bildend. Frucht-
stiele aufrecht. — Mai, Juni. Auf sumpfigen Wiesen und an
Heidestellen: *Bo.* [Texel, Terschelling; nordfriesische Inseln und
Festland häufiger.]

### B. Laubstengel entwickelt.

\* 2. **V. canina L.** — ♃ ; 6—30 cm. Ohne centrale Blattrosette. Laubblätter länger als breit, länglich-eiförmig oder lanzettlich, am Grunde herzförmig oder abgestutzt. Nebenblätter linea-
lich, gefranst. Blütenstiele oberhalb der Mitte zwei linealisch-
pfriemliche Vorblätter tragend. Kronblätter blau, selten weiss,
die beiden mittleren seitlich abstehend. Sporn weisslich. Narbe
in ein herabgebogenes Spitzchen verschmälert. Frucht stumpf,
mit kurzem Spitzchen. — Mai—Juli. Auf den Dünen und in den
Dünenthälern häufig. — Die Pfl. der Inseln gehören zu der schmal-
blätterigen *var. lancifolia* Thore *(Chloris du Département des Landes*
1803, p. 355). [*Viola canina* ist auf dem deutschen Festlande
häufig; die Varietät ist eine Charakterpflanze der westeuropäischen
Küsten.]

\* 3. **V. tricolor L.** — ☉, ☺ oder ♃ .; 10—30 cm. Grundachse stark unterirdisch verzweigt. Stengel meist nur wenig
über den Boden hervortretend, oder niederliegend. Nebenblätter
sehr gross, blattähnlich, fiederspaltig, der mittlere Zipfel gekerbt.
Laubblätter eiförmig oder lanzettlich, gekerbt. Blütenstiele oberhalb der Mitte mit sehr kleinen Vorblättern. Die vier oberen
Kronblätter aufgerichtet. Blüten meist 16—18 mm gross; obere
Kronblätter meist rotviolett, seitliche blass-blau-violett, unteres
anfangs weisslich, später blass-violett mit Saftmalen und gelbem
Schlunde, selten alle Kronblätter violett oder gelb. Narbe gross,
keulig, krugförmig. — April—Oktober. Auf Dünen und Grasplätzen häufig. — Diese Pfl. ist von De Candolle (Prodr. I, p. 304)
als *var. sabulosa* beschrieben worden, welche Auffassung offenbar
dem Verhältnisse der Natur am meisten entspricht. B. Du Mortier
hat sie später (Bouquet, p. 40) als *V. sabulosa* zum Range einer
Art erhoben und sie durch folgende Diagnose charakterisiert:
*caulibus diffusis, foliis remotis ovatis elongatisque, stipulis pinnatifidis
lacinia media crenata, sepalis angusto-lanceolatis, capsula vix brevi-
oribus.* — Ausser der *var. sabulosa* findet sich auch die aufrechte
Form mit kleinen gelben Blüten, *var. arvensis,* auf bebautem Boden
zerstreut. [Geestflora. Die Varietät *sabulosa* ist eine Charakterpflanze der europäischen Küstenflora.]

# 40. Fam. Elaeagnaceae Rob. Brown, Oelweidengew.

## 1. Hippophaës*) L., Sanddorn.

**\* oder + 1. H. rhamnoïdes L.** — Dorniger, sehr ästiger Strauch, meist nur etwa 1 m, auf Erdwällen aber zuweilen (so auf Ostland *Bo*) 4 m hoch. Zweige dunkelgrau, runzelig. Laubblätter linealisch-lanzettlich, stumpflich oder spitz, in einen kurzen Stiel verschmälert, oberseits grün, unterseits nebst den Zweigspitzen und der Aussenseite des Perigones schülfrig. Perigonblätter rundlich-eiförmig. Scheinfrucht beerenähnlich, locker schülfrig, orange gefärbt, sauer; Frucht trocken. — April, Mai. In Dünenthälern, seltener auf Dünen der westlichen Inseln, oft grosse Flächen bedeckend: *Bo, J* (massenhaft auf der Bill, auf der Hauptinsel nach Osten seltener), *N* (in mehreren Dünenthälern; in neuerer Zeit auch von Herrn Gartenmeister Lampe angepflanzt), *Ba* (1873 nur ein Exemplar in einem östlichen Dünenthale, jetzt in Menge), *L* (eine Gruppe Sträucher am Nordwestende des Blumenthales; in Menge auf einer Düne im Nordosten der Westinsel und in dem nordwestlichen Dünenthale des Ostendes; auf der Melkhören einzeln). — Die Pflanze stirbt oft plötzlich auf weiten Strecken ohne äusserlich erkennbare Ursache ab; sie wird namentlich durch Krähen, welche die Beeren in Masse fressen, fortwährend verschleppt. [Fehlt auf den nordfriesischen Inseln und im deutschen Nordwesten; dagegen häufig im niederländischen Dünengebiete und bei uns vielleicht im 18. Jahrhundert von dort eingeführt.]

# 41. Fam. Lythraceae Juss., Blutweiderichgew.

1. Blüte sechsgliedrig, ansehnlich. Kelch röhrenförmig. Kronblätter purpurrot. Griffel lang oder kurz. *1. Lythrum.*
1\*. Blüte meist sechsgliedrig, unansehnlich. Kelch glockig. Kronblätter klein, rosa. Griffel sehr kurz. *2. Peplis.*

## 1. Lythrum L., Blutweiderich.

**\* oder ⚲ 1. L. Salicaria L.** — ♃; 60—120 cm. Behaart. Laubblätter meist gegenständig oder zu 3, ungestielt, aus herzförmigem Grunde lanzettlich, spitz. Blütenstand ährig, mit scheinbar quirliggestellten (in Wahrheit trugdoldigen) Blüten. Aeussere Kelchzähne pfriemlich, doppelt so lang als die inneren. — Juni

*) Richtiger als **Hippophaë.**

bis September. — In Sümpfen, feuchten Gebüschen und Dünenthälern: *Bo* (nicht selten), *N*, *S* (in einzelnen Exemplaren, wohl
mit Gebüsch vom Festlande eingeschleppt), früher auf *W*. [Häufig.]

## 2. Peplis L., Peplis.

\* oder ↑ 2. **P. Portula L.** — ☉; 8—20 cm. Kahl. Stengel
niedergestreckt, oft aus den Gelenken wurzelnd. Laubblätter
gegenständig, kurzgestielt. Blüten einzeln, achselständig. Frucht
kuglig, aus dem Kelch hervorragend. — Sommer. Auf feuchtem
Boden, an Wassertümpeln, selten: *Bo* (namentlich am Rande der
Kolke beim Deiche), *S* (in den Niederungen zwischen den Ost-
dünen), *W* (vielfach in der Niederung westlich vom Friedhofe).
[Häufig.]

Das Fehlen der auf magerem Sande der Geest so häufigen Corrigiola
litoralis L. ist ein charakteristischer Zug der Inselflora. Offenbar verträgt die
Pflanze den Salz- und Kalkgehalt des Bodens nicht.

# 42. Fam. Onagraceae Juss., Nachtkerzengew.

1. Blüten rot oder rötlichweiss. Samen mit Haarschopf.
                                                 *1. Epilobium.*

1\*. Blüten gelb. Samen ohne Haarschopf.         *2. Oenothera.*

## 1. Epilobium L., Schotenweiderich.

A. Stengel stielrund. Sämtliche Laubblätter wechselständig. Blütenstand reichblütig, traubig. Krone gross, ausgebreitet.

   \* 1. **E. angustifolium L.** — ⚆; 50—100 cm. Laubblätter lanzettlich, ganzrandig oder schwach-gezähnt. Kronblätter
purpurrot, verkehrt-eiförmig. Durchmesser der Krone 2—2½ cm.
Zuerst neigen sich die Staubfäden, später auch die Griffel abwärts. — Juli—September. Auf Vordünen und in Dünenthälern
zerstreut; in ausserordentlicher Menge auf Ostende Langeoog in
der Nähe der Vogelkolonie. [Texel, Schiermonnikoog; nicht auf
den nordfriesischen Inseln; auf dem Festlande häufig.]

B. Untere Laubblätter gegenständig, obere wechselständig. Blütenstand traubig, nicht reichblütig, mit laubigen Deckblättern.
   Krone trichterförmig.

I. Narbe vierspaltig. Stengel stielrund.

1. Grundachse unterirdische fleischige Ausläufer treibend. Stengel stielrund. Krone
gross, dunkel-purpurn, von 2—2½ cm Durchmesser.

   ↑ 2. **E. hirsutum L.** — ⚆; 50—100 cm. Stengel stielrund.
von längeren, einfachen und kürzeren drüsentragenden Haaren
zottig. Laubblätter halbstengelumfassend mit etwas herablaufender

Basis, lanzettlich. — Juni—September. In Gräben, selten: *Bo* (Westland; Viehtränke am oberen Rande der Weide; in der Nähe der Höfe des Ostlandes massenhaft), *J* (Bill), *L* (Melkhören, Ostende). [Häufig in der Marsch; nicht auf den nordfriesischen Inseln.]

2. Grundachse nach vollendeter Fruchtreife ungestielte oder sehr kurz gestielte Blattrosetten bildend, welche sich bewurzeln. Stengel stielrund ohne erhabene Linien. Blüten kleiner als bei den vorigen, aber grösser als bei den folgenden Arten.

↑ 3. **E. parviflorum Retzius.** — ♃; 20—50 cm. Stengel einfach oder ästig, von einfachen Haaren zottig-weichhaarig. Laubblätter ungestielt, mit abgerundetem oder verschmälertem Grunde, elliptisch, lanzettlich oder schmal-lanzettlich, gezähnelt. Blüte 8 bis 10 mm lang. Kelchzipfel spitz. Narben abstehend. Samen am Grunde abgerundet. — Juni—August. An Gräben und feuchten Stellen: *Bo* (vielfach), *J* (Bill), *N* (Bley), *L* (auf dem Westende im Blumenthale, Melkhören, auf dem Ostende in einem Dünenthale nordwestlich vom Gehöft). [Texel, Terschelling; Geest- und Ruderalflora.]

II. Narben ungeteilt.

1. Grundachse während oder gleich nach der Blüte ausdauernde Ausläufer treibend. Stengel mit erhabenen Linien belegt.

↑ 4. **E. montanum L.** — ♃; 10—50 cm. Stengel kahl oder angedrückt behaart, oft ästig. Laubblätter ziemlich gross, fast kahl, kurzgestielt, am Grunde mehr oder weniger herzförmig, ungleich gezähnelt. Blütenknospen eiförmig, kurz-bespitzt. Blüten 7—9 mm lang. Kelchzipfel stumpf. Samen am Grunde verschmälert. — Sommer, Herbst. In Dünenthälern, namentlich zwischen Gestrüpp: *Bo, J, N.* [Föhr; Texel; Geestflora.] Die Pfl. ist jetzt an einzelnen Stellen so häufig, dass sie nicht übersehen werden kann.

↑ 5. **E. obscurum Schreber.** — ♃; 30—90 cm. Grasgrün oder graugrün. Ausläufer verlängert, entfernt beblättert. Stengel aufrecht, sehr ästig, unten kahl, oberwärts angedrückt-behaart. Stengelglieder mit 2—4 schwachen erhabenen Linien versehen, welche von den Blatträndern abwärts verlaufen. Laubblätter lanzettlich oder linealisch-lanzettlich, ungestielt (oder kurzgestielt), gezähnelt, mattgrün, angedrückt-behaart, am Rande durch zweispaltige angedrückte Haare gewimpert. Blütenstände vor dem Aufblühen überhängend. Blüten matt rosenrot. Samen am Grunde keilig. — Juni—September. An Gräben und feuchten Orten zerstreut; *Bo, J* (beim Loog), *N.* [Geestflora.] — Auf *N* beobachtete ich zwei sehr verschieden aussehende Formen dieser Pflanze, nämlich in den Gräben des Gemüselandes und der weiteren Umgebung der Schanze eine sehr grosse starkverzweigte Form und auf der kleinen Wiese östlich am Kap eine andere mit einfachem, erst oben im Blütenstande schwach verzweigtem Stengel; wesentliche andere Unterschiede zwischen beiden finde ich nicht. *E. chordorrhizum Fries.*

E. obscurum × palustre. *Bo*, Ostland, Graben rechts hinter dem Wirtshause; 1895; F. Wirtgen.

2. **Grundachse während oder gleich nach der Blütezeit ungestielte oder kurzgestielte Blattrosetten entwickelnd.**

↑ 6. **E. adnatum Grisebach.** — ⨀|; 30—90 cm. Blassgrün. Stengel aufrecht, ästig, kahl, oberwärts schwach-weichhaarig. Stengelglieder mit 4 getrennten erhabenen Linien, welche von den Blatträndern herablaufen. Laubblätter lanzettlich oder die oberen linealisch-lanzettlich, gezähnt, ungestielt, ganz kahl. Blütenknospen elliptisch, nach dem Grunde und der Spitze sich allmählich verschmälernd, aufrecht oder wenig übergebogen. Blüten klein, 5—6 mm lang. — Juni—August. Dünenthäler: in grösserer Menge in dem dicht bewachsenen Dünenthale Dreebargen auf Ostende Langeoog; einzeln auf *N* und *W*. [Auf dem Festlande vorzugsweise in der Marsch.] Dürfte sich wohl auf den Inseln häufiger ansiedeln.

3. **Grundachse den ganzen Sommer über zarte, meist rot-gefärbte Ausläufer entwickelnd, welche im Herbste absterben und nur eine geschlossene Gipfelknospe zurücklassen. Stengel stielrund, ohne erhabene Linien.**

✳ 7. **E. palustre L.** — ⨀|; 15—40 cm. Stengel aufrecht, einfach oder ästig, kahl oder seltener weichhaarig. Laubblätter lanzettlich bis fast linealisch, ganzrandig, am Rande umgerollt, mit keilförmigem Grunde sitzend, die breiteste Stelle ziemlich weit nach unten liegend. Blütenknospen überhängend. Blüten 6—7 mm lang. Samen linealisch-keilig. — Juli—September. In Dünenthälern, an Gräben und Wasserläufen: zerstreut. [Häufig.] — Die Pflanze tritt auf den Inseln in zwei auffallend verschiedenen Formen auf:

a) 25—40 cm hoch, mit linealisch-lanzettlichen Laubblättern und blasslila gefärbten Blüten;

b) 10—25 cm hoch, mit linealischen Laubblättern und weissen Blüten.

E. palustre × parviflorum *Bo*, Waterdelle des Westlandes; 1895; F. Wirtgen.

## 2. Oenothera L., Nachtkerze.

+ 8. **O. biennis L.** — ⨀⨀; 100—150 cm. Stengel aufrecht, kurz weichhaarig und mit längeren auf Knötchen sitzenden Haaren bedeckt. Laubblätter lanzettlich, grobgezähnelt, die unteren in einen Stiel verschmälert, die oberen ungestielt, spitz. Blüten sehr ansehnlich, blassgelb, rasch welkend. — Juni—August. In Gärten gebaut und daraus auf Schuttplätzen, Sandstellen u. s. w.

verwildert: *N* (in der Nähe des Ortes, sowie auf dem Kirchhofe),
*Ba* (massenhaft), *L* (sehr häufig). Die ausgewitterten schwarzen
Fruchtstengel dieser Pflanze sind für die Dünen von *Ba* und *L*
jetzt im hohen Grade charakteristisch. [Auch auf der Geest verbreitet; stammt aus Nordamerika.]

# 43. Fam. Halorrhagidaceae Rob. Brown, Meerbeerengew.

### 1. Myriophyllum Vaillant, Tausendblatt.

\* oder ↑ 1. **M. spicatum L.** — ♃; Laubblätter zu vieren
quirlig, tief-fiederspaltig, mit haarfeinen Zipfeln. Blütenstand ährig,
vor dem Aufblühen aufrecht. Untere Deckblätter (in deren Achseln
die weiblichen Blüten) eingeschnitten, die übrigen ganzrandig,
kürzer als die Blüten. Kronblätter rosa. — Juni—August. In
Gräben und Wassertümpeln: *Bo* (Kolke am Deiche, Kiebitzdelle,
Bandjedelle, langes Wasser), *J* (Bill), *N* (in den Gräben der
Schanze), *L* (Westende: in dem grossen Dünenthale im Norden).
[Texel, Schiermonnikoog; Gewässer des Festlandes nicht selten.]

\* oder ↑ 2. **M. alterniflorum DC.** — ♃; Pfl. viel zarter
als die vorige. Laubblätter zu vieren quirlig, tief fiederspaltig,
mit haarfeinen Zipfeln. Blütenstände ährig, im Knospenzustande
hakig-übergebogen. Weibliche Blüten in der Achsel von Laubblättern, männliche entweder gegenständig oder quirlig in der
Achsel wirklicher Deckblätter. — Juni, Juli. In Wassertümpeln:
*Bo* (Bandjedelle, Kiebitzdelle), *J* (hat sich in dem vom Lehrer Leege
1886 in dem Dünenthale Hall-Ohms-Glopp gegrabenen Tümpel angesiedelt). [Föhr, Amrum; Texel, Vlieland, Terschelling; West-
europa.]

# 44. Fam. Hippuridaceae Link, Tannenwedelgew.

### 1. Hippuris L., Tannenwedel (Pferdeschweif).

\* oder ↑ 1. **H. vulgaris L.** — ♃; 15—30 cm. Grundachse
horizontal, aus einzelnen Gliedern verschiedener Achsen sympodial
zusammengesetzt. Stengel hohl, meist aufrecht und mit einem
Teile aus dem Wasser hervorragend, zuweilen flutend. Laubblätter
zu 8—12 im Quirle, linealisch. ganzrandig. Blüten klein, achselständig, ungestielt. — Juni—August. In Gräben und Wassertümpeln: *Bo* (häufig), *J* (auf der Bill; in dem künstlich angelegten
Tümpel im Hall-Ohms-Glopp). [Gräben der Marsch häufig; auch
auf den andern Inseln.]

# 45. Fam. Umbelliferae Bartling, Doldengewächse.

1. Blütenstand kopfig, eiförmig, von stechenden Hüllblättern umgeben, stahlblau gefärbt. Harte, weisslich-meergrüne Pfl. mit stacheligen Laubblättern.                    *2. Eryngium.*

1*. Blütenstand kopfig, kurzgestielt, unter den bodenständigen, gestielten, schildförmigen Laubblättern verborgen. Sehr niedrige Staude des Sumpfbodens.                    *1. Hydrocotyle.*

1**. Blütenstand einfach- (oder zusammengesetzt-) doldig. Laubblätter mehrfach gefiedert, mit linealischen Zipfeln. Frucht sehr lang-geschnabelt. Unkraut auf bebautem Lande.
                                             *14. Scandix.*

1***. Blütenstand zusammengesetzt-doldig. (Typische Umbelliferen.)

  2. Kronblätter gelb oder gelblich.

    3. Laubblätter einfach, unzerteilt, ganzrandig. *9. Bupleurum.*

    3*. Laubblätter geteilt; Abschnitte eiförmig bis linealisch-elliptisch.                    *(11a. Pastinaca.)*

  2*. Kronblätter weiss, rötlich oder grünlich.

    4. Hülle und Hüllchen fehlend oder höchstens ein- bis zweiblätterig.

      5. Laubblätter dreizählig oder doppelt-dreizählig, mit grossen, eiförmig-länglichen Blättchen (die seitlichen an der Basis schief). Frucht länglich.                    *4. Aegopodium.*

      5*. Laubblätter (wenigstens die unteren) einfach- oder doppelt-gefiedert oder fiederspaltig.

        6. Laubblätter einfach-gefiedert, obere zuweilen dreizählig.

          7. Kronblätter rundlich, an der Spitze eingebogen, grünlich-weiss. Blütenstand kurz-gestielt. Frucht kurz, fast zweiknotig; Mittelsäulchen ungeteilt. Laubblätter glänzend.                    *3. Apium.*

          7*. Kronblätter verkehrt-herzförmig, mit eingebogenen Läppchen, weiss. Blütenstand länger gestielt. Frucht kurz, fast zweiknotig; Mittelsäulchen zur Reifezeit geteilt. Laubblätter matt.                    *5. Pimpinella.*

        6*. Laubblätter 2—3 fach gefiedert, mit linealischen Zipfeln. Kronblätter weiss. Frucht länglich.                    *8. Carum.*

    4*. Hülle oder Hüllchen oder beide vorhanden.

      8. Hülle aus geteilten oder fiederspaltigen Hochblättern gebildet.

        9. Stengel gefurcht, borstig-behaart. Frucht gestachelt.
                                             *12. Daucus.*

9*. Stengel stielrund, kahl. Frucht eiförmig, nicht stachelig.
*6. Berula.*

8*. Hülle aus einfachen Hochblättern gebildet oder fehlend. Hüllchen vorhanden.

10. Frucht vom Rücken her stark zusammengedrückt, linsenförmig, schmal-geflügelt.     *11b. Heracleum.*

10*. Frucht nicht vom Rücken her stark zusammengedrückt.

11. Frucht kuglig, stark gerippt. Hüllchen meist aus 3 linealisch-pfriemlichen, herabhängenden Blättchen gebildet, einseitig. Unkraut auf bebautem Boden.
*11. Aethusa.*

11*. (s. auch 11**.) Frucht oval, eiförmig oder länglich.

12. Blütenstand dem Laubblatt gegenüberstehend (durch den entwickelten Achselspross des letzteren auf die Seite geworfen), zweistrahlig. Kriechendes oder flutendes Wassergewächs.     *7. Helosciadium.*

12*. Blütenstand endständig oder seitlich, mehrstrahlig. Stengel aufrecht.

13. Frucht mit fünf grossen Kelchzähnen und langen Griffeln.     *10. Oenanthe.*

13*. Frucht ohne grosse Kelchzähne.

14. Stengel stielrund, glatt, bläulich-bereift, am Grunde rot-gefleckt. Hülle vielblätterig. Hüllchen einseitig, 3—4 blätterig. Frucht gerippt, mit welliggekräuselten Rippen.     *15. Conium.*

14*. Stengel stielrund, gerillt, nicht bläulich bereift und gefleckt. Hüllblätter lanzettlich, meist fiederspaltig. Frucht mit glatten Rippen.     *6. Berula.*

11**. Frucht fast linealisch, rippenlos, mit kurzem, 5 rippigem Schnabel.     *12. Anthriscus.*

*Scandix*, kleines Unkraut mit dreifach-fiederteiligen Laubblättern und sehr langen, zinkenförmigen Früchten, s. o.

## 1. Hydrocotyle L., Wassernabel.

\* 1. **H. vulgaris L.** — ♃; Stengel kriechend, meist nur wenige cm lang. Laubblätter auf langen, oben behaarten Stielen, schildförmig, kreisrund, gekerbt. Blütenstände kürzer gestielt als die Laubblätter, unter denselben verborgen. Blüten klein, rötlich. — Juli, August. Auf feuchten Stellen der Dünenthäler und nassen Wiesen, zerstreut: *Bo* (vielfach), *J* (Loog und Bill), *N* (bei der Schanze in Gebüschen, sowie im alten Polder), *L* (auf der Wiese, sowie in den feuchteren Teilen des grossen nördlichen Dünenthales; westlich vom Dorfe am Innenrande der Dünen; Ostende: Dünenthäler der Vogelkolonie), *W* (mehrfach in der Niederung westlich vom Friedhofe und sonst). [Häufig.]

## 2. Eryngium Tourn., Männertreu.

✷ 2. **E. maritimum L.** — ☉☉; 15—50 cm. Weisslich-
meergrün. Stengel aufrecht, oben ästig. Grundständige Laubblätter langgestielt, herz-nierenförmig, dreilappig, mit beiderseits
hervortretenden Adern, obere stengelumfassend, handförmig-gelappt,
alle dornig-grosszähnig. Blütenstände kopfig, eiförmig, von den
eiförmigen, fast dreilappigen, dornigen Hüllblättern umgeben, stahlblau gefärbt. — August, September. Auf Dünen und Vordünen:
zerstreut; in Menge nur auf Spiekerooge und an einigen Stellen
der Nordseite von N. Wird auf den andern Inseln durch übermässige Nachstellung immer wieder vermindert. [Charakterpflanze
der europäischen Küstenflora.]

## 3. Apium L., Sellerie.

✷ 3. **A. graveolens L.** — ☉; 30—70 cm. Kahl. Wurzel
(bei der wilden Pfl.) spindelförmig, ästig. Stengel aufrecht, gefurcht. Untere Laubblätter langgestielt, gefiedert; Blättchen
breit-rhombisch, dreispaltig, eingeschnitten-gesägt; obere ungestielt, dreizählig, mit keiligen, vorne eingeschnittenen und gezähnten Blättchen. Blütenstände 8—10strahlig, teils achselständig
und fast ungestielt, teils endständig und langgestielt. Hülle und
Hüllchen fehlend. — Juli bis September. Auf Wiesen und in
Gräben, hin und wieder: *Bo* (zahlreich bei Upholm, besonders
häufig auf dem Ostlande), *J, N, S*; von *W* jetzt verschwunden. —
Neben der gewöhnlichen Form finden sich auch nicht selten Zwerg-
pflanzen mit nur 1—2paarig-gefiederten grundständigen Laubblättern. [Salz- und Küstenflora.]

## 4. Aegopodium L., Geissfuss.

+ 4. **A. Podagraria L.** — ♃; 50—90 cm. Ausläufertreibend. Kahl. Untere und mittlere Laubblätter doppelt-, obere
einfach-dreizählig. Blättchen eiförmig-länglich, ungleich-gesägt,
an der Basis schief. — Juni—August. In und bei den Ortschaften,
in Gebüschen, hie und da. [Ruderalflora.]

## 5. Pimpinella L., Biebernell.

✷ 5. **P. Saxifraga L.** — ♃; 15—45 cm. Stengel aufrecht,
stielrund, zart gerillt, oberwärts fast blattlos. Laubblätter gefiedert; Fiedern der unteren eiförmig, tief gezähnt (seltener fiederspaltig), die der oberen fiederspaltig mit linealischen Zipfeln. —
Juni—August. Auf Dünen und sonstigen trockenen Stellen: *J*
(östlich vom Dorfe an einer Stelle in Menge; bemooste Vordünen
südlich vom Loog), *Ba* (die Häufigkeit dieser Pfl. bildet den her-

vorragendsten Zug in der Flora von *Ba*). [Geestflora. Auf den niederländischen Inseln fehlend; auf der Geest der nordfriesischen Inseln und des Festlandes häufig.]

## 6. Berula Koch, Berle.

**\* 6. B. angustifolia Koch.** — ♃; 50—100 cm (meist höher als auf dem Festlande). Ausläufertreibend. Stengel rundlich, gestreift. Laubblätter gefiedert, die unteren mit eiförmigen, die oberen mit länglichen Blättchen, ungleich- und oft doppeltgesägt. Blütenstände kurzgestielt. — Juli, August. In Gräben selten: *Bo* (in der Nähe von Upholm, Dodemannsdelle; massenhaft in der Bandjedelle und Waterdelle; auf dem Ostlande). [Texel, Terschelling, Schiermonnikoog; in Nordwestdeutschland häufig.]

## 7. Helosciadium Koch, Sumpfschirm.

**↑ 7. H. inundatum Koch.** — ♃; 10—40 cm. Stengel unten kriechend, oberwärts flutend. Untergetauchte Laubblätter doppelt-gefiedert, mit haarfeinen Zipfeln, obere gefiedert. Blütenstände zweistrahlig. Hülle fehlend, Hüllchen wenigblätterig. — Juni—August. In Gräben und Tümpeln, sehr selten: *L*, Westende: Gräben der feuchten Wiese westlich vom Dorfe am Pfade zum Herren-Badestrande. [Eine westeuropäische Pflanze; auf den nordfriesischen Inseln selten.]

H. nodiflorum Koch, eine rheinische Pflanze, wurde im August 1893 auf *Bo* von F. Wirtgen in der Nähe von Upholm in zwei Exemplaren gefunden, 1894 und 1895 aber trotz aufmerksamen Nachsuchens nicht wieder gesehen.

## 8. Carum L., Kümmel.

**+ 8. C. Carvi L.** — ☉☉; 30—50 cm. Pflanze hellgrün. Laubblätter doppelt-gefiedert, mit fiederteiligen Blättchen und linealischen Zipfeln, die beiden untersten Blättchen mit der Fläche der Laubblätter gekreuzt. Hülle fehlend oder aus 1—4 ganz kleinen Blättern gebildet; Hüllchen fehlend (selten 1—2blätterig). — Mai, Juni. Auf Wiesen, sehr selten: *Bo* (Grasplätze im Dorfe), *N* (auf dem alten und dem neuen Polder), *Ba* (einzelne Exemplare in den Gärten und Wiesen nördlich vom Ostdorfe). Kann kaum als Bestandteil der Inselflora angesehen werden. [Marschflora.]

## 9. Bupleurum Tourn., Hasenohr (wörtl. Rindsrippe).

**\* 9. B. tenuissimum L.** — ☉; 10—35 cm. Kahl, blaugrün. Stengel aufrecht, seltener niederliegend, bei unsern Pfl. meist erst oberwärts ästig. Unterste Scheinblätter\*) linealisch-

---

\*) Die Blattfläche fehlt; die Scheinblätter werden von den schwach verbreiterten Blattstielen gebildet.

lanzettlich, oberste linealisch, alle zugespitzt. Endständige Dolde
dreistrahlig, seitenständige unvollkommen; Hülle und Hüllchen
vorhanden, letztere die wenigblütigen Döldchen weit überragend.
Frucht mit hervortretenden Rippen, körnig-rauh. — August, September. Auf den Aussenweiden und an Deichen: *Bo* (auf dem
Westlande und dem Ostlande mehrfach), *W*. [Salz- und Küstenflora.]

## 10. Oenanthe L., Weinblume.

* 10. **O. Lachenalii Gmelin.** — ♃; 30—60 cm. Nebenwurzeln am Grunde dünn, weiterhin walzlich-keulig. Stengel
meist markerfüllt. Untere Laubblätter doppelt-fiederteilig, mit
linealisch-eiförmigen Zipfeln, obere einfach-fiederteilig mit linealischen Zipfeln. Hülle 0—6blätterig, aus linealischen Blättern
bestehend; Hüllchen meist zahlreich. Kronblätter bis zur Mitte
gespalten, strahlend, weiss. Frucht eiförmig, unter dem Kelche
etwas zusammengezogen. — Juli bis Herbst. Auf den Aussenweiden der westlichen Inseln, stellenweise häufig: *Bo*, *J* (Bill), *N*.
[Küstenflora.]

↑ 11. **O. aquatica Lamarck,** Wasserfenchel. — ☉☉;
30—100 cm. Wurzel spindelförmig, mit fadenförmigen Aesten.
Stengel sehr stark ästig. Laubblätter doppelt bis dreifach-gefiedert,
die untergetauchten mit vielspaltigen, linealischen, die oberen mit
lanzettlichen, eingeschnittenen Zipfeln. Blütenstände einem Laubblatt gegenüberstehend, gross, ausgebreitet, die Randblüten nicht
grösser als die Mittelblüten; alle Döldchen fruchtbar. Kronblätter
weiss. Frucht länglich, wesentlich länger als die Griffel. — Juli,
August. In Gräben und Kolken: *Bo* (bei Upholm, in den Kolken
am Deiche und an einzelnen Wasserläufen der Aussenweide), *J*
(im Tümpel von Hall-Ohms-Glopp angepflanzt), *S* (östlich vom
Dorfe). [Häufig.] *Phellandrium aquaticum L.*

## 11. Aethusa L., Gleisse.

+ 12. **A. Cynapium L.** — ☉; 10—50 cm. Stengel aufrecht, ästig. Laubblätter doppelt- bis dreifach-gefiedert; Blättchen
mit fiederspaltigen Abschnitten und spitzen, eingeschnittenen
Zipfeln, unterseits glänzend. Hüllchen linealisch-pfriemlich, die
einzelnen Blättchen derselben herabhängend. — Juli—Oktober.
Auf kultiviertem Lande meist häufig. [Ruderalflora.]

**Pastinaca sativa L.**, der Pastinak, findet sich einzeln in der Nähe der
Häuser, auf Kunstwiesen und Poldern.

**Heracleum Sphondylium L.** — ♃; 60—90 cm. Rauhhaarig. Stengel
aufrecht, gefurcht. Laubblätter gefiedert, seltener fiederspaltig, mit gelappten
oder handförmig geteilten Fiedern von sehr wechselnder Breite. Blütenstand
gross, der äusserste Kreis von Blüten grösser als die übrigen. Frucht elliptisch,
glatt und kahl. — Juli, August. An Vieheinzäunungen: *Bo*, einzeln im Dorfe —
kaum mehr als zur Inselflora gehörig zu betrachten.

## 12. Daucus L., Möhre.

+ **13. D. Carota L.** — ⊙⊙; 30—90 cm. Stengel aufrecht, gefurcht, rauhhaarig. Laubblätter doppelt- bis dreifach-gefiedert, mit lanzettlich-linealischen Zipfeln. Hülle vielblätterig, fiederspaltig, Hüllchen vielblätterig, gewimpert. Blütenstand flach, Fruchtstand in der Mitte vertieft. Blüten weiss, die mittelste oft braunrot. — Juli, August. Auf Grasplätzen, Wiesen und Dünen in der Nähe der Ortschaften; häufig kultiviert (vielleicht nicht zur eigentlichen Inselflora gehörend). [Zerstreut.]

## 13. Anthriscus Hoffmann, Kerbel.

+ **14. A. silvestris Hoffmann.** — ♃; 50—120 cm. Stengel kantig, oberwärts ästig, unten ebenso wie die Rippen der Blattscheiden rauhhaarig. Laubblätter 2—3fach gefiedert mit fiederspaltigen Blättchen und länglichen, spitzen, angedrückt-gewimperten Zipfeln. Hülle wenigblätterig oder fehlend; Hüllchen meist fünfblätterig, gewimpert. Frucht länglich, glatt oder zerstreut-knotig. Schnabel etwa $1/5$ so lang als die eigentliche Frucht. — Juni, Juli. In der Nähe von Ortschaften, an Hecken, Wegen und Umwallungen. [Häufig.]

+ **15. A. Scandix Ascherson.** — ⊙ und ⊙⊙; 15—50 cm. Stengel sehr ästig, stielrund, gestreift, kahl. Laubblätter rauhhaarig, dreifach-gefiedert; Blättchen fiederspaltig, mit stumpfen, stachelspitzigen Zipfeln. Hülle meist fehlend; Hüllchen mehrblätterig, gewimpert. Frucht mit gekrümmten Borsten besetzt, Schnabel von $1/3$ der Länge der eigentlichen Frucht, kahl. — Mai, Juni. — An Dorfwegen: *Bo, S,* früher *W.* [Ruderalflora.] — *Torilis Anthriscus Gärtner, A. vulgaris Persoon.*

## 14. Scandix L., Kammkerbel.

+ **16. S. pecten Veneris L.** —⊙; 10—25 cm. Stengel niedrig, ästig. Laubblätter dreifach-fiederteilig, mit fiederspaltigen Abschnitten und linealisch-lanzettlichen Zipfeln. Blütenstand 1—3strahlig. Hülle fehlend; Hüllchen meist 5blätterig, lanzettlich, ganzrandig oder 2—3spaltig. Schnabel der Frucht sehr lang, 2 reihig-steifhaarig. — Mai—August. Auf bebautem Boden; unbeständig. *J* (Bill, Hauptdorf), *N, Ba* (nicht selten). [In der Marsch ziemlich häufig; Ackerflora.]

Myrrhis odorata L., Ostland *Bo,* bei Aggen's Hof reichlich angepflanzt.

## 15. Conium L., Schierling.

+ **17. C. maculatum L.** — ⊙ und ⊙⊙; $1/2$ bis 2 m. Stengel aufrecht, sehr ästig, gefurcht, kahl, unten oft rot gefleckt. Laubblätter 2—3fach gefiedert, mit hohlen Blattstielen und fiederspaltigen Blättchen. Hülle und Hüllchen 3—5blätterig, zurückgeschlagen. — Sommer, Herbst. In Ortschaften, auf Schuttstellen hier und da. [Ruderalflora.]

## 46. Fam. Hypopityaceae Klotzsch, Wintergrüngew.

1. Pfl. mit grundständigen, immergrünen, lederartigen Laubblättern. Staubbeutel zweifächerig, an der Spitze mit zwei Löchern aufspringend.             *1. Pirola.*

1*. Pfl. gelblich-weiss, fleischig, nur mit Schuppenblättern besetzt. Staubbeutel einfächerig, mit einer Ritze sich öffnend.          *2. Monotropa.*

### 1. Pirola Tourn., Wintergrün.

\* 1. **P. rotundifolia L.** — ♃; 10—30 cm. Laubblätter rundlich oder oval, meist stumpf, undeutlich gekerbt, meist langgestielt. Blüten ansehnlich, allseitswendig, duftend. Kelchzipfel lanzettlich, oder ei-lanzettlich, spitz. Krone flach-glockig, rötlichweiss. Staubbeutel aufwärts-, Griffel abwärts-gebogen, lang, letzterer an der Spitze mit einem Ringe, der breiter ist als die aufrechten Narben. — Juni—August, einzeln bis November. In Dünenthälern zwischen Gebüsch, sowie am oberen Rande der Binnenwiesen stellenweise in grosser Menge, infolge der übermässigen Nachstellungen sich aber rasch vermindernd. Nicht auf Wangeroog. [Eine Charakterpflanze der westeuropäischen Dünen, nördlich bis Grönland (jedoch nicht auf den nordfriesischen Inseln). Auf dem Festlande nur in Wäldern (namentlich Nadelwäldern).] — Die auf *N* wachsenden Pfl. stellen die ausgezeichnete *var. arenaria Koch* dar; sie unterscheiden sich von der Hauptform durch niedrigen Wuchs (meist 10—15 cm), Armblütigkeit (oft nur 5 oder 6 Blüten), kleine, oft spitzliche Laubblätter (Durchmesser meist 2 cm und darunter), starkscheidige Bracteen, kurze Blütenstiele, breitere, stumpfe Kelchblätter und den etwas kürzeren Griffel. Diese Varietät findet sich auf *N* vorwiegend; auf den andern Inseln dagegen finden sich teils Pflanzen, welche das eine oder andere dieser Kennzeichen besitzen, teils Pfl., welche nach Grösse, Reichblütigkeit, Länge der Blütenstiele u. s. w. völlig mit den Exemplaren des deutschen Binnenlandes übereinstimmen. Merkwürdig ist dabei, dass Exemplare, welche alle Kennzeichen der *var. arenaria* besitzen, auf den andern Inseln nicht vorzukommen scheinen; auch von den westfriesischen Inseln wird die *var.* nicht angegeben.

\* 2. **P. minor L.** — ♃; 7—15 cm. Laubblätter rundlich oder oval mit stumpfer Spitze, undeutlich gekerbt, meist kurzgestielt. Blüten klein, allseitswendig, geruchlos. Kelchzipfel dreieckig-eiförmig, spitz, angedrückt. Krone geschlossen-glockig, weiss oder rosenrot. Staubblätter gleichmässig zusammenschliessend.

Griffel kurz, gerade. Narbe fünfkerbig, doppelt so breit als der Griffel. — Juni; dann wieder im August und einzeln noch später. In Dünenthälern zwischen Gebüsch, meist nicht mit der vorigen zusammen, aber sich mehr und mehr ausbreitend. Nicht auf Wangerooge. [Terschelling; Röm, Sylt, Amrum. Auf dem Festlande in Wäldern häufig.] — Die Inselpfl. bilden die durch gedrungenen Wuchs, kleine rundliche Laubblätter und grössere Blüten charakterisierte *var. arenaria Nöldeke.*

### 2. Monotropa L., Fichtenspargel.

\* 3. **M. glabra Roth.** — ♃; 10—25 cm (oft wenig über den Boden hervortretend). Stengel einfach, brüchig, an der Spitze übergeneigt, zur Fruchtzeit aufrecht. Blüten gedrängt, traubig. in den Achseln von Deckblättern, kahl. Kelchblätter lanzettlich. halb so lang als die kurz-gespornten, breit-lanzettlichen Kronblätter. Staubblätter zweireihig, gleichlang, die kahle Narbe erreichend. Fruchtknoten fast kuglig, viermal so lang als der Griffel. — Juli, August. In Dünenthälern zwischen Gestrüpp, selten; auf *N* zuerst von F. C. Mertens gefunden (F. W. v. Halem, die Insel Norderney und ihr Seebad, 1822, p. 81 „aus einem Dickicht von *Ononis repens* sich erhebend"; 1869 zwei Exemplare von Wessel gefunden) und auf *Bo* (am Rande der Dodemannsdelle 7. August 1877 durch Dr. Joh. Dreier entdeckt; in einzelnen Jahren, z. B. 1882 in Menge; 1890 in der Kiebitzdelle, Scherz; 1895 unfern der Wasserstation. F. Wirtgen; 1891 zwei Exemplare in der Equisetum variegatum-Delle auf dem Ostlande, O. Gürke; *J* (1891 vier Exemplare auf niedrigen Dünen der Bill, westlich vom Polder, O. Leege), *L* (1884 zwei Exemplare am Fusse einer Düne am Wege zum Herrenstrande, P. Bergholz). [Fehlt auf den westfriesischen, den nordfriesischen Inseln und ebenso im nordwestdeutschen Tieflande (hier durch *M. hirsuta Roth* vertreten).] Das Vorkommen dieser auf dem Festlande den dichtesten Waldesschatten liebenden Pfl. in den sonnigen Dünenthälern der Inseln ist eine der interessantesten Thatsachen in Beziehung auf die Flora derselben; die Pflanze erhält sich durch ein unterirdisches (mit dem Mycelium eines Pilzes vergleichbares!) Wurzelgeflecht, auf welchem die Stengel als Adventivsprosse entstehen; dieselben treten nicht jedes Jahr über den Boden empor.

# 47. Fam. Ericaceae Klotzsch, Heidegew.

1. Kelch doppelt, der innere kronartig, länger als die glockenförmige, tief-4spaltige Krone. Frucht vor den Scheidewänden aufspringend, die letzteren von den Klappen sich ablösend.
*1. Calluna.*

1\*. Kelch einfach, weit kürzer als die ei-krugförmige, vierzähnige Krone. Frucht in der Mitte der Fächer aufspringend.

*2. Erica.*

### 1. Calluna Salisbury, Heide.

\* 1. **C. vulgaris Salisbury.** — Zwergstrauch; 30—75 cm. Stengel aufrecht, Aeste kahl oder kurzhaarig, Laubblätter immergrün, linealisch-lanzettlich, dachziegelartig-4reihig, am Grunde mit 2 pfriemlichen Oehrchen. Blütenstand einseitswendig, traubig. Blüten kurzgestielt, lilarosenrot, selten weiss. Staubbeutel spitz. — August, September. Auf heidigen und anmoorigen Stellen: *Bo* (an ziemlich vielen Stellen), *N* (desgl.). *Ba* (ein Busch bei der kleinen Erlenpflanzung zwischen Rettungsbootschuppen und Ostdorf), *L* (vorübergehend ein paar eingeschleppte Exemplare im Westdorfe, an einer jetzt bebauten Stelle), *S* (am östlichen Rande der Anlagen des Friederikenthales, wohl mit Pflanzmaterial eingeschleppt); *W* (in grosser Menge; nach der Tradition der Einwohner eingeführt, was auch durch das Fehlen der Pfl. in Koch und Brennecke's Flora von Wangerooge (1844) bestätigt wird. [Auf den westfriesischen und den nordfriesischen Geest-Inseln, sowie auf der Geest und dem Moore des Festlandes häufig.]

### 2. Erica L., Glockenheide.

\* 2. **E. Tetralix L.** — Zwergstrauch; 15—45 cm. Stengel aufsteigend, Aeste rauhhaarig. Laubblätter immergrün, quirlig, meist zu 4, linealisch, am Rande abwärtsgerollt, steifhaarig-gewimpert. Blüten kurzgestielt, doldig zu 5—12 an der Spitze der Zweige. Blütenstiele und Krone wollig-filzig, letztere rosenrot, selten weiss. Staubbeutel an der Spitze begrannt. — Juli bis Herbst. An anmoorigen Stellen der Dünenthäler: *Bo, N*; (auf beiden Inseln nicht selten), *L* (einzelne Stöcke im nördlichen Dünenthale unfern des Hospizes), *S* (am westlichen Wege durch die Dünen in der Nähe der Kiefern, G. Bitter, früher ein paar Stöcke im Friederikenthal), *W* (auf dem Deiche, mit Grassoden eingeschleppt). [Auf den west- und ostfriesischen Inseln häufig; auf feuchten Heiden und Mooren des Festlandes massenhaft.]

## 48. Fam. Vacciniaceae DC., Heidelbeergew.

### 1. Vaccinium L., Heidelbeere.

\* 1. **V. uliginosum L..** Moorbeere. — Zwergstrauch; 30 bis 90 cm. Stengel aufrecht, ästig. Aeste stielrund, vorjährige mit stumpfer Spitze endigend. Laubblätter elliptisch oder verkehrt-eiförmig, stumpf, unterseits bläulich, netzig-geädert. Blüten

1—2, seitlich unterhalb der Spitze eines vorjährigen Laubzweiges.
in den Achseln ganz kleiner grüner Laubblätter. Blüte fünfgliedrig ;
Krone eiförmig, rötlichweiss. Frucht aussen schwarzblau, innen
grün. — Mai, Juni. In anmoorigen Dünenthälern in der Mitte
und dem östlichen Teile von *N* in Menge, namentlich in der
„grossen Lechte"; eine der Charakterpfl. von *N*. [Fehlt auf den
westfriesischen Inseln: auf den nordfriesischen sehr häufig und
ein beliebtes Kompot liefernd. Moorflora.]

Das in Nord-Amerika einheimische V. macrocarpum Aiton (unserm V. Oxy-
coccos sehr nahe verwandt) findet sich wild (?) auf der westfriesischen Insel
Terschelling. Die Pflanze, deren Früchte ein sehr geschätztes Kompot liefern,
dürfte sich ganz besonders zum Anbau in den Dünenthälern unserer Inseln eignen.
Ihre Kultur ist sehr einfach.

# 49. Fam. Primulaceae Vent., Primelgew.

1. Blüten ohne Krone. Kelch glockig, zart, rosa-gefärbt, kron-
   ähnlich. *4. Glaux.*
1\*. Blüten mit Kelch und Krone.
 2. Fruchtknoten z. t. mit dem Kelch verwachsen (daher halb
    unterständig!). Krone weiss, trichterförmig. *3. Samolus.*
 2\*. Fruchtknoten frei, völlig oberständig.
  3. Krone radförmig (mit sehr kurzer Röhre), fünfgliedrig, an-
     sehnlich. Laubblätter (wenigstens die oberen) gegenständig
     oder quirlig.
  4. Krone gelb. Frucht klappig aufspringend.
     *2a. Lysimachia.*
  4\*. Krone rot. Frucht mit einem Deckel aufspringend.
     *2. Anagallis.*
  3\*. Krone mit deutlicher Röhre, sehr unscheinbar, kürzer als
     der Kelch, meist viergliedrig. Zwergiges Pflänzchen mit
     wechselständigen Laubblättern. *1. Centunculus.*

## 1. Centunculus L., Kleinling.

\* 1. **C. minimus L.** — ☉; 1—5 cm. Kahl. Stengel aufrecht, unverzweigt oder ästig. Laubblätter rundlich-eiförmig, sehr
kurz-gestielt, spitz. Kelchabschnitte linealisch-lanzettlich, etwas
länger als die Frucht. — Juli, August. Auf feuchten (namentlich
abgeplaggten) Stellen der Wiesen und Weiden, sowie der Dünenthäler. [Nicht selten.]

## 2. Anagallis Tourn., Gauchheil.

+ 2. **A. arvensis L.** — ☉ und ☉; 6—15 cm. Kahl.
Stengel vierkantig, ausgebreitet ästig. Laubblätter gegenständig,
ungestielt, eiförmig, unterseits schwarz-punktiert. Kelchabschnitte

lanzettlich. Krone scharlacbrot, drüsig-gewimpert. Frucht kugelförmig. — Sommer. Auf Gemüsebeeten als Unkraut, häufig.
ˆAckerflora.]

      **A. coerulea Schreber**, 1895 einige Exemplare auf *Bo* an der Rhederstr.
(F. Wirtgen).

      **Lysimachia vulgaris L.** in den Bosquetaplagen auf *N* und einmal am
Wattstrande, sowie in den Anlagen auf *S* gefunden, ist offenbar mit dem massenhaft übergeführten Pflanzmateriale eingeschleppt.
      **L. nummularia L.** In dem von Herrn O. Leege auf *J* in dem Dünenthale
Hall-Ohms-Glopp ausgegrabenen Tümpel haben sich ein paar Exemplare angesiedelt, ohne absichtlich angepflanzt zu sein.

### 3. Samolus Tourn., Bunge.

    \* 3. **S. Valerandi L.** — ♃; 20—40 cm. Kahl, meist gelb-
grün. Stengel aufrecht, oberwärts verzweigt. Laubblätter spatelförmig, verkehrt-eiförmig, die unteren rosettig gestellt und länger
gestielt, die oberen kürzer gestielt, sämtlich ganzrandig, schwach-
fleischig. Blütenstand locker, traubig. Deckblatt an den Blütenstiel
hinaufgerückt. Kelchzipfel dreieckig, spitz. Krone weiss, am
Grunde gelb. Frucht kugelförmig. — Juli—Herbst. An feuchten
Stellen der Dünenthäler, selten: *Bo* (Aussenweide, häufig in der
Dodemannsdelle, Waterdelle, Bandjedelle und Kiebitzdelle; Kielstucksdelle des Ostlandes), *N* (auf der Aussenweide spärlich und
meist nur in kleinen Exemplaren), *L* (nach Lantzius-Beninga;
scheint sich dort jetzt aber verloren zu haben). [Nicht auf den
nordfriesischen, dagegen auf den westfriesischen Inseln; im nordwestlichen Deutschland nur einzeln im Süden; salzliebend.]

### 4. Glaux Tourn., Milchkraut.

    \* 4. **G. maritima L.** — ♃; 2—10 cm. Dünne Ausläufer
treibend, auf denen seitlich die mit rübenförmigen Nebenwurzeln
versehenen Winterknospen entstehen. Stengel ausgebreitet, verzweigt. Laubblätter fleischig, dichtgedrängt, gegenständig, ei-
spatelförmig, ganzrandig. Blüten ungestielt in den Achseln der
Laubblätter. — Mai—Juli. Auf den Aussenweiden sehr häufig,
seltener in Dünenthälern. [Salz- und Küstenflora.]

      **Hottonia palustris L.** fand sich nach Mitteilung des Herrn Scherz früher
nicht selten auf *Bo* in Gräben; jetzt wurde sie trotz eifrigen Nachsuchens nicht
wieder gefunden.

## 50. Fam. Plumbaginaceae Juss., Bleiwurzgew.

    1. Kelch mit trockenhäutigem Saume. Krone fünfblätterig, die
       Stiele der Kronblätter unten durch Haare verbunden. Blüten-
       stand dicht-gedrängt, kopfähnlich, am Grunde mit einer nach
       unten gerichteten cylindrischen, unten zerschlitzten Scheide.
       Laubblätter linealisch.          *1. Armeria.*

1*. Kelch mit trockenhäutigem Saume. Krone fünfblätterig, kahl Blütenstand locker, aus ährenähnlichen verzweigten Wickeln zusammengesetzt. Laubblätter lederartig, verkehrt-eiförmig, stachelspitzig. 2. *Statice.*

### 1. Armeria Willdenow, Grasnelke.

\* 1. **A. maritima Willdenow.** — ♃.; 5—30 cm. Grundachse kräftig, senkrecht, oft mehrköpfig. Laubblätter in grundständiger Rosette, linealisch, ganzrandig, gewimpert oder kahl, spitz, stumpf oder stachelspitzig. Stengel aufrecht, stielrund, kahl, oder durch kleine Höcker rauh oder weichhaarig. Blütenstand kopfähnlich. Hüllblätter am Rande trockenhäutig, der krautige Mittelnerv hervortretend, äussere haarspitzig oder (wie die inneren) stumpf stachelspitzig. Krone dunkel- oder hell-rosa bis (selten) weiss. — Mai—September. Auf den Aussenweiden und niedrigen begrasten Dünen sehr häufig. — [Weitverbreitete Küstenpflanze.] Nach fortgesetzten Beobachtungen vermag ich nicht, die zahlreichen Formen, in welchen diese Pfl. auf den Inseln vorkommt, in mehrere Arten zu gliedern. Form der Blattspitze und der äusseren Hüllblätter, Behaarung des Blattrandes und des Stengels variieren sehr stark. Die Haare der Kelchröhre sind meistens in zehn Längsreihen mit kahlen Zwischenräumen geordnet, zuweilen sind aber auch diese Zwischenräume rauhhaarig. — Die Pflanze des Binnenlandes (*A. elongata Hoffmann*) ist höher, der Stengel nicht weichhaarig.

### 2. Statice L., Strandnelke.

\* 2. **S. Limonium L.** — ♃; 15—40 cm. Grundachse kräftig, senkrecht. Laubblätter grundständig, verkehrt-eiförmig. in einen längern oder kürzern Stiel verschmälert, ganzrandig, stachelspitzig, lederartig. Aeste des Blütenstandes abstehend (zuletzt zurückgebogen) mit einseitig geordneten violetten Blüten. — Juli—September. Auf feuchten, schlickigen Wattwiesen und Aussenweiden meist häufig. [Weit verbreitete Küstenpflanze.]

Reichenbach hat diese Pflanze in zwei Arten zu gliedern gesucht: St. Limonium mit unter der Spitze stachelspitzigen Laubblättern und steil aufrechten Aesten des Blütenstandes und St. Pseudo-Limonium Reichenbach mit aus dem obersten Rande entspringender Stachelspitze und schräg abstehenden Aesten; diese Unterscheidung ist so unnatürlich, denn die Richtung der Aeste verändert sich im Laufe der Entwickelung, und die Stachelspitze des Blattes findet man an einem und demselben Exemplare bald rückenständig, bald auf der äussersten Spitze.

# 51. Fam. Gentianaceae Juss., Enziangew.

1. Laubblätter wechselständig, auf einer horizontalen gestreckten Grundachse, dreizählig-gefiedert. Krone rötlich-weiss, innen bärtig, ihre Zipfel in der Knospenlage klappig. *1. Menyanthes.*

1*. Laubblätter fast immer gegenständig, stengel-ständig. Kronzipfel in der Knospenlage in der Richtung des Zeigers der
   Uhr zusammengedreht.
  2. Stengel sehr zart, fadenförmig, mit sehr kleinen Laubblättern.
   Blüten einzeln, gelb, selten geöffnet, in der Regel 4gliedrig.
                                                          *3. Cicendia.*
  2*. Stengel einfach oder meist verzweigt, mit grössern Laubblättern. Blüten fünfgliedrig.
  3. Blütenstand trugdoldig, gabelig verzweigt. Krone trichter-
   oder präsentiertellerförmig, rot, selten weiss. Staubbeutel
   nach dem Verstäuben spiralig zusammengedreht.
                                                        *4. Erythraea.*
  3*. Blütenstand traubig-rispig, armblütig. Krone trichterförmig, blau oder violett. Staubbeutel nach dem Verstäuben nicht zusammengedreht.            · *2. Gentiana.*

## 1. Menyanthes Tourn., Bitterklee.

* oder ↑ **M. trifoliata L.** — ♃; 15—30 cm. Grundachse
kriechend. Blattstiel lang; Blättchen verkehrt-eiförmig, kaum
gestielt, stumpflich. Blüten traubig. — Mai, Anfang Juni. An
stehenden Gewässern selten: *Bo* (Kiebitzdelle, Bandjedelle, Binnenwiese nördlich vom Dorfe; Kolke am Deiche; Ostland). [Ziemlich
häufig.]

## 2. Gentiana L., Enzian.

* 2. **G. baltica Murbeck.** — ☉; 5—20 cm. Stengel aufrecht, meist ästig. Unterste Laubblätter eiförmig oder lanzettlich,
gestielt, spitzlich oder stumpflich, obere eilanzettlich, ungestielt,
spitz, oberste am Rande gewimpert. Blüte viergliedrig. Kelch
fast bis zum Grunde in vier sehr ungleiche (2 breite und 2 schmale)
Abschnitte geteilt. Krone mit eiförmigen, stumpfen, ungefransten
Zipfeln, hellblau; Schlund stark bärtig. Frucht ungestielt, cylindrisch, zuletzt länger als die Krone. — August—Oktober. Auf
Vordünen und niedrigen Hügeln, in Dünenthälern selten: *Bo* (auf
West- und Ostland nicht selten). [Auf den nordfriesischen Inseln
und im nordwestlichen Deutschland selten; im niederländischen
Dünengebiete häufiger.] *G. campestris L. pr. pte.*

* 3. **G. uliginosa Willdenow.** — ☉; 10—25 cm. Stengel
aufrecht, ästig. Grundständige Laubblätter eiförmig oder lanzettlich, in einen kurzen Stiel verschmälert, spitzlich oder stumpflich,
stengelständige eilanzettlich oder lanzettlich, spitz, oberste am
Rande rauh. Kelch bis zur Mitte in 5 (seltener 4) etwas ungleiche,
schmal-lanzettliche Abschnitte geteilt. Krone fünfteilig, mit lanzettlichen, spitzen Zipfeln, blauviolett. Schlund stark bärtig. Frucht
ungestielt. — September, Oktober. Auf niedrigen Hügeln in

Dünenthälern der westlichen Inseln: *Bo* (besonders auf dem Ostlande auf den Dünenabhängen nördlich der Höfe; auf dem Westlande am Deiche, auf den Dünen in der Nähe des Weges nach
dem Ostlande und in den Thälern an der Eisenbahn), *J* (auf der
Bill, ferner am Fusse der Dünen und in kleinen Dünenthälern
beim Loog, östlich vom Hauptdorfe), *N* (in einem Dünenthale in
der Mitte der Insel). [Röm. Im niederländischen Dünengebiete
mehrfach; im nordwestdeutschen Festlande selten.] *G. Amarella
L. pro pte.*

### 3. Cicendia Adanson, Bitterblatt.

† 4. **C. filiformis Delarbre.** — ⊙; 1—12 cm. Stengel
zart, aufrecht, unverzweigt oder wenig verzweigt, fadenförmig. Laubblätter lanzettlich, sehr klein. Blüten viergliedrig. Krone gelb,
selten geöffnet. — August, September. Auf feuchtem anmoorigem
Sande, selten: *Bo* (bisher nur in der Dodemannsdelle). [Terschel-
ling. Auf dem Festlande an feuchten anmoorigen Stellen gesellig.]

### 4. Erythraea Richard, Tausendgüldenkraut.

⁎ 5. **E. linariifolia Persoon.** — ⊙; 5—25 cm. Stengel
meist unverzweigt, erst oben ebensträussig. Laubblätter linealisch
oder linealisch-länglich, meist dreinervig, die unteren meist rosettig.
Blütenstand zuerst gleichhoch, später in aufrechte, gabelige, rispig-
verlängerte Aeste mit entferntgestellten Blüten sich entwickelnd.
Krone lebhaft rosenrot, selten weiss. — Juli, August, oft vom
Oktober an zum zweiten Male. — In feuchten, wenig bewachsenen
Dünenthälern sehr häufig, besonders massenhaft auf *L. E. litoralis
Fries.* — Die Pflanze muss nach Wittrock den Namen: *E. vulgaris
(Rafn.) Wittr. α genuina* führen. [Charakterpflanze der westeuro-
päischen Dünenterrains; nicht im nordwestdeutschen Festlande.]

⁎ 6. **E. pulchella Fries.** — ⊙; 1—20 cm (oft niedliche
einblütige Zwergexemplare). Stengel (der grösseren Pfl.) stark- und
meist vom Grunde an verzweigt. Laubblätter eiförmig, meist
5nervig, die unteren keine Rosette bildend. Blüten end- und
deutlich-gabelständig, gestielt, kleiner als bei *E. linariifolia.* Krone
blassrosa. — Juli—September. Auf feuchten Weiden und Grasplätzen, in Dünenthälern häufig; mehr im Rasen, während die
vorige den kahlen Sand vorzieht. [Im niederländischen Dünengebiete und auf den nordfriesischen Inseln vielfach; auf dem Festlande sehr zerstreut.]

# 52. Fam. Convolvulaceae Ventenat, Windengew.

1. Pfl. mit Keimblättern und grünen Laubblättern. Blüten trichterförmig, einzelnstehend. Frucht kapselig.     *1 Convolvulus.*

1\*. Pfl. ohne Keimblätter und Laubblätter, auf andern Pfl.
schmarotzend. Stengel fadenförmig, rot, unter den Blüten-
knäueln Schuppenblätter tragend, durch Saugwurzeln mit der
Nährpfl. verbunden. Blüten klein. Frucht kapselig, an der
Spitze aufspringend.                                    *2. Cuscuta.*

### 1. Convolvulus L., Winde.

† und + 1. **C. sepium L.** — ♃. Stengel windend, 1 bis
3 m lang, über und unter der Erde ausläufertreibend; die Spitzen
der Laubzweige bohren sich häufig als weisse, mit Schuppenblättern
besetzte Ausläufer in die Erde ein. Kahl. Laubblätter gestielt,
länglich-eiförmig, am Grunde pfeilförmig. Blütenstiel vierkantig.
Blüte gross. Vorblätter gross, herz-eiförmig, spitz, den Kelch
bedeckend. Krone trichterförmig, schneeweiss. Frucht einfächerig,
mit zahlreichen Rissen sich öffnend. — Sommer. An Hecken, in
Bosquets: *Bo* (an mehreren Stellen), *J* (in den Gärten des Ostdorfes und in einem Dünenthale östlich vom Hall-Ohms-Glopp),
*N* (wohl mit Buschmaterial vom Festlande eingeschleppt), *L*
(Westende, an einer Stelle beim Dorfe; Melkhören; Ostende:
grosses Dünenthal in den „Dreebargen"). [Texel, Terschelling,
Schiermonnikoog; auf dem Festlande häufig.]

\* 2. **C. Soldanella**\*) **L.** — ♃; 10—20 cm. Stengel niederliegend, kaum windend, unterirdische Ausläufer treibend. Laubblätter nierenförmig, stumpf, mit sehr kurzer Stachelspitze, langgestielt. Blütenstiel geflügelt-vierkantig. Blüte gross. Vorblätter
gross, rundlich-eiförmig, sehr stumpf, den Kelch bedeckend. Krone
trichterförmig, schön rosenrot, mit fünf den Mittelrippen ent-
sprechenden weissen Streifen. Frucht wie bei *C. Sepium.* —
Juli, August. Auf niedrigen bewachsenen Dünen, sehr selten\*\*). *Bo*
(Ausläufer der Wolde-Dünen nach der Weide, 1879 vom Grenz-
aufseher Ahrens entdeckt), *J* (in einem Dünenthale östlich vom
Hall-Ohms-Glopp, Schluckebier), *L* (ein Exemplar auf Westende,
Kossenhaschen), *N* (soll noch in den fünfziger Jahren in der Nähe
der Schanze gefunden sein); früher auf *W* (dort seit etwa 1850
nicht wieder gefunden und jetzt sicher nicht mehr vorhanden).
[An den west- und südeuropäischen Küsten häufig; auf den niederländischen Dünen mehrfach, auf den nordfriesischen Inseln fehlend.]

C. arvensis L. ♃; Stengel windend, 30—75 cm lang. Wurzel Adventivknospen bildend. Kahl oder kurz-haarig. Laubblätter gestielt, länglich-eiförmig
bis lanzettlich, am Grunde pfeil- oder spiessförmig, seltener abgestutzt. Blüte
kleiner, mit zwei kleinen, vom Kelche entfernten Vorblättern. Krone trichterförmig
weiss oder rosa, aussen mit 5 roten Streifen. Frucht zweifächerig, nicht anf-

---

\*) Wörtlich: kleine Sultanin.
\*\*) Jede Fundstelle verdient durch eine genaue Standortskarte festgelegt
zu werden.

springend. — Juni—September. Auf Aeckern und Umwallungen, eiugeschleppt. *Bo* (beim Bahnhof und den westlichen Häusern des Dorfes), *J* (vorübergehend auf einigen Aeckern beim Dorfe).

## 2. Cuscuta L., Seide.

+ 3. C. **Epithymum L.** — Stengel dünn, sehr ästig. Blüten in wenigblütigen Knäueln, innen durch Schuppen geschlossen. Kronröhre so lang als der Saum. Griffel länger als der Fruchtknoten. — Juli, August. 1878 auf einem Kleefelde auf Ostland *Bo* angesäet, Dr. Dreier; *J* (beim Loog spärlich, häufiger am Nordrande des Polders und im Westen der Bill auf Trifolium, Lotus, Galium und Salix); ähnlich auf Westende *L*, auf einem der kleinen Wiesenstücke im Westen des Dorfes); *N* (in der Nähe der Meierei). [Nicht selten.]

## 53. Fam. Borraginaceae Juss., Borretschgew.

1. Blüten hälftig-symmetrisch, mit weit hervorragendem Griffel und Staubblättern. Blüten blau-rötlich. *2a. Echium.*
1*. Blüten strahlig-symmetrisch.
  2. Schlund der Krone mit fünf Schuppen oder Höckern, zwischen denen (tiefer gestellt) die Staubblätter eingefügt sind.
    3. Krone gross, radförmig, mit spitzen Zipfeln, dunkelblau. Staubblätter über die Schuppen hervorragend.
        *1a. Borrago.*
    3*. Krone kleiner, mit stumpfen Zipfeln, Staubblätter in die Röhre eingeschlossen.
      4. Krone trichterförmig.
        5. Krone braunrot. Frucht widerhakig-stachelig.
          *1. Cynoglossum.*
        5*. Krone blau. Frucht unbewehrt.   *2. Anchusa.*
      4*. Krone präsentiertellerförmig. Schlundschuppen gelb, einen erhabenen, den Schlund fast verschliessenden Ring bildend.   *4. Myosotis.*
  2*. Schlund der Krone ohne eigentliche Schuppen. Krone trichterförmig, weiss.   *3. Lithospermum.*

## 1. Cynoglossum Tourn., Hundszunge.

C. officiuale L. — ☉☽; 30—90 cm. Dünn-graufilzig. Stengel aufrecht, oberwärts verzweigt. Laubblätter länglich-lanzettlich, spitz, die unteren stielartig verschmälert, die oberen ungestielt, halb-stengelumfassend. Blütenstände wickelig, rispig angeordnet. Blütenstiele zuletzt abwärts gekrümmt. Krone braun. Fruchtkelch weit offen. — Juni—August. In den Dünen der Melkhören und des Ostendes von *L* früher sehr häufig; jetzt, nach dem Ausrotten der Kaninchen, nur noch gelegentlich in der Nähe des Hofes als Ruderalpflanze; seit Jahren aber nicht mehr bemerkt. [Ruderalflora.]

    Borrago officinalis L., als Küchenkraut angebaut, verwildert bisweilen vorübergehend.

## 2. Anchusa L., Ochsenzunge.

+ 1. **A. arvensis Bieberstein.** — ⊙; 15—30 cm. Rauhhaarig. Stengel aufrecht, ästig. Laubblätter lanzettlich, ausge-
schweift-gezähnt, am Rande wellig. Blütenstiele gerade bleibend.
Kronröhre gebogen. Schlundschuppen rauhhaarig. Krone hellblau. mit weisser Röhre. — Juli, August. Auf bebautem Boden
bei den Ortschaften: J, N, L (vielfach im westlichen Teile des
Dorfes), W. [Ackerflora.]

A. officinalis L. (mit prächtig dunkelblauen Blüten) wurde einmal von
Nöldeke im Dorfe N auf kultiviertem Boden gefunden, war aber wohl absichtlich
angepflanzt oder zufällig verschleppt; auf W, von wo Koch und Brenneke sie
angeben, jetzt nicht mehr.

Echium vulgare L., gemeiner Natterkopf. — ⊙⊙; 30—90 cm. Stengel
aufrecht, einfach oder ästig, kurzhaarig mit einzelnen längern Haaren. Laubblätter lanzettlich, die oberen ungestielt. Blütenstand rispig, aus einzelnen
Wickeln zusammengesetzt. Kronröhre kürzer als der Kelch. Krone anfangs rosa,
dann himmelblau. — Juni—August. Auf den Inseln nur als verschleppte Ruderalpflanze. Auf der Geest des Festlandes nicht selten.

## 3. Lithospermum Tourn., Steinsame.

+ 2. **L. arvense L.** — ⊙: 10—50 cm. Kurz rauhhaarig.
Stengel aufrecht, meist ästig. Untere Laubblätter stumpf, in
einen Stiel verschmälert, obere spitzlich, ungestielt. Blüten klein.
Krone weiss. an der Röhre mit einem violetten Ringe. Teilfrucht
dreieckig-eiförmig, runzelig, glanzlos. — Sommer. Auf Gartenland im Dorfe Bo nicht selten: J (Ostdorf spärlich). N (bei der
Windmühle eingeschleppt), Ba (hier und da). [Acker- und Ruderalflora.]

## 4. Myosotis Dillenius, Mäuseohr.

A. Blütenstiele zuletzt wagerecht abstehend. Kelch angedrückt-
behaart, zur Fruchtzeit offen.

* 3. **M. caespitosa Schultz,** Vergissmeinnicht. — ⊙,
⊙⊙ oder ♃.; 15—45 cm. Stengel aufrecht oder aufsteigend,
stielrund, mit erhabenen, von den Laubblättern herablaufenden
Längslinien versehen. Laubblätter länglich-lanzettlich, meist vorne
breiter. Blüten ziemlich gross. Krone himmelblau mit gelbem
Schlundringe. Kelch bis zur Hälfte fünfspaltig, länger als der
sehr kurze Griffel. — Juni—Herbst. Auf Wiesen, an Gräben, an
den Gewässern der Dünen zerstreut, auf J und den kleinen Inseln
nur spärlich. [Meist häufig; namentlich auf der Geest.]

* 4. **M. palustris Roth,** Vergissmeinnicht. — ♃.; 15 bis
45 cm. Grundachse niedergestreckt. Stengel kantig. Laubblätter

länglich-lanzettlich. Blüten gross. Krone himmelblau mit gelbem
Schlundring. Kelch bis auf ⅓ fünfzähnig. Griffel etwa so lang
als der Kelch. — Mai bis August. In Gräben sehr selten: *Bo*,
Ostland, Graben am Wege hinter dem Wirtshause (F. Wirtgen).
[Zerstreut; namentlich in der Marsch.]

B. Kelch fünfspaltig, unterwärts mit abstehenden hakigen Haaren
besetzt.

1. Fruchtstiele so lang oder länger als der Kelch.

+ 5. **M. intermedia Link.** — ☉ und ☉; 15—50 cm.
Stengel aufrecht. Grundständige Laubblätter rosettig gestellt,
stengelständige länglich-lanzettlich. Blüten kleiner als bei den
vorigen, grösser als bei den folgenden. Fruchtstiele etwa doppelt so
lang als der Kelch, zuletzt wagerecht-abstehend. Kronröhre kürzer
als der Kelch, Saum vertieft, himmelblau. Fruchtkelch geschlossen.
— Juli, August. Auf bebautem Boden in der Nähe der Ortschaften
zerstreut und nicht beständig. [Ackerflora.]

2. Fruchtstiele kürzer als der Kelch.

* oder + 6. **M. versicolor Smith.** — ☉ und ☉; 5 bis
20 cm. Stengel aufrecht, schwach. Laubblätter länglich oder
fast linealisch. Blütenstand unbeblättert. Blütenstiele zuletzt
abstehend. Blüten klein. Kronröhre zuletzt doppelt so lang als
der Kelch. Krone zuerst hellgelb, dann hellblau, zuletzt himmelblau. Fruchtkelch geschlossen. — Mai, Juni, einzeln auch später.
Auf sandigen Grasplätzen und Umwallungen zerstreut, aber gesellig. [Nordfriesische Inseln nicht angegeben; sonst nicht selten.]

* 7. **M. hispida Schlechtendal.** — ☉, 3—15 cm.
Stengel aufrecht, schwach, meist wenig verzweigt. Laubblätter
länglich, stumpf, die unteren meist rosettig zusammengedrängt.
Blütenstiele meist nur halb so lang (nur die untersten etwa so
lang) als die Kelche, zur Fruchtzeit horizontal abstehend; Kelchzipfel gerade vorgestreckt, nicht zusammenneigend. — Mai, Juni.
Auf Dünen, Erdwällen, Deichen und Gemüsebeeten häufig. [Im
niederländischen Dünengebiete häufig; auf der sandigen Geest
zerstreut; auf den nordfriesischen Inseln anscheinend nur selten.]
Die Pfl. der Inseln bilden die *var. dunensis Buchenau*, welche
sich durch den zarten Wuchs und die auffallend kürzeren Blütenstiele von der Form des Festlandes unterscheidet.

# 54. Fam. Labiatae Juss., Lippenblütler.

1. Krone glocken- oder trichterförmig, mit 4 oder 5 fast gleichen
Zipfeln.
2. 2 gerade Staubblätter. Teilfrucht oben flach. *1. Lycopus*

2*. 4 gerade Staubblätter. Teilfrucht oben gewölbt. *2. Mentha.*

1*. Krone 2lippig (mit deutlich verschiedener Ober· und Unterlippe). 4 Staubblätter, 2 länger, 2 kürzer.

3. Kelch zweilippig, zur Fruchtreife geschlossen. Kelchlippen gezähnt. Staubblätter oben mit einem Zähnchen versehen. Blüten dicht, kopfähnlich gedrängt.      *8. Brunella.*

3*. Kelch zur Fruchtreife nicht geschlossen, Zähne vorgestreckt.

4. Die zwei hinteren (oberen) Staubblätter länger als die vorderen. Kelch mit fünf spitzen Zähnen. Unterlippe der Krone flach.      *3. Glechoma.*

4*. Die zwei hinteren (oberen) Staubblätter kürzer als die vorderen.

5. Unterlippe der Krone mit sehr kleinen zahnartigen Seitenlappen und breitem, geteiltem Mittellappen.      *7. Lamium.*

5*. Unterlippe der Krone deutlich dreilappig, mit stumpfen, breiten Lappen.

6. Unterlippe am Grunde mit zwei hohlen, von unten her eingedrückten Buckeln (oder Zähnen).      *4. Galeopsis.*

6*. Unterlippe ohne hohle Buckel. Kronröhre im Schlunde mit einem Haarringe.

7. Laubblätter 3—5lappig, handförmig-geteilt, oberseits-dunkel-, unterseits hellgrün. Kelch kreiselförmig.      *5. Leonurus.*

7*. Laubblätter nicht gelappt, aber gesägt. Kelchröhre glockenförmig. Staubblätter nach dem Verstäuben auswärts gedreht.      *6. Stachys.*

## 1. Lycopus Tourn., Wolfsfuss.

\* 1. **L. europaeus L.** — ♃ ; 20—30 cm. Ausläufertreibend. Stengel aufrecht, wenig-ästig, mit gefurchten Flächen. Laubblätter länglich-eiförmig, bis länglich-lanzettlich, die unteren gestielt, fiederspaltig, die oberen ungestielt, tief buchtig-gezähnt. Blüten-stände achselständig, scheinbar quirlig. Kelchzähne länger als die Kelchröhre. Krone weiss mit roten Punkten. — Juni bis August. An feuchten Stellen, selten: *Bo* (in der Waterdelle und der Dodemannsdelle ziemlich häufig), *J* (in einer Einsenkung süd-lich vom Loog, häufig an feuchten Stellen der alten Bill), *L* (im Dorfe bei dem Peters'schen Hause (Dr. Bergholz), grosses Dünen-thal der Melkhören; mit *Liparis Loeselii* in einem grossen west-lichen Dünenthale des Ostendes). Nicht jedes Jahr zur Blüte ge-langend. [Auf dem Festlande an Gewässern häufig; auf den nordfriesischen Inseln einzeln, auf den holländischen zerstreut.]

## 2. Mentha Tourn., Minze.

\* 2. **M. aquatica L.** — ♃; 30—80 cm. Ausläufer entweder unterirdisch, mit Niederblättern besetzt, oder oberirdisch, mit Laubblättern. Stengel aufrecht, meist ästig, rückwärts steifhaarig. Laubblätter gestielt, elliptisch bis länglich-lanzettlich. Blütenstände grösstenteils kopfähnlich zusammengedrängt, einige in Scheinquirlen. Kelchröhre cylindrisch-trichterförmig, gefurcht. Kelchzähne lanzettlich-pfriemlich, viel länger als breit, zur Fruchtzeit gerade vorgestreckt. Krone hell oder dunkler lila. — Juli bis Oktober. An Gräben und Sümpfen, in feuchten Dünenthälern; auf den Aussenweiden namentlich in den Rasen von *Juncus maritimus*: *Bo, J, N* (Bley), *S*. [Föhr, Sylt; auf den westfriesischen Inseln und dem Festlande an Gewässern häufig.]

+ 3. **M. arvensis L.** — ♃; 5—25 cm. Ausläufer wie bei *M. aquatica*. Stengel einfach oder ästig, niederliegend oder aufsteigend. Laubblätter gestielt, meist eiförmig. Blütenstände sämtlich in den Blattachseln. Kelchröhre glockenförmig, nicht gefurcht; Kelchzähne dreieckig, etwa so lang als breit, zur Fruchtzeit gerade vorgestreckt. Blüten lila. — Juli—Herbst. In Gemüsegärten und auf Feldern als Unkraut nicht selten. [Ackerflora; auf dem Festlande auch an andern feuchten Stellen.]

## 3. Glechoma L., Gundelrebe.

+ 4. **G. hederacea L.** — ♃; 15—40 cm. Laubachsen kriechend, wurzelnd. Stengel aufsteigend, meist einfach. Laubblätter gestielt, nierenförmig oder herzförmig, gekerbt. Oberlippe der Krone flach, gerade vorgestreckt. Krone lila, in der Grösse sehr wechselnd. — April—Juni. An Grabenrändern und Umzäunungen in der Nähe der Ortschaften, weit seltener als auf dem Festlande: *Bo, N* (in den Bosquetanlagen beim Konversationshause, auch auf einer Düne in der Mitte der Insel eingeschleppt). [Ruderalflora.]

## 4. Galeopsis L., Hohlzahn.

+ 5. **G. Tetrahit L.** — ☉; 30—75 cm. Stengel aufrecht, meist ästig, unter den Knoten verdickt und steifhaarig. Laubblätter eiförmig oder länglich-eiförmig, zugespitzt, grob gekerbtgesägt. Blütenstände oberwärts kopfähnlich-genähert. Kronröhre länger oder kürzer als der Kelch. Krone rot, Unterlippe meist mit gelblichem, purpur-geflecktem Hofe. — Sommer. Auf bebautem Boden, an Hecken in der Nähe der Ortschaften, viel seltener als auf dem Festlande: *Bo, J* (seit 1892), *N*. [Föhr: die Form *G. bifida*; Terschelling, Ameland. Auf dem Festlande häufig als Ruderalpflanze, in Gebüschen u. s. w.]

## 5. Leonurus L., Löwenschweif.

+ 6. **L. Cardiaca L.** — ♃; 30—100 cm. Stengel aufrecht, meist ästig, rückwärts kurzhaarig. Laubblätter oberseits
dunkel-, unterseits hellgrün, die unteren rundlich, handförmig-
fünfspaltig, die oberen elliptisch oder lanzettlich, dreispaltig, grob-
gekerbt-gesägt. Blütenstände ungestielt. Die zwei unteren Kelchzähne zurückgeschlagen. Krone rosa, weit aus dem Kelch hervorragend, dichtzottig; Röhre mit schiefem Haarringe. — Juli bis
August. In Ortschaften, bei den Bauerhöfen; *Bo* (im Hauptdorfe
und auf dem Ostlande), *N.* [Ruderalflora.]

## 6. Stachys L., Ziest.

A. Einjährige Pflanze. Krone kaum länger als der Kelch.

+ 7. **S. arvensis L.** — ☉; 10—20 cm. Gelbgrün, rauhhaarig. Stengel ästig. Laubblätter gestielt, rundlich-eiförmig (die
oberen schmaler), gekerbt, stumpf. Blütenstände 1—3blütig, in
den Achseln von Laubblättern, nur die obersten genähert. Kelchzähne lanzettlich. Krone blassrosa, Unterlippe dunkler punktiert.
— Sommer. Auf bebautem Boden: *Bo* (Ostland). [Ackerflora.]

B. Mehrjährige Pflanze. Krone doppelt so lang als der Kelch.

+ 8. **S. paluster L.** — ♃; 30—75 cm. Unterirdische
Ausläufer an der Spitze knollig verdickt. Stengel meist unverzweigt,
rückwärts-angedrückt-steifhaarig. Laubblätter länglich-lanzettlich
bis lanzettlich, spitz, kleingekerbt, am Grunde fast herzförmig,
die unteren sehr kurz-gestielt, die oberen halbstengelumfassend.
Blütenstände 2—5blütig, die oberen ährenähnlich zusammengedrängt. Krone schmutzig-kirschrot; Unterlippe mit geschlängelten
weissen Streifen. — Sommer, Herbst. Auf bebautem Boden als
Unkraut, nicht selten. [Ackerflora; auf dem Festlande auch an
nassen Stellen.]

## 7. Lamium Tourn., Bienensaug.

A. Kronröhre über dem Grunde verengt und (meist) mit schrägem
Haarringe versehen.

1. **Blüten gross. Kronröhre aufwärts-gekrümmt. Oberlippe doppelt gekielt.**

+ 9. **L. album L.** — ♃; 30—60 cm. Grundachse ausläufertreibend. Stengel aufrecht oder aufsteigend, unten klein-
und entfernt-beblättert. Laubblätter eiförmig, die grösseren an
der Basis herzförmig, zugespitzt, scharf gesägt. Kronröhre mit
schrägem Haarringe. Krone weiss. Seitenabschnitte der Unterlippe meist mit mehreren Zähnen. — April—Juni, einzeln bis

Oktober. An Hecken und Umzäunungen, in den Ortschaften; zerstreut. [Auf dem Festlande viel häufiger, Ruderalflora.]

2. Blüten kleiner. Kronröhre gerade. Oberlippe nicht gekielt.

+ 10. **L. purpureum L.** — ☉ und ☉; 15—30 cm. Stengel aufrecht, unverzweigt oder am Grunde ästig, unten sehr entfernt beblättert. Laubblätter kurzhaarig, gekerbt, die unteren rundlich, langgestielt, die oberen eiförmig, kurzgestielt. Kelchzähne so lang oder etwas länger als die Kelchröhre, sparrig ausgebreitet. Krone hellpurpurrot. Kronröhre lang, plötzlich in den Schlund erweitert. — Frühling—Herbst. Auf bebautem Boden, hier und da. [Acker- und Ruderalflora.]

+ 11. **L. dissectum Withering.** — ☉ und ☉; 15 bis 30 cm. Laubblätter ungleich-tief-eingeschnitten-gekerbt, untere herz-eiförmig, fast rundlich, gestielt, obere ei- oder fast rautenförmig, kurzgestielt, mit verbreitertem Blattstiele. Kelchzähne fast so lang als die Kelchröhre. Kronröhre dünn, unten meist mit einem Haarringe, oben in den kugeligen Rachen erweitert. Krone hellpurpurrot, nach dem Verblühen abstehend. — Frühling bis Herbst. Auf bebautem Lande einzeln. [Auf dem Festlande vorzugsweise in der Marsch.] *L. hybridum Villars, incisum Willdenow.*

B. Kronröhre ohne Haarring.

+ 12. **L. amplexicaule L.** — ☉ und ☉; 15—30 cm. Stengel meistens am Grunde ästig, unterwärts kahl, oberwärts kurzhaarig. Untere Laubblätter klein, gestielt, obere rundlich-herzförmig oder nierenförmig, ungestielt, halbstengelumfassend, gekerbt. Blütenstand 6—10blütig. Kelch klein, grau, mit gewimperten, nach der Blüte zusammenneigenden Zähnen. Krone lebhaft purpurrot. Kronröhre dünn, gerade. — Frühling—Herbst. Auf bebautem Boden, zerstreut. [Acker- und Ruderalflora.]

L. intermedium Fries. Dem *amplexicaule* ähnlich, aber die oberen Laubblätter kurz-gestielt; Kelch weit grösser, mit langen auch nach der Blütezeit ausgebreiteten Zähnen, braun; Krone die Kelchzipfel nur wenig überragend, mit kurzer Röhre, lebhaft purpurrot, fand sich in einzelnen Exemplaren auf *Ba* und *W*.

## 8. Brunella (fälschlich Prunella) Rivinus, Bräunekraut.

* 13. **B. vulgaris L.** — ♃; 15—30 cm. Kahl oder kurzhaarig. Stengel am Grunde verzweigt. Laubblätter gestielt, länglich-eiförmig bis länglich-lanzettlich. Blütenstände zu einer endständigen Scheinähre zusammengerückt. Kronröhre gerade. Krone violett oder rötlich, selten weiss. — Juni—August. Auf Wiesenflecken, in Dünenthälern häufig. [Häufig.]

# 55. Fam. Solanaceae Juss., Nachtschattengew.

1. Krone radförmig, flach ausgebreitet. Frucht beerig.
   *1. Solanum.*
1*. Krone glocken-, trichter- oder fast präsentiertellerförmig.
   2. Dorniger Strauch mit rutenförmigen, hängenden Aesten, röt-
      lichen Blüten und roten saftigen Früchten. *2. Lycium.*
   2*. Wehrloses Kraut. Krone glockenförmig, gelblich, violett
       geadert. Frucht trocken, glatt, kapselig, mit einem Deckel
       aufspringend. *1a. Hyoscyamus.*

## 1. Solanum L., Nachtschatten.

+ 1. **S. nigrum L.** — ⊙; 15—50 cm. Krautig, rauh,
kahl oder behaart. Stengel ästig, aufrecht oder ausgebreitet.
Laubblätter eiförmig oder fast dreieckig, in den Stiel verschmälert,
buchtig-gezähnt. Blütenstand kurzgestielt, doldenähnlich-wickelig.
Krone weiss. Frucht kugelförmig, schwarz. — Juni—Herbst.
Auf bebautem Boden als Unkraut: Bo, J, N, L (auf dem Westende spärlich auf Gemüsefeldern, auf der Melkhören zerstreut in
den Dünen, auf dem Ostende beim Gehöft, sowie einzeln am
Wattstrande), W. [Ruderalflora.]

+ oder ↑ 2. **S. Dulcamara L.** — Halbstrauchig; Stengel
kletternd, oft bis 2 m hoch, ästig. Laubblätter gestielt, länglich-
eiförmig, spitz oder zugespitzt, ganzrandig, am Grunde oft herzförmig, die oberen spiessförmig oder selbst dreizählig. Blütenstand
wickelig, langgestielt, rispenähnlich. Krone violett. Fruchtstiele
an der Spitze verdickt. Frucht eiförmig, rot. — Juni—August.
In feuchten Gebüschen, an Wänden kletternd, eingeschleppt oder
absichtlich angepflanzt: J (an mehreren Häusern, in einigen Thälern
der Bill), N (Anlagen beim Konversationshause; mit Pflanzmaterial
eingeschleppt), L (Ostende: einige Exemplare auf den hohen Dünen
der Dreebarge und in der Nähe des Hofes), W (an einer Laube
bei der Saline angepflanzt). Auf dem Festlande in Ufergebüschen
nicht selten.

Hyoscyamus niger L., Bilsenkraut. — ⊙⊙, seltener ⊙; 30—100 cm.
Klebrig-rauhhaarig. Stengel aufrecht-ästig. Untere Laubblätter gestielt, länglich-eiförmig, obere stengelumfassend, grobbuchtig-gezähnt. Blütenstand dicht,
wickelig; Blütenstiele kurz. Kelch bleibend, zur Reifezeit stechend-stachelspitzig.
Samen braun. — Juni bis Herbst. Auf Schuttstellen, an Wegen selten und unbeständig.

## 2. Lycium L., Teufelszwirn, Bocksdorn.

+ 3. **L. halimifolium Miller,** „Wangerooger Busch." —
Strauch; 1—3 m. Etwas fleischig, kahl. Zweige schlank, z. T.
aufrecht, z. T. hängend, oft dornig. Laubblätter länglich-lanzettlich, flach, allmählich in den Stiel verschmälert. Blüten einzeln

oder in armblütigen Trugdolden in den Blattachseln; Blütenstiele
so lang oder länger als die Blätter. Zipfel der Krone länglich,
fast so lang als die cylindrische, innen behaarte Röhre, violettrot.
Staubblätter länger als die Kronzipfel, am Grunde wollzottig;
Staubbeutel herzförmig-länglich. Frucht länglich, scharlachrot. —
Sommer. Im Anfange des 19. Jahrhunderts auf Wangerooge eingeführt und von da rasch über die Inseln verbreitet. Vielfach
zu Lauben und Hecken angepflanzt und jetzt oft selbständig auftretend.

**Datura Stramonium L.**, Stechapfel, 1890 ein paar Exemplare auf *S* bei dem
Hause nördlich von der Kirche (Lehrer Weerts).

## 56. Fam. Scrophulariaceae R. Br., Braunwurzgewächse.

1. Staubbeutel am Grunde abgerundet, ohne Spitzchen.
   2. 2 Staubblätter. Kelch vierteilig.                                   *2. Veronica.*
   2\*. Vier Staubblätter, zwei lange, zwei kurze. Kelch fünfteilig
      oder fünfzähnig.
      3. Krone am Schlunde durch eine hohle Falte der Unterlippe
         (den sog. Gaumen) geschlossen, am Grunde gespornt.
                                                              *1. Linaria.*
      3\*. Krone am Schlunde offen, klein, fünfspaltig, fast strahlig-
         symmetrisch. Kleine auf Schlamm oder feuchtem Sande
         wachsende Pflanze.                                    *3. Limosella.*
1\*. Staubbeutel am Grunde mit 2 Stachelspitzen, nicht abgerundet.
   4. Kelch fünfteilig oder zweilappig; Zähne desselben blatt-
      artig-gezähnt oder kraus. Laubblätter fiederteilig.
                                                              *5. Pedicularis.*
   4\*. Kelch in 4, meist ganzrandige Abschnitte geteilt.
      5. Kelch aufgeblasen, seitlich zusammengedrückt. Oberlippe
         der Krone mit zwei seitlichen, vorgestreckten Zähnen.
         Krone ringförmig abreissend. Same glatt, oft geflügelt.
                                                              *4. Alectorolophus.*
      5\*. Kelch röhrig oder glockig, nicht aufgeblasen. Oberlippe
         der Krone gewölbt, der vordere Saum mehr oder weniger
         umgeschlagen; Unterlippe dreilappig, nicht höckerig. Frucht
         vielsamig. Same gerieft.                             *6. Euphrasia.*

### 1. Linaria Tourn., Leinkraut.

\* 1. **L. vulgaris L.** — ♃; 20—40 cm. Kahl, nur der
Blütenstand drüsenhaarig. Bildet zahlreiche Adventivknospen auf
den Nebenwurzeln. Stengel aufrecht, unverzweigt oder ästig, dicht
beblättert. Laubblätter lanzettlich bis linealisch, spitz, am Rande
zurückgerollt, dreinervig. Blütenstand endständig, traubig; Blüten-

stiele etwa so lang als der Kelch. Kelchzipfel lanzettlich. Sporn
gerade, fast so lang als die hellgelbe Krone. — Juni—Herbst.
Auf Dünen und als Ruderalpflanze; *Bo* (nur an wenigen Stellen
beim Dorfe). *J* (spärlich), *N* (südliche Dünen), *Ba* (häufig beim
Westerloog in den Gärten), *L* (häufig als Dünenpflanze), *S* (auf
Wällen in der Nähe der Kirche), *W* (auf der äussersten südöstlichen
Düne). [Häufig.]

## 2. Veronica Tourn., Ehrenpreis.

A. Blütenstände scharf von dem beblätterten (vegetativen) Teile
der Pflanze abgesetzt, gestielt, traubig, stets achselständig.

1. Kahl. Stengel dick, hohl. Blütenstände gegenständig, in den Achseln beider
Laubblätter eines Paares. Frucht gedunsen, rundlich, flach ausgerandet.

* 2. **V. aquatica Bernhardi.** — ♃; 10—50 cm. Stengel
aufrecht oder aufsteigend, unverzweigt oder ästig, schwach-vier-
kantig, hohl. Laubblätter lanzettlich oder länglich-lanzettlich,
spitz, ungestielt, kleingesägt. Krone blassrötlich. Fruchtstand
zuletzt sehr locker, die Fruchtstiele weit abstehend. Frucht rund-
lich-elliptisch, länger als die eiförmig-länglichen Kelchzipfel. —
Juni—August. An Gräben: *Bo* (an ziemlich vielen Stellen). [Im
westfriesischen Dünengebiete und auf dem Festlande nicht selten.]

2. Kahl (eine seltene drüsenhaarige Var. scheint auf den Inseln zu fehlen).
Blütenstände nur in der Achsel eines Laubblattes eines Paares. Frucht flach-
zusammengedrückt, quer breiter, tief ausgerandet.

* 3. **V. scutellata L.** — ♃; 5—30 cm. Dünne Ausläufer
treibend. Stengel aufsteigend, dünn, schlaff. Laubblätter linealisch bis lanzettlich, spitz, ungestielt, rückwärts feingesägt. Blütenstiele dünn, mehrmals länger als der Kelch. Krone weisslich mit
rötlichen Adern. — Juni—August. Nasse Stellen der Dünenthäler,
selten: *Bo* (Kiebitzdelle, Gräben am Südende der Binnenwiese,
sumpfige Wiese beim Uebergange des Fahrweges über den Deich),
*L* (häufig an dem Tümpel im grossen nördlichen Dünenthale, sowie
in den Gräben und an dem Tümpel im Westen des Dorfes am
Innenrande der Dünen). [Sylt, Föhr, Amrum; im niederländischen
Dünengebiete und auf dem Festlande häufiger.]

3. Behaart. Blütenstände gegenständig, locker.

* 4. **V. Chamaedrys L.** — ♃; 5—30 cm. Grundachse
kriechend. Stengel aufsteigend, zweizeilig behaart. Laubblätter
eiförmig, ungestielt oder ganz kurz-gestielt, zart, runzelig, mehr
oder weniger rauhhaarig. Frucht ausgerandet, kürzer als der
Kelch, so lang als breit, dreieckig, am Grunde verschmälert. Krone
himmelblau, mit dunkleren Adern, der untere Zipfel dunkler. —
April—Juni. Auf Grasplätzen, in Dünenthälern, auf Umwallungen
zerstreut; *J* (in einer Mulde unfern des Rettungsbootschuppens

beim Dorfe, ferner beim Loog und an den Rändern der grossen
Bill), N (nicht selten). Das Fehlen dieser Pflanze auf Bo ist sehr
auffällig. [Sylt, Föhr. Fehlt auf den westfriesischen Inseln. Auf
dem Festlande häufig.] — Die Pflanzen der Inseln sind meist un-
gewöhnlich klein; der Stengel aber ist in normaler Weise behaart.

&ast; 5. **V. officinalis L.** — ♃; 8—20 cm. Rauhhaarig, oberwärts drüsig. Stengel kriechend, ästig, erst oben aufgerichtet.
Laubblätter verkehrt - eiförmig, kurzgestielt, derb, rauhhaarig.
Blütenstand meist einzeln, gedrängt. Krone hellblau mit dunkleren
Adern. Frucht länger als der Kelch, stumpf, dreieckig - ausgerandet, so lang als breit, drüsenhaarig. — Juni—August. Auf
trockenen Grasplätzen in den Dünenthälern und auf den Wiesen
sehr zerstreut. [Meist häufig.] Die Pflanzen der Inseln sind meist
ziemlich stark behaart; der aufgerichtete Teil des Stengels ist
selten über 5 cm hoch.

B. Blütenstände nicht scharf von dem beblätterten Teile der
   Pflanze abgesetzt (die Laubblätter gehen nach und nach in
   Deckblätter über).

1. Deckblätter (wenigstens die oberen) hochblattartig. Blütenstand daher traubig.

  + 6. **V. serpyllifolia L.** — ♃; 10—20 cm. Kurzhaarig
oder kahl. Stengel kriechend, verzweigt, oberwärts aufsteigend.
Laubblätter eiförmig - länglich, undeutlich - gekerbt. Blütenstiele
etwas länger als der Kelch. Blüten mässig-gross, bläulich-weiss,
dunkler geadert. Frucht quer breiter, stumpf-ausgerandet. — Mai.
Juni. Auf Grasplätzen, selten: Bo (im Dorfe und spärlich bei
Upholm). [Häufig.]

  &ast; 7. **V. arvensis L.** — ☉; 2—15 cm. Zerstreut behaart.
oberwärts drüsig. Stengel aufrecht ästig oder einfach. Laubblätter
herz-eiförmig, kerbig-gesägt, dreinervig, die untersten gestielt, die
oberen ungestielt. Blütenstiele etwa halb so lang als der Kelch.
Krone hell-himmelblau. Frucht etwa so lang als breit, tief
spitzwinkelig-ausgerandet. — Mai, Juni; auf Aeckern auch später.
Auf Grasplätzen, Erdumwallungen und Dünen, auch auf bebautem
Boden häufig. [Meist häufig.]

2. Deckblätter sämtlich laubblattartig (Blüten also einzeln auf längeren Stielen in den -
Achseln von Laubblättern). Stengel niederliegend. Laubblätter gestielt. Samen
beckenförmig.

a. Fruchtstiele zurückgebogen.

  + 8. **V. agrestis L.** — ☉ und ☉; 10—25 cm. Hellgrün.
behaart. Laubblätter länglich-eiförmig, am Grunde gestutzt oder
herzförmig. Blütenstiele etwa so lang als das Blatt. Kelchzipfel
länglich-eiförmig, stumpf, in der Frucht sich nicht mit den Rändern
deckend. Krone hellblau, dunkler geadert, unterer Abschnitt weiss.
Frucht wenig breiter als lang, meist spitzwinklig-ausgerandet, am

Rande gekielt, ihre Fächer 2—6 samig. — Frühling—Herbst. Auf
bebautem Lande: *N*, *Ba* (Aecker beim Osterloog). [Ackerflora.]

**b. Fruchtstiele gerade.**

+ 9. **V. hederifolia L.** — ⊙ und ⊙; 8—30 cm. Dunkelgrün, kurzhaarig. Laubblätter rundlich-eiförmig, am Grunde
schwach-herzförmig, 3—7-, meist 5-lappig-gekerbt. Kelchzipfel
breit-herz-eiförmig, zugespitzt, mit den Seitenrändern nach aussen
gebogen. Krone klein, hellblau. Frucht fast kugelförmig, am
Rande und oben eingeschnürt, daher fast vierlappig, kahl. —
Frühjahr, Sommer. Auf bebautem Lande, in Gärten: *Bo*, *N* (auf
beiden Inseln spärlich). [Ackerflora.]

### 3. Limosella Lindern, Schlammling.

* 10. **L. aquatica L.** — ⊙; ca. 5 cm. Kahl. Ausläufertreibend. Laubblätter schmal-spatelförmig. gestielt. Blütenstiele
viel kürzer als die Laubblätter. Frucht kugelig-eiförmig. — Juli
bis Oktober. Auf Schlamm und feuchtem Sande, selten: *L* (feuchte
Stellen der Aussenweide des Westendes, in einzelnen Jahren spärlich; häufiger auf dem Ostende in den Zuleitungsgräben zu der
östlich von den Höfen auf der Weide liegenden Viehtränke), *S*
(in Gräben beim Dorfe), *W* (mehrfach in der Niederung westlich
vom Friedhofe). [Föhr; Vlieland? Auf dem Festlande an Ufern
nicht selten.]

### 4. Alectorolophus Haller, Hahnenkamm.

✳ 11. **A. major Reichenbach.** — ⊙; 30—45 cm. Stengel
aufrecht, ästig, meist schwarzbraun gestrichelt. Laubblätter gegenständig, ungestielt, mit herzförmigem Grunde, gesägt, rauh. Deckblätter bleich. Röhre der Krone gekrümmt, meist so lang als
der Kelch. Zähne der Oberlippe länglich-eiförmig. Blüten hellgelb, Zähne der Oberlippe violett. — Mai, Juni. Auf Wiesen, in
Dünenthälern, häufig. [Häufig.] *Rhinanthus major Ehrhart.*

* 12. **A. minor Wimmer et Grabowski.** — ⊙; 15—30 cm.
Stengel aufrecht, ästig, meist ungefleckt. Laubblätter wie bei vor.
Deckblätter grün. Kronröhre grade, kürzer als der Kelch. Zähne
der Oberlippe kurz-eiförmig. Blüten bräunlich-gelb, Zähne violett
oder weisslich. — Mai. Juni. Mit dem vorigen, aber bemerklich
seltener: *Bo*, *J* (östlich vom Dorfe), *N*. *L*. [West- und nordfriesische Inseln häufiger; auf dem Festlande gemein.] *Rhinanthus
minor Ehrhart.*

### 5. Pedicularis Tourn., Läusekraut.

* 13. **P. silvatica L.** — ⊙⊙ und ♃; 10—20 cm. Stengel
mehrere, unverzweigt, der mittlere fast vom Grunde an Blüten tragend,

die seitlichen niederliegend oder aufsteigend, an der Spitze Blüten tragend. Kelch ungleich-fünfzähnig mit eingeschnitten-gezähnten Abschnitten, am Rande zottig. Krone rosenrot, selten weiss. Oberlippe vorn jederseits mit einem spitzen Zahne. — Mai bis Juli. Auf nassem, anmoorigem oder heidigem Boden, selten: *Bo* (Bandjedelle, Kielstucksdelle, Waterdelle, Kiebitzdelle, bei Upholm zwischen den beiden Deichen, Innenrand der Binnenwiese, mit *Pinguicula* zusammen — an den bezeichneten Stellen in Menge). *L* (oberer Rand der Binnenwiese in der Nähe des Hospizes. [Auf den nordfriesischen Inseln zerstreut, auf den westfriesischen und dem Festlande häufig.]

\* 14. **P. palustris L.** — ☉☉; 15—50 cm. Stengel meist einzeln, steil aufrecht, ästig. Kelch 2spaltig, mit blattartigen, krausgezähnten, am Rande kahlen Lappen. Krone hellpurpurn, Oberlippe dunkler; Oberlippe in einen kurzen Schnabel verlängert, jederseits mit einem pfriemlichen Zahne. — Juni—August. In nassen Dünenthälern, auf feuchten Wiesen: *Bo* (an vielen Stellen). *W* (am Fusspfade auf dem Deiche, mit Moorsoden eingeschleppt). [Auf den nordfriesischen, den westfriesischen Inseln und dem Festlande häufig.]

## 6. Euphrasia L., Augentrost.

A. Blüten weiss oder blassviolett. Zipfel der Unterlippe tief ausgerandet. Unteres Staubbeutelfach der kürzeren Staubblätter länger stachelspitzig als die übrigen.

✳ 15. **E. stricta Host.** — ☉; 5—50 cm. Grasgrün. Stengel aufrecht, unverzweigt oder unten wenig ästig, rot angelaufen, mit kurzen, drüsenlosen, grauen, rückwärts angedrückten Haaren dicht bedeckt. Laubblätter kahl (selten etwas behaart), länger als die Stengelglieder, die unteren stumpf, die oberen spitz; die mittlere Fläche nicht ganz doppelt so lang als breit, jederseits mit 3—5 spitzen oder sogar begrannten Zähnen. Deckblätter eiförmig, am Grunde keilig, lang zugespitzt, jederseits mit 3—7 spitzen oder begrannten Zähnen. Kelch kahl, zur Fruchtreife nicht vergrössert. Krone 5—7 mm lang, meist blassviolett, mit bläulichen Linien und einem gelben Flecke auf der Unterlippe gezeichnet. Frucht kürzer als die Kelchzähne, schwach ausgerandet, am Rande langgewimpert. — Sommer, Herbst. Auf Wiesen und in bewachsenen Dünenthälern sehr häufig. [Ebenso auf dem Festlande und in den anderen Dünengebieten.]

\* 16. **E. gracilis Fries.** — ☉; 3—25 cm. Dunkel grasgrün. Stengel aufrecht, unverzweigt oder aus der Mitte wenig verzweigt, bräunlich angelaufen, kahl oder mit kurzen, drüsenlosen, grauen, rückwärts angedrückten Haaren locker bedeckt. Laubblätter kahl, kürzer als die Stengelglieder, die unteren stumpf, die oberen spitz, die mittlere Fläche nicht ganz doppelt so lang als breit, jederseits mit 3—4 spitzen, aber nicht begrannten Zähnen. Deck-

blätter dreieckig-eiförmig, mit breiter Basis, spitz, jederseits mit
3—5 spitzen (selten kurz-begrannten) Zähnen. Kelch kahl, zur
Fruchtzeit etwas erweitert. Krone 3—6 mm lang, weisslich oder
violett, mit bläulichen Linien und einem gelben Flecke auf der
Unterlippe gezeichnet. Fr. so lang oder länger als der Kelch,
ausgerandet, am Rande gewimpert. — Sommer. Auf heidigem
Boden. Bis jetzt erst für *N* konstatiert, aber wohl weiter verbreitet. [Auf den nordwestdeutschen Heiden sehr häufig.]

B. Blüten rot, selten weiss; Zipfel der Unterlippe stumpf. Staubbeutelfächer
gleichmässig-stachelspitzig.

* 16. **E. odontites L.** — ⊙; 10—55 cm. Stengel aufrecht, meist ästig. Laubblätter linealisch oder linealisch-lanzettlich, wenig gesägt. Deckblätter kürzer, so lang oder wenig länger
als die Blüten. Krone kurz-zottig. Frucht länger als der Kelch.
— Juni—August. Auf Wiesen und Weiden häufig. [An den Küsten
allgemein verbreitet. Auf dem Festlande auf Wiesen, in einigen
Gegenden aber auch auf Aeckern.] — Die Pfl. der Inseln gehört
zur var. *litoralis Fries*, welche durch einen wenig verzweigten
Stengel und etwas fleischige, weniger tief gesägte Laubblätter von
der Binnenlandsform verschieden ist; die Länge der Deckblätter
finde ich an den mir vorliegenden Pfl. ungemein schwankend,
meist kürzer, zuweilen aber auch bemerklich länger als die Blüten.

# 57. Fam. Lentibulariaceae Richard, Wasser-
schlauchgewächse.

1. Laubblätter ei- oder lanzettförmig, ganzrandig, oberseits mit
klebriger Oberfläche, eine grundständige Rosette bildend. Kelch
5 spaltig. Blüten einzeln auf langen Stielen, blau mit offenem
Schlunde. *1. Pinguicula.*
1*. Laubblätter stark zerteilt, Bläschen tragend, unter die Wasser-
oberfläche versenkt. Kelch 2 blätterig. Blüten wenige, traubig
gestellt, aus dem Wasser hervorragend, gelb, mit geschlossenem
Schlunde. *2. Utricularia.*

## 1. Pinguicula Tourn., Fettkraut.

* 1. **P. vulgaris L.** — ♃; 5—10 cm. Rand der Laubblätter
nach oben umgerollt. Sporn der Krone walzenförmig, spitz, etwa
halb so lang als die übrige Krone. Krone schön blau-violett. —
Mai—Juni. Am obern Rande der Wiesen und Weiden, selten:
*Bo* (Westland und Ostland, besonders häufig im Intervall, an dem
unter den Dünen des Ostlandes sich hinziehenden Fahrwege).
[Röm, Sylt, Föhr; dagegen nicht auf dem niederländischen Dünenterrain. Feuchte Heiden.]

### 2. Utricularia L., Wasserschlauch.

* 2. **U. vulgaris L.** — ♃; Laubblätter nach allen Seiten abstehend, 2—3 fach gefiedert-fiederteilig, mit haarfeinen Zipfeln und grossen Schläuchen. Blütenstengel lang. Blüten gross, zu 5—10. Oberlippe der Krone rundlich-eiförmig, an der Spitze undeutlich dreilappig; Unterlippe mit zurückgeschlagenen Rändern; ihr Gaumen fast so hoch aufragend wie die Oberlippe, durch eine Längsfurche stark zweilappig ausgerandet, die Lappen fast eine scharfe Kante bildend. Krone dottergelb, der Gaumen orangegelb gestreift. — Juli bis September. In anmoorigen Gräben, selten: Bo (Binnenwiese, namentlich in der Nähe von Upholm, Kiebitzdelle, Dodemannsdelle. [Föhr; dagegen nicht in dem niederländischen Dünenterrain. Gewässer der Geest und Marsch nicht selten.]

## 58. Fam. Plantaginaceae Juss., Wegerichgew.

1. Blüten getrennten Geschlechtes, die männlichen langgestielt, die weiblichen sehr klein, beiderseits am Grunde derselben sitzend. Laubblätter linealisch, fast cylindrisch, pfriemenförmig-zugespitzt. *1. Litorella.*

1*. Blüten zwitterig, ährig gestellt. Laubblätter flach. *2. Plantago.*

### 1. Litorella Bergius, Strändling.

* 1. **L. juncea Bergius.** — ♃; 1—6 cm. Ausläufertreibend. Kelch und Krone der männlichen Blüten regelmässig vierteilig; Kelch der weiblichen Blüten 2—4blättrig, Krone mit 2—3zähnigem Saume. Staubfäden 5—6 mal so lang als die Krone, weiss, seidenglänzend. — Juni—August. An und in Gewässern feuchter Dünenthäler, selten: *Bo* (am Deiche, sowie in allen feuchten Thälern), *W* (vielfach in feuchteren Niederungen). Untergetauchte Pfl. werden dicker und steifer, blühen aber nicht. [Auf nassem Sandboden weit verbreitet, auch auf den nord- und den westfriesischen Inseln.]

### 2. Plantago L., Wegerich, Wegebreit.

A. Laubblätter fiederspaltig oder fiederspaltig-gesägt.

* 2. **P. Coronopus L.** — ☉ und ☉☉; 5—30 cm. Laubblätter in bodenständiger Rosette, ausgebreitet, entfernt fiederspaltig—gesägt (zuweilen selbst doppelt-gesägt), meist rauhhaarig. Blütenstengel länger als die Laubblätter, angedrückt-behaart. Blütenstand cylindrisch, dicht. Hintere Kelchzipfel mit häutiggeflügeltem, gewimpertem Kiel. Frucht eiförmig; Fächer durch eine falsche Scheidewand in zwei einsamige Abteilungen geteilt. — Juni—September. Auf den sandigen Aussenweiden nicht selten, spärlicher in den Dünenthälern. [Weitverbreitete westeuropäische

Sand- und Küstenpflanze.] Selten ist die Pfl. fast kahl (*var. glabriuscula Meyer, Hann. Mag., 1824, p. 180*); bei einer andern Form sind die Laubblätter nur gesägt (*var. subintegerrima Meyer, Chloris Hann.*).

B. Laubblätter ungeteilt, höchstens gezähnt.

+ 3. **P. major L.** — ♃; 15—30 cm. Laubblätter in grundständiger Rosette, eiförmig, 3—5 nervig, plötzlich in den ziemlich langen breiten Stiel verschmälert. Blütenstand verlängert-cylindrisch, meist dicht. Kronzipfel stumpf. Fruchtfächer 4—8 samig. — Juni—August. In und bei den Ortschaften, auf Wiesen nicht selten. [Ruderalflora.]

\* 4. **P. lanceolata L.** — ♃; 15—40 cm. Laubblätter in grundständiger Rosette, lanzettlich, 3—5 nervig, allmählich in den langen, rinnenförmigen Stiel verschmälert. Blütenstand dicht, eiförmig. Kelchzipfel gekielt, kurz-stachelspitzig. Fruchtfächer einsamig. — In den Ortschaften, auf Wiesen, in Dünenthälern nicht selten. [Ruderal- und Wiesenflora.] Beachtenswert ist die *var. villosa Meyer (Hann. Mag., 1824, p. 171)* mit langen seidigen gelblichen Haaren, besonders am Grunde des Stengels und der Laubblätter; sie findet sich einzeln auf *Bo, N* und auch wohl sonst.

\* 5. **P. maritima L.** — ♃; 15—50 cm. Laubblätter in bodenständiger Rosette, aufrecht, graugrün, linealisch (seltener linealisch-lanzettlich) kahl, rinnenförmig, meist ganzrandig, seltener gesägt, dreinervig. Blütenstengel aufrecht, meist länger als die Laubblätter. Blütenstände verlängert-cylindrisch, dicht. Hintere Kelchzipfel mit scharfem, krautartigem, wimperig-gezähneltem Kiel. Frucht länglich-kegelförmig, spitz. Fächer einsamig. — Juni bis Herbst. Auf feuchteren Stellen der Wiesen und Weiden häufig. [Weitverbreitete Salz- und Küstenpflanze.] Die *var. dentata Roth* (mit breiteren, am Rande spärlich gesägten Laubblättern) findet sich in einzelnen Exemplaren zwischen der Hauptform; ausserdem variiert die Pfl. ganz ausserordentlich nach Länge und Richtung der Laubblätter und der Blütenstände.

# 59. Fam. Rubiaceae Juss., Färberröthegew.

### 1. Galium L., Labkraut\*).

A. Blütenstand trugdoldig, achselständig. Stengel von deutlich sichtbaren, abwärts gerichteten Stacheln rauh.

+ 1. **G. Aparine L.** — ☉; 50—100 cm. Stengel liegend oder mittelst der Stacheln kletternd. Blattabschnitte 6—8, ein-

---

\*) Die beiden gegenständigen Laubblätter dieser Pflanzen sind in 4—12 Abschnitte geteilt, welche früher als ebenso viele ganze Laubblätter betrachtet wurden.

nervig, am Rande und meist auch auf der Mittelrippe rückwärts
stachlig-rauh. Blütenstand meist dreiblütig; Blüten weiss. Frucht
auf geradem Stiele, hakig-borstig, im reifen Zustande breiter als
die Krone. — Juli—September. An Zäunen, auf Feldern und Gemüsebeeten zerstreut. [Häufig.]

B. Blütenstand trugdoldig, achsel- und endständig. Stengel von
sehr kleinen Stacheln an den Kanten rauh.

\* 2. **G. palustre L.** — ♃; 15—45 cm. Stengel niedergestreckt oder aufsteigend. Blattabschnitte zu 4, linealisch-länglich, vorne breiter, stumpf, ohne Stachelspitze, am Rande rückwärts stachelig-rauh. Blüten weiss. Frucht sehr feinkörnig-rauh,
ihr Durchmesser kleiner als der der Krone. — Sommer. Auf
feuchten Wiesen, in Dünenthälern nicht selten; (*Ba?*). [Häufig.]

\* 3. **G. uliginosum L.** — ♃; 10—25 cm. Stengel schwach,
niedriger als bei *G. palustre.* Blattabschnitte zu 6—8, linealisch-
lanzettlich, spitz, stachelspitzig, an dem (oft eingerollten) Rande
mit einer Reihe vorwärts gerichteter Stachelchen. Blüten weiss.
Frucht körnig-rauh, schmaler als die Krone. — Sommer. In
feuchten Dünenthälern selten: *Bo* (Kiebitzdelle, Bandjedelle), *L*
(Melkhören). [Fehlt auf den niederländischen Inseln; auf den
nordfriesischen sehr selten; auf dem Festlande seltener als
*G. palustre.*]

C. Blütenstand endständig, rispig. Laubblätter einnervig. Stengel
ohne rückwärts gerichtete Stacheln.

\* 4. **G. verum L.** — ♃; 15—60 cm. Grundachse stark-
verzweigt. Stengel niederliegend oder aufsteigend, rundlich, mit
vier vortretenden Linien, rauhhaarig, seltener kahl. Blattabschnitte
zu 8—12, linealisch, stachelspitzig, am Rande zurückgerollt, unterseits weisslich, kahl oder wenig behaart. Krone citronengelb;
Zipfel stumpf, kurz-stachelspitzig. Blüten nach Honig riechend.
Frucht glatt. — Sommer. — Auf Dünen und in Dünenthälern
meist häufig; auf Juist massenhaft; auf *L* und *S* spärlich. [Charakter-
pflanze der europäischen Dünenflora.] — Die Inselpflanze bildet
die *var. litorale Brébisson* mit stark verzweigter Grundachse, nieder-
liegendem Stengel und gedrängtem Blütenstande.

G. **Mollugo × verum** (G. ochroleucum Wulfen) mit blassgelben Blüten
findet sich einzeln zwischen den Stammarten. Die Pflanze der Inseln steht dem
*G. verum* viel näher als dem *G. Mollugo.*

\* 5. **G. Mollugo L.** — ♃; 25—75 cm. Grundachse stark
unterirdisch verzweigt. Stengel aufsteigend, vierkantig, meist kahl.
Blattabschnitte meist 8, oben oft weniger, lanzettlich oder ver-
kehrt-eilanzettlich, stachelspitzig, beiderseits grün. Krone weiss
oder gelblichweiss; Zipfel begrannt. Blüten duftend. Frucht
schwach-körnig. — Sommer. Auf Dünen und Grasplätzen, in
Dünenthälern häufig. [Meist häufig.]

G. saxatile L.— $\mathcal{Z}\!\!\!|$ ; 10—30 cm. Stengel sehr ästig, niederliegend. Blatt-abschnitte meist zu 6, die unteren umgekehrt-eiförmig, die oberen linealisch-lan-zettlich, vorn breiter, sämtlich stachelspitzig, am Rande rauh, die unteren Quirle genähert. Blüten weiss. Kronzipfel spitz; Frucht dicht mit spitzen Höckerchen besetzt; wurde einmal in einigen offenbar verschleppten Exemplaren auf *Bo* auf der Nordseite der Kiebitzdelle gefunden; auf *W* (Koch und Brennecke) jetzt am Wege auf dem Deiche, dorthin aber wahrscheinlich mit Moorsoden eingeschleppt).

Asperula odorata L., der Waldmeister, 1886 am Ostende des Dünenthales Hall-Ohms-Glopp auf Juist von Herrn Otto Leege angepflanzt, gedeiht dort gut.

Sherardia arvensis L., im Mai 1874 von mir als Unkraut auf einem Acker auf der Südseite von *N*, im Juli 1880 in einem Garten auf *Bo* gefunden, nur zu-fällig eingeschleppt.

Succisa pratensis Mönch, am Pfade auf dem Deiche zu *W*, einmal auch auf *N* in den Anlagen bei der Schanze, 1891 auf *L* an mehreren Stellen in der Nähe des Hospizes gefunden, ist mit Grassoden oder Pflanzmaterial eingeschleppt und gehört unsern Inseln nicht regelmässig an.

Valerianella olitoria L., 1895 einige Exemplare im Westdorfe *Ba*.

# 60. Fam. Caprifoliaceae Juss., Geissblattgew.

1. Krone radförmig, strahlig-symmetrisch.    Fruchtknotenfächer einciig.    Aufrechter Strauch mit gefiederten Laubblättern.
*1. Sambucus.*

1*. Krone röhrig, hälftig-symmetrisch.    Fruchtknotenfächer mehr-eiig.    Windender Strauch mit ungeteilten Laubblättern.
*1a. Lonicera.*

## 1. Sambucus Tourn., Hollunder.

+ 1. S. nigra L. — Strauch mit weichen markigen Zweigen; 3—4 m. Laubblätter gefiedert; Blättchen eiförmig, langzugespitzt, ungleich-gesägt; Nebenblätter klein, grün, fadenförmig, hinfällig. Blütenstand rispig, mit flacher, doldiger Oberfläche; erste Zweige zu 5. Blüten gelblich-weiss. Fruchtstand überhängend. Frucht beerenartig, schwarz. — Juni, Juli. In der Nähe der Ortschaften vielfach angepflanzt und verwildert, hie und da auch die merk-würdige schlitzblätterige Form. Eine der Charakterpflanzen für die Inseldörfer. [Ebenso auf den andern Inseln; auf dem Fest-lande einheimisch.]

Lonicera Periclymenum L., wilde Lonitzere, Geissblatt. — $\mathcal{Z}\!\!\!|$. Stengel windend, oft von den umschlungenen Stämmen überwachsen. Laubblätter oval oder umgekehrt-eiförmig, die unteren kurz-gestielt, die oberen ungestielt. Blüten-stand auf der Spitze der Zweige, kopfähnlich zusammengedrängt, drüsenhaarig. Krone langröhrig. Oberlippe vierteilig, Unterlippe einfach. Blüten gelblich, wohl-riechend. Frucht rot. — Juni—August. In den angepflanzten Gebüschen von *N* mehrfach, ein verschlepptes Exemplar in einem Dünenthale beim Leuchtturme.

Viburnum Opulus L., Schneeball, ein einzelnes verschlepptes Exemplar in der Dodemannsdelle auf *Bo*, ein anderes am Südrande der Bill auf Juist in der Gegend der *Rosa canina*.

# 61. Fam. Campanulaceae Juss., Glockenblumengewächse.

1. Blütenstand kopfig, rundlich, am Ende des Stengels und der Zweige. Krone himmelblau, selten weiss, mit linealischen Zipfeln, welche sich beim Aufblühen von unten nach oben trennen. Staubfäden pfriemlich; Staubbeutel unten etwas verwachsen. *1. Jasione.*

1\*. Blüten einzeln oder locker traubig. Krone glockenförmig, mit breiten Zipfeln, welche sich von oben nach unten trennen. Staubbeutel unten verbreitert. Staubbeutel frei. *1a. Campanula.*

## 1. Jasione L., Heilkraut.

\* 1. **J. montana L.** — ⊙⊙; 15—45 cm. Rauhhaarig, vielstengelig. Stengel meist niederliegend, rasenartig ausgebreitet, aufstrebend. Laubblätter länglich-verkehrt-eiförmig bis linealisch, meist wellig. Blütenstand durch Deckblätter gestützt. — Juni bis September. Auf den Dünen häufig. [Auf den andern Inseln und der sandigen Geest des Festlandes häufig.] Die Pfl. der Inseln gehört zur *var. litoralis Fries*, mit niederliegenden, stark verzweigten Stengeln und kleineren Köpfen als bei der Pfl. des Festlandes.

Campanula rapunculoides L. — ♃; 30—60 cm. Grundachse kriechend, ausläufertreibend, die Nebenwurzeln fleischig-verdickt. Kurzhaarig. Stengel aufrecht, meist unverzweigt, stumpfkantig. Laubblätter gesägt, untere langgestielt, länglich, obere lanzettlich. Blütenstand traubig. Krone trichterförmig-glockig, gewimpert, aussen glänzend, hellviolett. — Juli—September. Auf Gartenland als Unkraut: *Bo* (1869 auf dem Ostlande in der Nähe der Höfe; 1895 dort vergeblich gesucht), *L* (1884 ein Exemplar im Dorfe).

C. rotundifolia L., nach Koch und Brenneke früher auf *W*, ist jetzt dort längst verschwunden. Von den westfriesischen Inseln nur auf Texel; auf den nordfriesischen und auf dem Festlande sehr häufig. Es ist sehr auffällig, dass keine Art von Campanula auf den Inseln vorkommt.

Von der Cucurbitaceen-Gattung Bryonia, Zaunrübe, kam die eine Art: B. alba L., auf *N*, die andere B. dioeca Jacquin auf *Bo* (verschiedene Gartenumwallungen im Orte) vor. Beide Arten sind aber sicher zuerst absichtlich angepflanzt und gehören der Inselflora nicht ursprünglich an. Jetzt (1895) scheinen sie durch Anbau ganz beseitigt zu sein.

# 62. Fam. Compositae Adanson, Zusammengesetztblütige.

1. Blüten sämtlich zwitterig, zungenförmig (Zungenblütler).
2. Pappus haarig oder borstig.
3. Pappus ungestielt.

4. Frucht flach, zusammengedrückt. Pappus rein - weiss. Laubblätter stachelspitzig- oder fast dornig-gezähnt.
              *26. Sonchus.*

4\*. Frucht stielrund oder fünfkantig, gegen die Spitze nicht verdünnt. Pappus rein-weiss. Laubblätter nicht dorniggezähnt.           *27. Hieracium.*

3\*. Pappus gestielt. Laubblätter eine grundständige Rosette bildend. Stengel unverzweigt, hohl, einköpfig. *25. Taraxacum.*

2\*. (s. auch 2\*\*). Pappus der Mittelblüten federig, der der Randblüten kronenförmig, gezähnt. Blüten gelb, äusserste unten mit graublauen Längsstreifen.      *22. Thrincia.*

2\*\*. Pappus aller Blüten federig.

 5. Einzelblüte nicht in der Achsel eines Deckblattes. Pappus kurzgestielt.          *23. Leontodon.*

 5\*. Einzelblüte in der Achsel eines Deckblattes. Pappus langgestielt.           *24. Hypochoeris.*

1\*. (s. auch 1\*\*). Blüten sämtlich röhrig oder trichterförmig (Röhrenblütler; dabei können die Randblüten den Mittelblüten gleichgestaltet oder verschieden-gestaltet sein).

6. Pappus fehlend oder sehr kurz, kronenförmig.

 7. Köpfe sehr klein, ährig oder traubig-gestellt. Blüten unansehnlich, bräunlich oder gelblich. Frucht umgekehrteiförmig, nicht gestreift.      *11. Artemisia.*

 7\*. Köpfe ansehnlich, breit, goldgelb.

  8. Blütenstand zusammengesetzt, schirmförmig - doldentraubig. Frucht umgekehrt-kegelförmig mit Furchen und vorspringenden Rippen.    *12. Tanacetum.*

  8\*. Köpfe einzelständig. Mittelblüten mit 4teiligem Saume. zwitterig, randständige weiblich, unfruchtbar, mit aufgeblasener Röhre.       *13. Cotula\*).*

6\*. Pappus vorhanden (nur bei *Centaurea Jacea* völlig und bei den randständigen Blüten bisweilen fehlend).

 9. Einzelblüten ohne Deckblätter (nur bei *Filago* am Rande einige Deckblätter.)

  10. Hüllblätter der Köpfe einreihig, am Grunde jedoch noch mit einigen kleinen Schuppenblättern. Blüten gelb. Stengel beblättert.       *17. Senecio.*

  10\*. Hüllblätter 2- oder 3reihig oder dachziegelig.

   11. Laubblätter gegenständig, handteilig. Pappus aus einer Reihe von Haaren gebildet.   *1. Eupatorium.*

   11\*. Laubblätter wechselständig, ungeteilt.

---

\*) (*Centaurea Jacea,* welche des fehlenden Pappus wegen hier gesucht werden könnte, ist an den trockenhäutigen Hüllblättern der Köpfe und den roten Blüten leicht von den vorigen zu unterscheiden.)

12. Grünes, behaartes Kraut (gehört nicht eigentlich in diese Gruppe, da es zungenförmige Randblüten besitzt; dieselben überragen aber oft die Mittelblüten gar nicht).
    *5. Erigeron* \*).
12\*. Weiss- oder graufilzige Kräuter oder Stauden.
13. Köpfe im Querschnitte fünfkantig. Aeussere Hüllblätter wenigstens am Grunde krautig, wollig, innere trockenhäutig. Blüten gelblich-weiss. *8. Filago.*
13\*. Köpfe im Querschnitte rund. Hüllblätter trockenhäutig, randständige weibliche Blüten mehrreihig.
14. Köpfe ungleichmässig, zweihäusig - verschiedengeschlechtig. *10. Antennaria.*
14\*. Köpfe gleichmässig, aus randständigen weiblichen und mittelständigen zwitterigen Blüten zusammengesetzt. *9. Gnaphalium.*
9\*. Einzelblüten in den Achseln von Deckblättern oder Borsten.
15. Laubblätter gegenständig. Pappus aus 2—4 widerhakigen Borsten gebildet. *7. Bidens.*
15\*. Laubblätter wechselständig.
16. Pappus federig. Hüllblätter meist dornig-zugespitzt.
    *18. Cirsium.*
16\*. Pappus haarig, borstig oder spreuschuppig.
17. Hüllblätter krautig, mit hakiger Spitze. *20. Lappa.*
17\*. Hüllblätter ohne hakige Spitze.
18. Hüllblätter fransig - gespalten oder mit trockenhäutigem Anhängsel. *21. Centaurea.*
18\*. Hüllblätter schmal, nicht zerfranst, dornspitzig, ohne Anhängsel. Laubblätter dornig - gewimpert.
    *19. Carduus.*
1\*\*. Mittelblüten röhrig. Randblüten zungenförmig, strahlend.
19. Laubblätter grundständig. Stengel unverzweigt, laubblattlos.
20. Stengel mit Schuppenblättern besetzt, einköpfig. Strahl- und Mittelblüten gelb. Pappus haarig. *2. Tussilago.*
20\*. Stengel nackt, einköpfig. Strahlblüten weiss oder rötlich, Mittelblüten gelb. Pappus fehlend. *4. Bellis.*
19\*. Stengel beblättert, unverzweigt oder ästig.
21. Laubblätter gegenständig.
22. Laubblätter ungeteilt, ganzrandig, untere fünfnervig. Pappus haarig. Köpfe einzelständig, gross, hochgelb.
    *16a. Arnica.*
22\*. Laubblätter 2—5teilig oder fiederspaltig, gesägt. Pappus von 2—4 widerhakigen Borsten gebildet. Blüten gelb.
    *7. Bidens.*

---

\*) *Aster Tripolium*, ein kahles, etwas fleischiges, zweijähriges Kraut, gewöhnlich mit blaulila Strahlblüten versehen, kommt zuweilen strahllos vor und wird dann hier gesucht werden.

21*. Laubblätter wechselständig.
　23. Mittelblüten in den Achseln von Deckblättern. Hüllblätter
　　　dachziegelig. Pappus fehlend.
　　24. Strahlblüten kurz, breit, höchstens zehn in jedem Kopfe.
　　　　　　　　　　　　　　　　　　　　　　　　　　*14. Achillea.*
　　24*. Strahlblüten breit-linealisch oder länglich, zahlreich.
　　　　　　　　　　　　　　　　　　　　　　　　　*14a. Anthemis.*
　23*. Mittelblüten ohne Deckblatt.
　　25. Pappus fehlend oder kurz, kronenförmig.
　　　26. Achse des Kopfes kegelförmig, hohl. Hüllblätter grün,
　　　　　weisslich-berandet.　　　　　　　　　　　　*15. Matricaria.*
　　　26*. Achse des Kopfes flach-gewölbt, markig. Hüllblätter
　　　　　bräunlich-trockenhäutig-berandet.　　*16. Chrysanthemum.*
　　25*. Pappus haarig.
　　27. Hüllblätter einreihig, oft mit Schuppenblättern am Grunde.
　　　　　　　　　　　　　　　　　　　　　　　　　　*17. Senecio.*
　　27*. Hüllblätter 2—3 reihig oder dachziegelig.
　　　28. Strahlblüten und Mittelblüten gelb.　　　　*6. Inula.*
　　　28*. Strahlblüten nicht gelb gefärbt.
　　　　29. Strahlblüten mehrreihig, sehr schmal, innerste
　　　　　　fadenförmig.　　　　　　　　　　　　　　*5. Erigeron.*
　　　　29*. Strahlblüten einreihig. linealisch.　　　*3. Aster.*

## 1. Eupatorium Tourn., Wasserdost.

↑ 1. **E. cannabinum L.** — ♃; 50—100 cm. Kurzhaarig.
Stengel aufrecht. Laubblätter kurzgestielt, meist dreiteilig, mit
lanzettlichen, spitzen Abschnitten. Köpfe klein, dicht doldig-rispig
gestellt. Krone schmutzig-rosa. — Juli—September. An feuchten
Stellen der Dünenthäler selten: Bo (Waterdelle und Kiebitzdelle),
J (alte Bill). [Texel: auf dem Festlande zerstreut.]

## 2. Tussilago Tourn., Huflattig.

✳ 2. **T. Farfara L.** — ♃; 10—20 cm. Stengel einköpfig,
mit Schuppenblättern besetzt. Laubblätter nach den Blüten erscheinend, grundständig, rundlich-herzförmig, eckig, unterseits
weissfilzig. — März, April. An Grabenrändern, auf kultiviertem
Boden, in Dünenthälern zerstreut. [Geest- und Marschflora.]

## 3. Aster L., Aster.

✳ 3. **A. Tripolium L.** — ⊙⊙ (abgefressene oder abge-
mähte Pfl. auch ♃); 15—50 cm. Kahl, etwas fleischig. Stengel
aufrecht oder aufsteigend, oberwärts ästig. Untere Laubblätter
langgestielt, elliptisch bis lanzettlich, vorn breiter, obere linealisch-lanzettlich, spitz. Köpfe doldenrispig gestellt. Strahlblüten

blaulila, selten weiss (zuweilen fehlend), Mittelblüten gelb. — Juli—September. Auf den Aussenweiden, namentlich an Gräben meist häufig. Die strahlose Form: *var. discoideus Meyer* einzeln zwischen der Hauptform. [Salz- und Küstenflora.]

### 4. Bellis L., Gänseblume, Marienblümchen.

+ 4. **B. perennis L.** — ♃; 4—15 cm. Grundachse kurz. Laubblätter in Rosetten stehend, spatelig, stumpf, einnervig, meist gezähnt. Stengel einköpfig. Hüllblätter stumpf. — Fast das ganze Jahr über blühend. Auf Rasenplätzen und Wiesenflecken sämtlicher Inseln (mit Ausnahme von *L*), namentlich in der Nähe der Ortschaften, nicht so häufig als auf dem Festlande. [Meist häufig.]

### 5. Erigeron L., Baldgreis.

\* 5. **E. acer L.** — ⊙⊙ und ♃; 15—30 cm. Stengel oberwärts traubig-ästig, zuletzt fast ebensträussig, indessen nie sehr reichköpfig. Laubblätter linealisch-länglich, stumpflich, rauhhaarig. Köpfe mittelgross. Innere weibliche Blüten röhrenförmig, äussere zungenförmig, meist etwas länger als die Mittelblüten, rötlichlila. Pappus weiss oder rötlich. — Mai—August. Auf Dünen und in nicht zu feuchten Dünenthälern und an Rainen zerstreut. [Charakterpflanze der Dünenflora.]

+ 6. **E. canadensis L.** — ⊙: 10—80 cm. Stengel aufrecht, stark verzweigt. Laubblätter linealisch-lanzettlich, beiderseits verschmälert, rauhhaarig. Aeste traubig. Köpfe sehr zahlreich, klein. Weibliche Blüten sämtlich zungenförmig, kaum länger als die Scheibenblüten. Strahl weiss oder blass-rötlich. Pappus weiss. — Juni—September. Auf Dünen und Dämmen anscheinend erst in den siebenziger Jahren eingewandert: *Bo, S. W.* [Ruderalflora; aus Nordamerika stammend.]

### 6. Inula L., Alant.

\* 7. **J. Britannica L.** — ♃; 25—50 cm. Stengel aufrecht, dichtbehaart, oberwärts langhaarig. Laubblätter länglich-lanzettlich, spitz, die unteren in den Blattstiel verschmälert, die oberen mit herzförmigem Grunde stengelumfassend. Köpfe gross, doldenrispig. Hüllblätter gleichlang, linealisch, so lang als die Mittelblüten, Strahl viel länger als dieselben. Blüten goldgelb. Frucht kurzhaarig. — Sommer, Herbst. Auf den Aussenweiden namentlich in den Rasen von Juncus maritimus, seltener auf den Wiesen, sehr zerstreut. [Sylt, Föhr; Schiermonnikoog; auf dem Festlande vorzugsweise in der Marsch.]

Pulicaria dysenterica Gärtner, 1869 in je einem Exemplar auf der Aussenweide und in der Bandjedelle auf *Bo*, wurde später nie wieder gesehen.

## 7. Bidens Tourn., Zweizahn.

✶ oder + 8. **B. tripartitus L.** — ☉; 5—80 cm. Dunkelgrün.
Stengel aufrecht, unverzweigt oder bei grösseren Pfl. ästig. Laubblätter mit kurzem, geflügeltem Stiele, meist dreiteilig, mit grösserem,
zuweilen fiederspaltigem Mittelabschnitte. Köpfe aufrecht, so hoch
oder höher als breit; Strahl fehlend. Frucht mit 2 Grannen. —
Juli—Oktober. An Gräben, in feuchten Dünenthälern, auf bebautem
Lande nicht selten. [Häufig.]

## 8. Filago Tourn., Schimmelkraut.

✶ 9. **F. minima Fries.** — ☉; 10—20 cm. Graufilzig.
Stengel aufrecht, unregelmässig rispig-ästig; Aeste gabelspaltig.
Köpfe gabel- oder endständig, aus 2—5 Köpfchen bestehend. Hüll-
blätter gekielt, stumpf, bei der Reife sternartig ausgebreitet. —
Juli—September. Auf Binnendünen und trockneren Stellen der
Aussenweiden der meisten Inseln häufig, besonders massenhaft
auf den nördlichen Dünen von Ostland Bo, Ostende L und dem
Ostende von N; auf J nur in den Haaksdünen der Bill; Ba?
[Häufig.]

## 9. Gnaphalium Tourn., Walkerpflanze.

✶ 10. **G. uliginosum L.** — ☉; 10—25 cm. Stark wollig-
filzig (selten fast kahl). Stengel aufrecht, stark-ästig. Laubblätter
linealisch-länglich, stumpflich, am Grunde verschmälert. Köpfchen
dicht kopfig zusammengedrängt, von Laubblättern umgeben. Hüllblätter in der oberen Hälfte kahl. Blüten gelblich-weiss. —
Juni-September. Auf feuchten Stellen der Aussenweiden und der
Gemüsegärten, meist häufig. — [Charakterpflanze des feuchten
Sandbodens.] — Auf den Aussenweiden findet sich nicht selten
eine Zwergform mit unverzweigtem Stengel und wenigen oder
gar nur einem einzigen Kopfe.

† 11. **G. luteo-album L.** — ☉; 5—20 cm. Stengel aufrecht, am Grunde oft verzweigt, nebst den Laubblättern wollig.
Laubblätter halbstengelumfassend, die unteren stumpf, die oberen
spitz. Köpfchen kopfig-gedrängt, nicht von Laubblättern umgeben.
Gesamt-Blütenstand doldenrispig. Hüllblätter kahl, fast ganz
trockenhäutig, gelblich-weiss. Krone orange. — Juli—September.
An Abhängen der Dünen sehr selten: Bo (Ostland, nur in einem
Thale in der Vogelkolonie, unfern des Wächterhäuschens). [Auf
den westfriesischen Inseln häufiger. Geestflora.]

G. silvaticum L. Bo, 1894 mehrere Exemplare am Fusswege von Upholm
nach dem Tüschendoor (F. Wirtgen).

## 10. Antennaria Gärtner, Fühlerkraut.

\* 12. **A. dioeca Gärtuer.** — ♃; 6—20 cm. Grundachse oberirdische Ausläufer treibend. Laubblätter spatelförmig, stumpf, oben grün, unten wie der Stengel weissfilzig, die oberen linealisch, spitz. Köpfe wenig zahlreich, doldenrispig gestellt. — Mai, Juni. Auf sandigen und anmoorigen Heideplätzen und Hügeln, sehr zerstreut. [Fehlt auf den westfriesischen Inseln; auf den Heiden der nordfriesischen Inseln und des Festlandes nicht selten.] *Gnaphalium dioecum L.*

## 11. Artemisia L., Beifuss.

A. Scheibe der Köpfe behaart.    Randblüten weiblich.

A. **Absinthium L.**, Wermut. — ♃; 40–75 cm. Stengel aufrecht. Laubblätter seidig-filzig, oben weiss, unten grünlich, ein- bis dreifach-fiederteilig, mit länglich-lanzettlichen, stumpfen Abschnitton. Köpfe klein, nickend, aussen filzig. Krone hellgelb. — Juli—September. In den Ortschaften hier und da verwildert.

B. Scheibe der Köpfe kahl.

1. Blüten sämtlich zweigeschlechtig.

\* 13. **A. maritima L.**, See-Wermut. — ♃; 20—50 cm. Stengel aufstrebend; Blütenzweige übergeneigt, oft hakenförmig. Laubblätter schneeweiss-filzig, 2—3 fach fiederteilig, mit linealischen stumpfen Zipfeln. Köpfe länglich, aussen filzig. — September, Oktober. Auf den Aussenweiden, zerstreut, jedoch gesellig. [Salz- und Küstenflora] Auf den Inseln überwiegend die *var. salina* mit überhängenden Köpfen.

2. Randblüten weiblich.

\* oder + 14. **A. vulgaris L.** — ♃; 50—100 cm. Stengel aufrecht oder aufsteigend, oben kurzhaarig, stark verästelt. Laubblätter oberseits grün, kahl, unterseits weissfilzig, mit zurückgerollten Rändern, am Grunde geöhrt, fiederteilig. Köpfe länglich-eiförmig, klein, aussen filzig. Krone rotbraun. — Juli—September. Auf Erdwällen und an Wegen in und bei den Ortschaften, nicht selten. [Häufig.] — Auf *Bo* findet sich auch (namentlich im südlichen Teile des Dorfes) nicht selten eine ausgezeichnete *var. dissecta Buchenau* mit doppelt fiederspaltigen Laubblättern und mit linealischen Zipfeln und dichtgedrängten Köpfen (*A. coarctata Forsell*).

## 12. Tanacetum Tourn., Rainfarn.

+ 15. **T. vulgare L.** — ♃; 50—120 cm. Grundachse kurze, mit Schuppenblättern besetzte Ausläufer treibend. Stengel

aufrecht, oberwärts ästig. Laubblätter fiederspaltig, mit länglich-
lanzettlichen, stumpflichen, fiederspaltigen oder gesägten Zipfeln,
kahl. Köpfe doldentraubig. — Juli—Oktober. Auf Erdwällen,
an Rainen, selten: *Bo* (im Dorfe), *J* (Haakdünen der Bill, im
Dorfe angepflanzt), *Ba* (beim Westerloog und Osterloog mehrfach),
*W*. [Häufig.]

### 13. Cotula L., Näpfchenblume.

↑ 16. **C. coronopifolia L.** — ☉; 3—15 cm. Kahl, etwas
fleischig. Stengel verästelt, niederliegend. Laubblätter stengelumfassend, lanzettlich, fiederspaltig. Köpfe einzeln, goldgelb. —
August—Oktober. Auf feuchten Aeckern und Wiesen, sehr spärlich und unbeständig: *Bo* (1875 auf Wiesen bei der Schanze von
Prof. Voss aus Darmstadt gefunden), *N* (in der Nähe des Dorfes
mehrfach, Nöldcke), nach Wessel auf *S*. [Fehlt auf den west-
und den nordfriesischen Inseln. Starkgedüngte Stellen, namentlich in der Marsch.]

### 14. Achillea L., Schafgarbe, Achilleskraut.

↑ 17. **A. Ptarmica L.** — ♃; 30—60 cm. Grundachse
kriechend. Stengel aufrecht, oberwärts ästig. Laubblätter linealisch-lanzettlich, zugespitzt, unten klein-, oben tief-gesägt. Köpfe
locker doldenrispig. Strahlblüten 5—10, doppelt so lang als die
Hüllblätter, weiss. — Juli—September. An Gräben, auf Wiesen:
*N* (Gräben im Gemüseland, Wiesen in der Mitte der Insel, sonst
nur einzeln verschleppt). [Röm, Sylt, Föhr; Texel; auf dem Festlande ziemlich häufig.]

\* 18. **A. Millefolium L.** — ♃; 15—45 cm. Grundachse
kriechend, ausläufertreibend. Stengel aufrecht, meist unverzweigt,
mehr oder weniger behaart. Laubblätter doppeltfiederteilig mit fiederspaltigen Abschnitten und lanzettlich-linealischen, stachelspitzigen
Zipfeln. Köpfe doldenrispig, dichtgedrängt. Strahlblüten 4—6,
anderthalbmal so lang als die Hüllblätter, weiss oder rosenrot. —
Sommer. Auf Grasplätzen und Wiesen, namentlich in der Nähe
der Ortschaften häufig. [Allgemein verbreitet.]

    **Anthemis arvensis L.** in einzelnen verschleppten Exemplaren auf *Ba*, *N*
und *W* gefunden, **A. Cotula L.** ebenso auf *N*.

### 15. Matricaria L., Kamille.

+ 19. **M. Chamomilla L.** — ☉; 15—40 cm. Kahl. Stengel
aufrecht, ästig. Laubblätter doppelt-fiederspaltig, mit schmal-linea-
lischen, stachelspitzigen Zipfeln. Köpfe mittelgross; Scheibe derselben kegelförmig, hohl, Hüllblätter stumpf, grün, häutig-berandet.
Strahl lang, später meist zurückgeschlagen. Frucht schwach zu-

sammengedrückt, innen fein fünfstreifig. — Sommer. Auf bebautem Boden, in der Nähe der Wohnungen meist nicht selten, einzeln auch in Dünenthälern. [Aecker der Geest und Marsch.]

## 16. Chrysanthemum L., Wucherblume.

↑ **20. C. Leucanthemun. L.** — ♃; 30—50 cm. Kahl oder zerstreut behaart. Stengel aufrecht, einköpfig oder wenigästig. Grundständige Laubblätter gestielt, meist breit-lanzettlich, gekerbt, gezähnt oder gesägt, obere ungestielt, länglich-lanzettlich, grobgezähnt oder fast fiederspaltig. Köpfe gross, einzelständig; Scheibe flach. Früchte gleichgestaltet. — Juni, Juli. Auf begrasten Stellen, selten: *J* (beim Dorfe und beim Loog), *N* (in Bosquetanlagen bei der Schanze, wohl eingeschleppt). [Sylt, Pellworm; Texel. Wiesen des Festlandes häufig.]

C. Parthenium L. *J*, in mehreren Gärten angepflanzt.

\* **21. C. inodorum L.** — ☉, ☉☉ und selbst ♃ ; 15—60 cm. Kahl. Stengel aufrecht, meist ästig. Laubblätter doppelt-fiederteilig. mit schmallinealischen, unterseits gefurchten, stachelspitzigen Abschnitten. Scheibe des Kopfes kurz-kegelförmig, innen markig. Hüllblätter bräunlich berandet. Früchte gleichgestaltet, querrunzelig. — Juni—Oktober. Auf bebautem Boden, auf Wiesen und in Dünenthälern meist häufig. [Auf Geest und Marsch meist häufig.] Zwischen den gewöhnlichen Pfl., welche der Festlandsform entsprechen, finden sich auf den Inseln häufig Exemplare, welche mehr oder weniger der var. *maritimum L.* (charakterisiert durch einen stark-ästigen Stengel, fleischig-verdickte Laubblätter und etwas grössere Frucht) zuzurechnen sind.

C. segetum L. 1887 auf *J*, 1894 auf *L* eingeschleppt; scheint auf *J* beständig werden zu wollen. In Ostfriesland häufig.

Arnica montana L., 1887 ein Exemplar auf Langeoog, westlich vom Hospiz.

## 17. Senecio L., Kreuzkraut.

A. Köpfe ohne Aussenhülle. Hüllblätter an der Spitze ungefleckt.

↑ **22. S. paluster DC.** — ☉☉; 15—75 cm. Stengel aufrecht, nach oben verzweigt, dick, hohl, klebrig-zottig. Laubblätter dichtgestellt, kurzhaarig, lanzettlich, gezähnt, halb-stengelumfassend. Köpfe gedrängt, doldenrispig. Früchte kahl mit deutlichen Rippen. Blüten goldgelb. — Juni, Juli. An Gewässern in Dünenthälern selten: *Bo*, in der Kiebitzdelle. [Texel; auf dem Festlande besonders in Mooren.] *Cineraria palustris L.*

B. Köpfe mit Aussenhülle. Hüllblätter meist an der Spitze gefleckt.

1. Laubblätter (wenigstens die oberen) fiederspaltig oder mehrfach-fiederspaltig. Köpfe glockenförmig. Strahlblüten (falls vorhanden) flach, abstehend.

\* **23. S. Jacobaea L.** — ☉☉ oder ♃; 30—90 cm. Grundachse kurz. Stengel aufrecht, sparsam spinnwebig-wollig. Untere

Laubblätter leierförmig-fiederteilig, obere fiederteilig, mit un-
gleichen, gezähnten oder fiederspaltigen, nahezu senkrecht abstehenden Abschnitten. Hüllblätter länglich-lanzettlich, zugespitzt.
Aussenhülle wenigblätterig, weit kürzer als die eigentlichen Hüllblätter. Früchte dicht kurzhaarig, die der Strahlblüten kahl. —
Juli—September. Auf niedrigen Dünen, Erdwällen und Grasplätzen:
Bo (häufig), J (beim Loog und auf der Bill, viel spärlicher). Die
Pfl. kommt fast immer strahllos vor: *var. discoideus Koch = S.
dunensis Du Mortier* (nur ganz einzelne Exemplare besitzen Strahlblüten) und bildet eine der Charakterpfl. für beide Inseln. [Dieselbe
Form auf den niederländischen Dünen, jedoch nicht auf den nordfriesischen Inseln. Die Form mit Strahlblüten auf der Vorgeest
und der Marsch nicht selten.]

* 24. **S. aquaticus Hudson.** — ☉☉; 15—50 cm. Grundachse
kurz. Stengel aufrecht, weniger spinnwebig, armköpfiger als bei
voriger, spärlicher verzweigt. Untere Laubblätter länglich-elliptisch, ungeteilt, gezähnt oder leierförmig, mittlere leierförmig,
obere fiederspaltig; Zipfel vorwärts gerichtet; Endzipfel meist
gross. Köpfe grösser als bei *S. Jacobaea*, stets mit Strahlblüten.
Aussenhülle meist zweiblätterig, klein. Hüllblätter länglich, spatelförmig, zugespitzt. Früchte sparsam behaart oder kahl. — Juni,
Juli und Herbst. Auf Wiesen und feuchten Grasplätzen: Bo
(Binnenwiese, bei Upholm, Ostland), N (auf der grossen Wiese in
der Mitte der Insel). [Sylt; Texel, Terschelling; auf dem Festlande häufig.]

2. Laubblätter buchtig-fiederspaltig bis fiederteilig, die oberen mit geöhrtem
Grunde stengel-umfassend. Köpfe klein, cylindrisch-geformt.

* 25. **S. vulgaris L.** — ☉ und ⊙; 10—35 cm. Kahl oder
etwas spinnwebig-wollig. Stengel aufrecht. Köpfe ziemlich
dicht doldenrispig. Aussenhülle etwa 10blätterig, mit schwarzen
Spitzen, ¼ so lang als die Hülle. Strahlblüten fehlend. Früchte
behaart. — Blüht während der ganzen frostfreien Zeit des Jahres.
Auf bebautem Boden, sowie in den Dünen häufig. [Ruderalflora,
sehr häufig.]

* 26. **S. silvaticus L.** — ☉; 15—60 cm. Meist zerstreut-
wollhaarig, drüsenlos, später kahl. Stengel aufrecht. Laubblätter
meist unterbrochen-fiederspaltig, die grösseren Abschnitte gezähnt.
Köpfe locker doldenrispig. Aussenhülle etwa ⅙ so lang als die
Hüllblätter, angedrückt. Strahlblüten vorhanden, aber kurz und
zurückgerollt. Früchte angedrückt-kurzhaarig. — Sommer. Auf
bebautem Lande, sowie auf Erdumwallungen, seltener in den Dünen
zerstreut; nicht auf J. [Nicht selten.]

## 18. Cirsium Tourn., Kratzdistel.

A. Laubblätter oberseits nicht dornig-kurzhaarig. Blüten zweihäusig. Saum der Krone bis zum Grunde fünfteilig. Staubfäden
fast kahl.

✳ **27. C. arvense Scopoli.** — ⚥| ; 50—120 cm. Stengel auf-
recht, ästig, fast kahl. Laubblätter wenig herablaufend, lanzettlich, ungeteilt oder buchtig-fiederspaltig, dornig-gewimpert. Köpfe
klein, rispig-ebensträussig, auf spinnwebig-filzigen Stielen. Blüten
blass-rosenrot. — Juli—September. Auf kultiviertem Boden und
in den Dünen nicht selten. [Häufig.]

B. Laubblätter oberseits nicht dornig-kurzhaarig. Blüten zweigeschlechtig. Saum der Krone fünfspaltig. Staubfäden behaart.

✳ **28. C. palustre Scopoli.** — ☉⚲ ; 50—120 cm. Stengel
aufrecht, locker spinnwebig-filzig, durch die herablaufenden Blatt-
ränder dornig-geflügelt. Laubblätter unterseits meist spinnwebig-
filzig, oberseits kahl oder zerstreut-weichhaarig, linealisch-lanzettlich, tief fiederspaltig, mit zweispaltigen, stachelspitzigen Zipfeln.
Köpfe klein, gehäuft, auf weiss-spinnwebigen Stielen. Krone
purpurrot, selten weiss, kürzer als der Saum. — Juli—September.
Auf feuchten Aeckern, Wiesen und feuchten Stellen der Dünen,
zerstreut. [Für die nordfriesischen Inseln nicht angegeben; im
niederländischen Dünengebiete und auf dem Festlande meist häufig.]
Von dem ähnlichen *Carduus crispus* durch gefiederte Pappusstrahlen leicht zu unterscheiden.

C. Laubblätter oberseits dornig-kurzhaarig; sonst wie B.

✳ **29. C. lanceolatum Scopoli.** — ☉☉; 50—100 cm.
Derbstachelig, dunkelgrün. Stengel aufrecht, ästig, behaart, von
den herablaufenden Blatträndern dornig-geflügelt. Laubblätter
mehr oder weniger tief fiederspaltig, unterseits mehr oder weniger
weiss-wollig mit zweispaltigen Abschnitten und lanzettlichen, in
einen starken Dorn endigenden Zipfeln. Köpfe einzeln, eiförmig,
ziemlich gross. Krone hellpurpurn. — Juni—September. In und
bei den Ortschaften, sowie zerstreut in den Dünen. [Häufig.] —
Einzeln auch die *var. nemorale Richter*, (mit weniger tief fiederspaltigen, unten weisswolligen Laubblättern) und Mittelformen.

## 19. Carduus Tourn.. Distel.

+ **30. C. crispus L.** — ☉⚲ ; 60—150 cm. Stengel aufrecht, ästig. Laubblätter buchtig-fiederspaltig, mit 2—3-lappigen

Abschnitten, unterseits dünn spinnwebig-filzig, nebst den Stengel-
flügeln kleinstachelig. Köpfe klein (bis 1½ cm breit), einzeln
oder zu 2—3 aufrecht oder übergeneigt. Hüllblätter aufrecht
oder bogig-abstehend. Blüten hellpurpurn. — Juli—September.
In den Ortschaften, auf Aeckern: *Bo, N, W.* [Ruderalflora.]

## 20. Lappa Tourn., Klette.

+ 31. **L. minor DC.** — ⊙⊙; 80—150 cm. Laubblätter oben
dunkelgrün, kahl, unten graufilzig-behaart. Köpfe ziemlich klein,
traubig gestellt, rundlich, spinnwebig. Hüllblätter länger als die
Blüten, sämtlich mit hakenförmiger Spitze, zerstreut wimperig-
gezähnt. Kronröhre allmählich in den Saum erweitert. Blüten
bläulich-purpurn. — August, September. An Schuttstellen und
Hecken, nicht selten: *Bo, N, L* (auf dem Westende nur beim Leiss-
schen Wirtshause, auf dem Ostende beim Gehöft), *S, W.* [Ruderal-
flora.] Die Inselpfl. gehört wegen der fast ganz grün gefärbten
Hüllblätter und der stärker spinnwebigen Köpfe zur *var. pubens
Babington.*

## 21. Centaurea L., Flockenblume.

+ oder ↑ 32. **C. Jacea L.** — ♃; 20—75 cm. Stengel aufrecht, ästig, mehr oder weniger rauh, zuweilen auch spinnwebig-
filzig. Untere Laubblätter gestielt, lanzettlich, oft fiederspaltig,
obere länglich-lanzettlich oder linealisch. Köpfe einzeln, fast
kuglig. Hüllblätter ganz von den rundlichen, bräunlichen, trockenhäutigen, meist gefransten Anhängseln bedeckt. Pappus fehlt.
Blüte trübhellpurpurn. — Juni—Herbst. Auf trockenen begrasten
Stellen, selten: *L* (Westende, spärlich auf einem Wiesenflecke in
der Mitte des Dorfes, Ostende: unfern des Hofes), *S,* früher auf
*W*; auf *Bo* einmal ein Exemplar auf einem Erdwalle am südlichen Rande der Wiese, 1893 ein Exemplar beim elektrischen
Leuchtturme). [Nicht auf den andern Inseln; auf der Geest nicht
selten.]

C. Cyanus L., die Kornblume, tritt auf den Inseln immer nur einzeln infolge gelegentlicher Einschleppung auf (so auf *Bo, J, N* und *Ba* gefunden).

Calendula officinalis L. wird häufig in den Inselgärten gezogen und verwildert gelegentlich, so 1894 auf einem Acker bei der Wasserstation in der
Kiebitzdelle auf *Bo* (O. von Seemen und F. Wirtgen).

Lampsana communis L., auf dem Festlande häufiges Unkraut, findet sich
auf den Inseln nur einzeln verschleppt.

## 22. Thrincia Roth, Zinnenfrucht.

* 33. **T. hirta Roth.** — ♃ ; 5—20 cm. Grundachse kurz,
abgestutzt. Laubblätter grundständig, linealisch-länglich, nach

unten verschmälert, gezähnt bis buchtig-fiederspaltig, mit gabeligen Haaren besetzt. Stengel aufsteigend, unverzweigt. Köpfe vor dem Aufblühen überhängend. Hüllblätter 6—12, länglich-lanzettlich, schwarz berandet mit weisslichem Saume, zur Reifezeit die rand-ständigen Früchte umschliessend. Krone gelb, die der äussersten Blüten unten graublau gestreift. — Juli—September. Auf Dünen und in Dünenthälern häufig. [Auf den niederländischen Dünen und der sandigen Geest häufig; für die nordfriesischen Inseln nicht angegeben.]

Cichorium Intybus L. wird auf J im grossen Thale der Bill angebaut und fand sich dort sowie auf Lo verwildert.

## 23. Leontodon L., Löwenzahn.

\* **34. L. autumnalis L.** — ♃; 15—40 cm. Stengel meist gabelästig, seltener einköpfig, unterhalb der Köpfe allmählich verdickt und mit mehreren Schuppenblättern besetzt, kahl oder spärlich behaart. Laubblätter grundständig, buchtig-gezähnt oder fast fiederspaltig, kahl oder mit einfachen Haaren besetzt. Köpfe vor dem Aufblühen meist aufrecht. Strahlen des Pappus ein-reihig, sämtlich federig. Krone gelb, länger als die Hüllblätter. — Juli—Oktober. Auf den Dünen und Wiesen häufig. [Sehr häufig.] Auf Bo und N findet sich zerstreut die var. pratensis Koch mit oberwärts braun- oder gelbhaarigen Stengeln und Hüll-blättern.

\* **35. L. hispidus L.** — ♃; 15—30 cm. Stengel einköpfig, nackt oder mit 1—2 Schuppenblättern besetzt, mit gabelspaltigen Haaren, seltener kahl. Laubblätter grundständig, buchtig-gezähnt oder fast fiederspaltig, mit gabelspaltigen Haaren (selten kahl). Köpfe vor dem Aufblühen überhängend. Krone wie beim vorigen. Pappusstrahlen mehrreihig, die äusseren kürzer, gezähnelt. — Juli—Oktober. Früher auf Dünen und trockenen Wiesen einzeln, anscheinend jetzt verschwunden: Bo (1868 und 1871 namentlich in der Nähe von Upholm und am Fahrwege nach der Rhede), N, S, W. [Auf der Geest stellenweise; nicht auf den nord- und den westfriesischen Inseln.]

## 24. Hypochoeris L., Ferkelkraut.

+ **36. H. glabra L.** — ☉; 10—30 cm. Stengel ästig, kahl. Laubblätter grundständig, buchtig-gezähnt, kahl. Blüten so lang als die Hüllblätter, gelb. Randständige Früchte meist schnabellos. — Sommer. Auf kultiviertem Boden, auf Dünen: Bo (Aecker des Ostlandes), N (Nöldeke). [Aecker der sandigen Geest.]

\* **37. H. radicata L.** — ♃; 25—60 cm. Stengel unverzweigt oder ästig, kahl. Laubblätter grundständig, buchtig-gezähnt oder

buchtig-fiederspaltig, steifhaarig. Blüten länger als die Hüllblätter
gelb, aussen blaugrau. Früchte sämtlich langgeschnabelt. —
Sommer, Herbst. Auf trockenen Wiesen und niedrigen Dünen,
an Rainen häufig. [Allgemein verbreitet.]

Von den sehr ähnlichen Leontodon-Arten ist diese Pflanze sogleich durch
den Besitz von Deckblättern unter den Einzelblüten zu unterscheiden.

## 25. Taraxacum Haller, Butterblume.

\* 38. **T. vulgare Schranck.** — ♃.; 10—40 cm. Grundachse dick, ganz unterirdisch. Laubblätter ziemlich flach, lanzettlich, gezähnt oder schrotsägeförmig, kahl oder wollig-kurzhaarig.
Stengel röhrig, oben etwas wollig, meist aufrecht. Frucht linea-
lisch-keilförmig, nach oben etwas breiter, gerippt; Rippen der
äusseren vom Grunde an runzelig, der inneren am Grunde glatt;
Stiel der Haarkrone etwa 3 mal so lang als die hellbraune Frucht.
Blüten goldgelb. — Mai, Juni. Auf Grasplätzen, Wiesen und bewachsenen Dünen in der Nähe der Ortschaften nicht selten. [Sehr
häufig.] Diese Pfl. ist auch auf den Inseln sehr variabel; schon
Meyer beschreibt (Hann. Magazin, 1824, p. 171) eine durch dichte
steife Härchen ausgezeichnete *var. hirtum.* — *T. officinale Weber.*

\* 39. **T. laevigatum DC.** — ♃; 5—20 cm. Laubblätter
kraus, tiefgeteilt, mit vielen schmalen Zipfeln zwischen den
breitern Abschnitten. Stengel meist niedergekrümmt. Blüten
heller gelb als bei *T. vulgare.* Aeussere Hüllblätter zurückgekrümmt. Stiel der Haarkrone etwa doppelt so lang als die hell-
graue oder rötliche Frucht. In allen Teilen kleiner, sonst wie
*vulgare.* — Juli—September. An trockenen Stellen, auf Erdwällen nicht selten.

## 26. Sonchus L., Saudistel.

A. Einjährige Arten. Stengel meist ästig, oberwärts ebensträussig.

+ 40. **S. oleraceus L.** — ☉; 30—90 cm. Stengel dick.
hohl, kahl. Laubblätter gross, weich, länglich, ungeteilt, fiederspaltig oder schrotsägeförmig, mit pfeilförmiger Basis, obere
stengelumfassend. Blüten hellgelb. Früchte schwach-rippig, fein
querrunzelig. — Sommer. Auf kultiviertem Boden in der Nähe
der Ortschaften, zerstreut. [Ruderalflora.]

+ 41. **S. asper Allioni.** — ☉; 30—70 cm. Stengel auf-
echt, meistens bläulichgrün. Laubblätter derber, dornig gezähnt,
mit stumpfen Oehrchen. Blüten fast goldgelb. Früchte stark
rippig, nicht querrunzelig. — Sommer. Mit der vorigen, seltener.
[Ruderalflora.]

B. Ausdauernd. Stengel unten einfach, nur oben schwach ebensträussig.

* 42. **S. arvensis L.** — ♃; bis 1 m hoch. Nebenwurzeln vielfach Adventivknospen bildend (echte Ausläufer fehlen). Stengel steif, hohl, unterwärts kahl. Laubblätter lanzettlich oder fast linealisch, schwach schrotsägeförmig, die oberen am Grunde herzförmig. Blütenstand doldigrispig (weit armköpfiger als bei den vorigen Arten), meist mit gelben Drüsenhaaren besetzt, selten kahl. Köpfe sehr viel grösser als bei den vorigen, wohlriechend. Blüten goldgelb. Frucht dunkelbraun, zusammengedrückt, verschmälert, querrunzelig. — Juni—September. Auf den Dünen nicht selten; an einzelnen Stellen auch als Unkraut auf Aeckern und Gemüsefeldern. [Charakteristisch für die europäischen Küstendünen.] Die Pfl. der Inseln stellen eine eigene *var.*: *angustifolius Meyer* dar, welche durch bläuliche Oberfläche, sehr schmale Laubblätter, schwache Behaarung und geringe Zahl der Köpfe zu charakterisieren ist. — Eine kleine starre Form ist die *var. spinulosus Haussknecht.*

Einen auffallenden, wenn auch nur negativen Zug in der Flora der Inseln bildet das Fehlen aller Crepis-Arten.

## 27. Hieracium L., Habichtskraut.

A. Mit oberirdischen Ausläufern. Stengel einfach, aufrecht, unbeblättert, einköpfig. Pappushaare fein, einreihig, ziemlich gleich lang.

* 43. **H. Pilosella L.** — ♃; 10—30 cm. Laubblätter verkehrt-eiförmig oder lanzettlich, beiderseits mit steifen schlängeligen Haaren, unterseits grau, dicht sternfilzig. Hülle kurz-cylindrisch. Hüllblätter schwarzhaarig und sternfilzig. Blüten hellgelb, die äusseren unten rot gestreift. — Juni, Juli. Auf Grasplätzen und niedrigen Dünen, meist in der Nähe der Ortschaften, seltener als auf dem Festlande, am häufigsten auf *W.* [Häufig.] Auf der Viehtrift bei Upholm, *Bo*, auch die *var. intricatum* mit langgestreckten, verzweigten, blühenden Ausläufern (O. v. Seemen).

B. Ohne oberirdische Ausläufer. Stengel aufrecht, beblättert, meist mehrköpfig. Pappushaare dicker, ungleich, fast zweireihig.

* 44. **H. umbellatum L.** — ♃; 30—75 cm. Stengel steif, dicht-beblättert, kahl, oder kurzhaarig, oberwärts ästig. Laubblätter sehr kurzgestielt, linealisch, gezähnt, rauhhaarig. Köpfchen doldenrispig, gross. Hüllblätter kahl oder schwach

behaart, im trockenen Zustande schwärzlich, die inneren breiter, stumpf. Aussenhülle wenig abstehend. Blüten goldgelb, die äusseren nicht unterseits rot. — Juli—Oktober. Auf den Dünen häufig. Die Pfl. der Inseln bildet eine durch die Schmalheit der meist ganzrandigen Laubblätter, sowie die Grösse der Köpfe sehr ausgezeichnete Varietät: *armeriaefolium Meyer* (Hannov. Mag., 1824, p. 170), welche für die europäischen Küstendünen charakteristisch ist. Die Art ist auf dem Festlande häufig. — Stengel nicht selten verbändert.

# I. Anhang.

## Moose.

Zusammengestellt von Herrn Dr. Fr. Müller zu Varel.

●

### Literatur.

**Karl Müller**, Beiträge zu einer Flora cryptogamica Oldenburgensis. Botanische Zeitung, 1844, Sp. 17. Einige Angaben über *W.*

**Koch und Brennecke**, Flora von *W.* Jeverländische Nachrichten, 1884. Wissenschaftliche Beilage zu Nr. 12. Wiederabgedruckt in Abh. Nat. Ver. Brem., 1888, X, pag. 61. Enthält auch Moose von Spiekeroog.

**C. E. Eiben**, Verzeichnis der auf der ostfries. Insel *N* wachsenden Laubmoose. Hedwigia, 1867, VI, 81. (Auch in den Schriften der naturforschenden Gesellschaft in Emden, XII, pag. 15 sind diese Moose aufgeführt.)

— Beiträge zur Kryptogamenflora der ostfries. Insel *Bo.* Hedwigia, 1868, VII, 19 und als Nachtrag ebenda, XI, 161. (Moose von *Bo* und *N.*)

[**Rabenhorst**], Mitteilung über ein von Eiben auf *Bo* entdecktes neues deutsches Moos (Bryum Marratii Wilson). Hedwigia, 1870, I, pag. 16.

**C. E. Eiben**, Beitrag zur Laubmoosflora der ostfries. Inseln. Abh. Nat. Ver. Brem., 1872, III, pag. 212*); auch abgedruckt in Hedwigia, 1872, pag. 66.

**W. O. Focke**, Beiträge zur Kenntnis der Flora der ostfries. Inseln. Ebenda 1873, III, pag. 316. (6 Moose von *L.*)

**Fr. Buchenau**, Weitere Beiträge zur Flora der ostfries. Inseln. Ebenda 1875. IV, pag. 243 (Langeoog und Baltrum), pag. 257 (Norderney), pag. 259 (Borkum).

— Zur Flora von *Bo.* Ebenda, 1877, V, pag. 522.

— Zur Flora von Spiekeroog. Ebenda, 1877, V, pag. 524.

**W. O. Focke**, Zur Moosflora von *N.* Ebenda 1883, VIII, p. 540.

---

*) Auf pag. 215, Z. 15 v. u. lies Wangeroog statt Langeoog.

C. E. Eiben, Die Laub- und Lebermoose Ostfrieslands. Ebenda 1887,
    IX, pag. 423 *).
Fr. Müller, Die Oldenburgische Moosflora. Ebenda 1888, X, pag. 188.
— Zur Moosflora von Spiekeroog. Ebenda 1894, XIII, pag. 71.
— Beiträge zur Moosflora der ostfries. Inseln *Ba* und *L.* Ebenda,
    1896, XIII, pag. 375.

Für das nachfolgende Verzeichnis ist ausserdem das Centralherbarium
der nordwestdeutschen Flora (städtisches Museum zu Bremen) benutzt.

## I. Laubmoose.

1. Archidium bryoides Bridel. *Ba* im Rasen der Wattweide vor
    dem Friedhofe.
2. Dicranoweisia cirrhata Lindberg. *Ba* an altem Holzwerke in den
    Dörfern; *W*.
3. Dicranella heteromalla Schimper. *Bo* auf der Wiese am Fahrwege;
    *S* spärlich an einem Grabenrande.
4. Dicranum scoparium Hedwig. Ueberall in den Dünen verbreitet;
    auf *Ba* fehlend.
5. Fissidens bryoides Hedwig. *S* an einem Graben der Wiese öst-
    lich zwischen Anlegestelle und Dorf.
6. Pottia Heimii Bryol. eur. Von *J* und *W* noch nicht nachge-
    wiesen; auf den übrigen Inseln besonders auf den Wattweiden.
7. Didymodon rubellus Bryol. eur. *Bo* in der Kiebitzdelle.
8. Tortella (Barbula) inclinata Hedwig fil. *L* nördliches Dünenthal
    zwischen Bryum pendulum.
9. Tortula (Barbula) muralis Hedwig. Auf Dächern und an Mauern
    aller Inseln.
10. Tortula papillosa Wilson. *Ba* an altem Holzwerk im Westdorfe.
11. Tortula ruralis Ehrhart. Auf allen Inseln in den Dünen und auf
    Dächern.
12. Tortula subulata Hedwig. Ueberall verbreitet.
13. Barbula unguiculata Hedwig. *N* zwischen Pflastersteinen bei den
    öffentlichen Gebäuden.
14. Ceratodon purpureus Bridel. Ueberall sehr häufig.
15. Grimmia pulvinata Smith. Von *J* und *W* noch nicht bekannt,
    sonst auf den Dächern auf allen Inseln.
16. Schistidium apocarpum Bryol. eur. Von Koch und Brennecke
    für *S* auf Dächern angegeben.
17. Racomitrium canescens Bridel. Auf einigen Inseln sehr verbreitet;
    von *J* nicht bekannt; auf *Ba* fehlend.
18. Ulota crispa Bridel. *N* an Erlenstämmen der Anpflanzungen beim
    Denkmal.
19. Ulota phyllantha Bridel. *Bo; N* an Erlenstämmen der Anpflan-
    zungen in der Schanze; *Ba* auf Prunus im Ostdorfe; *S*.
20. Orthotrichum affine Schrader. An Holzwerk und Gesträuch auf
    allen Inseln; von *J* nicht bekannt.

---

*) pag. 424 Z. 1 v. ob. lies wieder Wangeroog statt Langeoog und pag. 426
Z. 3 v. ob. lies Borkum statt Spiekeroog.

21. Orthotrichum diaphanum Schrader. An Sambucus und altem Holzwerk auf *Bo, N, Ba, S*.

22. Orthotrichum fastigiatum Bruch var. appendiculatum Limpricht. *N* an Weiden und Pappeln.

23. Orthotrichum Lyallii Hooker et Taylor. *Ba* spärlich an altem Holzwerk des West- und Ostdorfes.

24. Orthotrichum pulchellum Brunton. Nach Eiben auf *Bo* und *N*.

25. „ pumilum Swartz. *N* an Weiden sehr selten.

26. „ Schimperi Hammar (= fallax Schimper). *S* ein Rasen an einer Planke (Behrens).

27. Orthotrichum tenellum Bruch. *Bo* an Weiden selten.

28. Funaria fascicularis Schimper. Nach Koch und Brennecke auf *S*.

29. „ hygrometrica Sibthorp. Wohl auf allen Inseln; von *N* und *W* noch nicht nachgewiesen.

30. Leptobryum pyriforme Schimper. *Bo* beim Dorfe an Grabenwänden; *L* Westende: Innenrand der Dünen.

31. Webera nutans Hedwig. *N, Ba, S, W*, doch nicht häufig; wahrscheinlich auch auf den andern Inseln.

32. Bryum argenteum L. Allgemein verbreitet; vermutlich auch auf *J* und *W*.

33. Bryum bimum Schreber. *Bo* Kiebitzdelle; *J* in der alten Bill; *L* Blumenthal, Tümpel im grossen nördlichen Dünenthal und auf dem Ostende.

34. Bryum caespiticium L. Nach Koch und Brennecke auf *W*.

35. Bryum calophyllum R. Brown. *Bo* an der Westseite des Interwalls und auf dem Ostlande; *Ba* an tiefen Stellen der flachen Dünenthäler im Osten.

36. Bryum capillare L. Auf allen Inseln.

37. Bryum inclinatum Bryol. eur. *Bo* in mehreren Dellen südlich vom Dorfe und auf dem Ostende; *N* häufig beim Leuchtturm; *Ba* und *L* häufig in feuchte Dünenthälern; *W* auf sandigem Kleiboden.

38. Bryum intermedium Bridel. *Bo* in der Bandjedelle unter Hippophaes; Kiebitzdelle.

39. Bryum lacustre Blandow. *N* Dünenthäler in der Nähe der weissen Düne; *J, Ba* auf der Wattweide vor dem Friedhofe; *L* in einem Ausstich auf der Wiese des Ostlandes.

40. Bryum Marratii Wilson. *Bo*, Westland beim Interwall in den Dünenthälern, welche der Fahrweg von Upholm nach dem Ostlande durchschneidet.

41. Bryum pallens Swartz. Sehr verbreitet; von *J* nicht bekannt.

42. Bryum pallescens Schleicher. *Ba* am Rande der Wiesen beim Ostdorfe; *S* in Dünenthälern.

43. Bryum pendulum Schimper. Alle Inseln ausser *J*.

44. Bryum pseudotriquetrum Schwägrichen. *Bo* Kiebitzdelle; *Ba* in wenigen Dünenthälern z. B. in der Nähe des Rettungsbootschuppens; *L* Blumenthal vielfach; *S*.

45. Bryum uliginosum Bryol. eur. *L* Westland, Innenrand der Dünen.

46. Bryum warneum Blandow. *Bo* an einem Graben in den Wiesen des Ostlandes und in der Bandjedelle; *L* in einem Thale östlich vom Dorfe.

47. Mnium affine Blandow. *Bo* Binnenwiese.

48. Mnium cuspidatum Hedwig. *S* auf Wiesen.
49. „ hornum L. An sumpfigen Stellen *Bo; N* Schanze; *L* Blumenthal; *S* an den Gräben der Wiesen beim Dorfe.
50. Mnium undulatum Weis. *Bo; N; L* in einem Dünenthal der Vogelkolonie des Ostendes; *S*.
51. Aulacomnium palustre Schwägrichen. *N* Dünenthäler an der Südseite der Insel nach dem Leuchtturm zu; *Ba* an wenigen Stellen der Dünenthäler; *L* Melkhören, Ostende; *S* in der Nähe des Rettungsbootschuppens.
52. Bartramia pomiformis var. crispa Bryol. eur. Nach Koch und Brennecke auf *S*.
53. Philonotis fontana var. falcata Bridel. *N* (Nöldeke).
54. Catharinaea undulata Weber et Mohr. *Bo; S* bei den Wiesen nördlich vom Dorfe.
55. Pogonatum nanum Palisot. *Bo* (Eiben).
56. Polytrichum commune L. *Bo, Ba* nicht häufig; *S; W*.
57.    „    gracile Dickson. *L* nördliches Dünenthal.
58.    „    juniperinum Willdenow. Auf allen Inseln.
59.    „    piliferum Schreber. *L* nördliches Dünenthal; *S; W*.
60.    „    strictum Blanks. *S* in den Vordünen; *W*.
61. Fontinalis antipyretica L. *J* an Wassergräben der alten Bill auf morschen Aesten des Sanddorns.
62. Cryphaea heteromalla Mohr. *N* an Weiden sehr selten.
63. Antitrichia curtipendula Bridel. *N* im Sande der niedrigen Dünen; *L*.
64. Thuidium Blandowii Bryol. eur. *L* in einem hochgelegenen Dünenthälchen in der Nähe des Vogelwärterhauses auf dem Ostende.
65. Pylaisia polyantha Schimper. *Ba* auf Dächern des Ostdorfes; *W*.
66. Climacium dendroides Weber et Mohr. *N* in einem Dünenthal (Süderlechte); *Ba* vereinzelt in den Dünenthälern; *L* an einzelnen feuchten Stellen der Melkhören und des Ostendes.
67. Isothecium myurum Bridel. Von Koch und Brennecke für *W* angegeben.
68. Homalothecium sericeum Bryol. eur. *Bo; N; L; S* an Bäumen im Dorfe.
69. Camptothecium lutescens Bryol. eur. In den begrasten Dünen aller Inseln; von *J* noch nicht angegeben.
70. Brachythecium albicans Bryol. eur. Im Dünensande aller Inseln, ohne Zweifel auch auf *J*.
71. Brachythecium rutabulum Bryol. eur. Auf den meisten Inseln, doch nicht so häufig als auf dem Festlande.
72. Brachythecium velutinum Bryol. eur. *N* am Grunde von Bäumen in den Anpflanzungen.
73. Eurhynchium praelongum Bryol. eur. *S* beim Rettungsboothause.
74.    „    Stockesii Bryol. eur. *Bo; N* unter Junc. marit. auf der Aussenweide und an der Südseite am Nordabhange der Dünen; *L* Blumenthal.
75. Amblystegium riparium Bryol. eur. In Tümpeln wohl aller Inseln; von *J; N; S* noch nicht bekannt.
76. Amblystegium serpens Bryol. eur. *Ba* auf den Wattweiden; *L* im Thal von Dreebargen (Ostende).

77. Amblystegium radicale Bryol. eur. Von Huntemann auf *W* gesammelt.

78. Hypnum cordifolium Hedwig. *L; S* an feuchten Stellen zwischen Dorf und Giftbude.

79. Hypnum cupressiforme L. Auf allen Inseln, besonders in einer sehr robusten Form.

80. Hypnum cuspidatum L. Ebenfalls auf allen Inseln.

81. „ fluitans L. *N* im Osten des grossen Mittelthales in nassen Thälern; *Ba* Dünenthäler im Osten der Insel; *S* zwischen Dorf und Giftbude.

82. Hypnum intermedium Lindberg. *Bo* Kiebitzdelle.

83. ., Kneiffii Bryol. eur. An sumpfigen Stellen, *Bo; J; Ba; L* Blumenthal.

84. Hypnum lycopodioides Schwaegrichen. *Bo* Kiebitzdelle.

85. „ polygamum Schimper. Häufig in feuchten Dünenthälern; von *W* noch nicht bekannt.

86. Hypnum pratense Bryol. eur. *S* beim Rettungsbootschuppen.

87. „ purum L. Fehlt nur auf *Ba*.

88. „ Schreberi Willdenow. *Bo; J; N* an der Nordseite grüner Dünen in der Gegend des Kaapes; *L*.

89. Hypnum scorpioides L. *Bo* Kiebitzdelle.

90. ., Sendtneri, var. Wilsoni Schimper. *Bo* Kiebitzdelle.

91. ., stellatum Schreber. *Bo; J; S* beim Rettungsbootschuppen.

92. Hypnum uncinatum Hedwig. *Bo; N* an Gartenwällen; *L; S* in der Nähe des Badestrandes.

93. Hylocomium loreum Bryol eur. *S* Friederikenthal.

94. „ splendens Bryol. eur. Fehlt nur auf *Ba*.

95. „ squarrosum Bryol. eur. Auf allen Inseln; ohne Zweifel auch auf *J*.

96. Hylocomium triquetrum Bryol. eur. Von *J* nicht bekannt, auf *Ba* fehlend, sonst auf allen Inseln.

97. Sphagnum acutifolium Ehrhart. *Bo* Upholm.

98. „ cymbifolium Ehrhart. *Bo*. An einem eingehegten hügeligen Terrain an der Wiese bei den ersten Häusern des Westlandes (Bertram).

## II. Lebermoose.

1. Scapania irrigua Nees. In nassen Dünenthälern und auf Wattweiden *N; Ba; L; S*.

2. Scapania undulata Nees. Im Blumenthal von *L*.

3. Jungermannia bicuspidata L. In Dünenthälern *N; L; S*.

4. „ bidentata L. *W* (Koch).

5. „ caespiticia Lindenberg. Nördliches Dünenthal auf *L*.

6. „ connivens Dickson. *S*. Feuchte Dünenthäler.

7. „ crenulata Smith. *Ba; L* an feuchten Stellen der Dünenthäler.

8. Jungermannia divaricata Nees. *Bo; Ba* am Rande der Wattweide beim Friedhof; *L* nördliches Dünenthal.

9. Jungermannia inflata Hudson. *S* an feuchten Stellen.

10. Lophocolea bidentata Nees. *L* in der Vogelkolonie des Ostendes.
11. Frullania dilatata Nees. *N; Ba* an altem Holzwerke im West-
    dorfe; *W* (Koch).
12. Pellia calycina Nees. Sehr verbreitet in den feuchten Dünenthälern
    z. B. *Ba; L; S; W.*
13. Pellia epiphylla Dillenius. *S* (Koch).
14. Aneura multifida Du Mortier. Häufig im Rasen der feuchten
    Dünenthäler von *Ba* und *L.*
15. Aneura pinguis Du Mortier. *S* (Koch).
16. Blasia pusilla L. An feuchten Stellen der Dünenthäler nicht
    selten. *N; Ba; S.*
17. Marchantia polymorpha L. Von Eiben für *Bo, N* und *L* ange-
    geben.
18. Preissia commutata Nees. *Bo* in der Waterdelle; *Ba* in einer
    Niederung nordöstlich vom Ostdorfe; dort auch unter Hippophaës.
19. Anthoceros laevis L. *N* auf nassem Sande.

# II. Anhang.

# Flechten.

Zusammengestellt von Herrn Heinr. Sandstede in Zwischenahn.

## Literatur.

1844. Koch, H. und Brennecke, Flora von Wangerooge, in: Wissenschaftliche Beilage zu den Jeverländischen Nachrichten, 1844, Nr. 12; wieder abgedruckt in Abh. Nat. Ver. Brem., 1888, X, p. 61—73.

1892. H. Sandstede, die Lichenen der ostfries. Inseln, in: Abh. Nat. Ver. Brem., 1892, XII, p. 173—204.

1894. H. Sandstede, Zur Lichenenflora der nordfries. Inseln, in: Abh. Nat. Ver. Brem., 1894, XIII, p. 107—136.

1. Leptogium lacerum (Sw.) Fr. Von Koch und Brennecke als Collema lacerum Ach. für *W* angegeben.
2. L. sinuatum (Huds.). Stellenweise in nicht zu feuchten Dünenthälern und an Abhängen auf *J* und *N*; auf *J* auch fruchtend beobachtet.
3. Trachylia inquinans (Sm.) Fr. An harten eichenen Pfosten und Brettern der Einfriedigungen spärlich. *Ba, S, W*.
4. Stereocaulon tomentosum Fr. Dünen auf *W*. (Koch und Brennecke.)
5. Cladonia alcicornis (Lghtf.) Flk. In den Dünen, namentlich den niedrigen Vordünen, selten mit Podetien und Apothecien. *Bo, J, N, Ba, W*. Wird auf *L* und *S* nicht fehlen.
6. C. chlorophaea Flk., Nyl. In den Vordünen und an Erdwällen, zumeist in einer dürftigen Form; auch auf altem Leder, welches in den Dünen umherliegt.
7. C. pityrea Flk., Nyl. Selten und dürftig entwickelt in den Vordünen. *J, Ba, L*.
8. C. fimbriata (L.) Hffm. f. tubaeformis Hffm. An den Abhängen der Vordünen, an Erdwällen, zerstreut auf altem Leder. f. prolifera (Ach.) Flk. mit f. tubaeformis auf *Ba*. f. radiata (Ach.) Flk. zusammen mit f. tubaeformis an den Abhängen und humushaltigen Stellen in den Thälern der Vordünen; *Bo, J, Ba, S*. f. subcornuta Nyl. unter f. radiata; *Bo, Ba, L, W*.

9. Cladonia ochrochlora Flk. —* nemoxyna (Ach.) Nyl. Spärlich in den Vordünen auf *J* und *L*, sehr viel und auch fruchtend in einem gedehnten Dünenthale an den Gemüsegärten des Ostdorfes auf *Ba*.

10. C. gracilis Hffm. Koch und Brennecke auf *W*.

11. C. verticillata Flk. Auf den Kapdünen von *L*.

12. C. sobolifera (Del.) Nyl. Mit voriger auf den Kapdünen von *L*; auf *W* nach einem Exemplar in Trentepohls Herbar., Museum zu Oldenburg. (Leg. H. Koch: C. foliacea Andr.)

13. C. furcata Hffm. In den Dünen, besonders in den Thälern und an den Abhängen der Vordünen. var. subulata Schaer; zusammen mit der Stammform.

14. C. pungens Ach., Nyl. In Gemeinschaft mit C. furcata; auf *N* reichlich.

15. C. adspersa (Flk.) Nyl. Zerstreut an Abhängen der Vordünen, an Erdwällen; steril. *Bo, J, N, Ba, L.*

16. C. macilenta Hffm. Selten in einer cornuten, wenig fruchtenden Form auf morschen Zaunlatten. *Bo, Ba*; nach Koch und Brennecke auch auf *W*.

17. Cladina sylvatica (Hffm.) Nyl. Gesellig mit Cladonia furcata und pungens, jedoch nicht so häufig und nur steril. f. tenuis Flk. Mit der Stammform zusammen. *N, L*

18. Pycnothelia papillaria (Ehrh.) Duf. Nach Bentfeld auf *S*.

19. Ramalina fraxinea (L.) Ach. Verbreitet an Laubbäumen und Gesträuch, an altem Holze. Auf *Bo* auch an Walfischknochen, die an Gärten und Zäunen aufgestellt sind.

20. R. fastigiata (Pers.) Ach. In Gesellschaft der vorigen Art.

21. R. pollinaria Ach. An einem Walfischknochen auf *Bo*; an altem Holze auf *Ba*; nach Karl Müller auch auf *W* (Flora 1839).

22. R. farinacea (L.) Ach. —* intermedia Nyl. Steril an Bäumen. Gesträuch, namentlich gern an dürren Stämmen und Zweigen von Salix repens und Hippophaës, mitunter auch in den Dünen zwischen Moosen und eigentlichen erdbewohnenden Flechten.

23. Usnea florida (L.) Hffm. Steril an Gesträuch, besonders Salix und Hippophaës. *Bo, J, N*; an altem Holze auf *Ba* und in den Dünen auf *L*.

24. U. hirta (L.) Hffm. Gedrungene, sterile Formen auf altem Holze und zuweilen auch an dürrem Sanddorn. *Bo, J, Ba, S. W.*

25. Cetraria aculeata (Schreb.) Fr. In den Dünen reichlich, stellenweise auf dem blossen Dünensande; nur steril gesehen. f. muricata (Ach.) Nyl. Ein Rasen unter der Hauptform auf *S*.

26. Platysma ulophyllum (Ach.) Nyl. An morschem Holze der Einfriedigungen; steril. *Ba, S, W.*

27. P. glaucum (L.) Nyl. Mit voriger Art, jedoch seltener und nur in kleinen sterilen Exemplaren. *Bo, Ba, S, W.*

28. P. diffusum (Web.) Nyl. Steril an einigen eichenen Brettern. *Bo, Ba.*

29. Evernia prunastri (L.) Ach. Steril an Bäumen, Gesträuch, altem Holze, zuweilen auf blossem Dünensande.

30. E. furfuracea (L.) Fr. Vereinzelt an Brettern; steril. *Bo, Ba, S, W.*

31. Alectoria jubata (Hffm.) Ach. Zerstreut an altem Holze, hin und wieder in den Dünen, überall nur kleine, sterile Pflanzen. *Ba, L, S, W.*

32. Parmelia caperata Ach. Steril an alten Brettern. *Bo, Ba, S;* auf *N* ein Exemplar an einer Erle gefunden.
33. P. tiliacea (Hffm.) Ach. Nach Koch und Brennecke früher auf *W*, jetzt dort nicht mehr vorhanden.
34. P. saxatilis (L.) Ach. Vereinzelt an Bäumen, an altem Holze und auf Dachziegeln, steril; auf *Bo* einmal auf Walfischknochen.
35. P. sulcata Taylor. Häufiger wie P. saxatilis, nur steril. An Bäumen, Gesträuch, dürrem Gestrüpp, an altem Holze, auf Dachziegeln, altem Leder, auch in den Dünen über Moosen und auf blossem Dünensande.
36. P. acetabulum (Neck.) Duby. Selten an Bäumen, an Hippophaës und an altem Holze. *J, N, Ba, L, S.*
37. P. exasperatula Nyl. Steril auf Dachziegeln. *Ba.*
38. P. fuliginosa (Fr.) Nyl. Mit Apothecien an Hippophaës, *Ba.* An Erlen im Friederikenthal·auf *S* steril.
39. P. subaurifera Nyl. Steril an Bäumen, Gesträuch, Holzwerk. an Dachziegeln; auf *Bo* auch an Walfischknochen, auf *N* an Zementmörtel und auf einem verhärteten Bovist.
40. P. physodes (L.) Ach. Häufig an Bäumen, Gesträuch, an altem Holze, auf Dachziegeln; auch in den Dünen und an Erdwällen, nur steril. var. labrosa Ach. Mit der Stammform.
41. Peltigera polydactyla (Neck.) Hffm. Selten an begrasten Abhängen. *Bo, J, N, Ba, S.*
42. P. canina (L.) Hffm. In den Dünen.
43. P. rufescens Hffm. Verbreitet in trockenen Dünenthälern und an Abhängen. *Bo, J, N, Ba, S, W.*
44. P. spuria (Ach.) DC. Häufig in den Vordünen. *J, N, Ba* (sehr viel), *S, W.*
45. Physcia parietina (L.), DC. Sehr viel und auf den verschiedensten Substraten: Bäumen, Gesträuch, dürren Stämmen und Aesten von Salix und Hippophaës, an Backsteinmauern, Kalkbewurf, auf Leder, Knochen, Kork, Eisen, Muschelschalen und Rocheneiern; viel an den Walfischknochen auf *Bo.*
46. Ph. polycarpa (Ehrh.) Nyl. An altem Holze, viel an Salix und Hippophaës.
47. Ph. lychnea (Ach.) Nyl. An Backsteinmauern und Walfischknochen auf *Bo*, an Dachziegeln, Holzwerk und an Erdwällen auf *S.*
48. Ph. ciliaris (L.) DC. Selten an Erlen auf *N*; an altem Holze auf *Ba*; nach Koch und Brennecke auch auf *W*.
49. Ph. pulverulenta (Schreb.) Fr. An Laubbäumen häufig, auch an altem Holze. *Bo, J, N, Ba, S;* auf *Bo* auch an Walfischknochen und an Erdwällen.
50. *Ph. pityrea (Ach.) Nyl. Sehr viel an Walfischknochen, steril und fruchtend, *Bo*; an einer alten Weide auf *N.*
51. Ph. stellaris (L.) Fr. Zerstreut an Bäumen und Gesträuch, selten an Holz, auf Dachziegeln und altem Leder.
52. *Ph. tenella (Scop.) Nyl. Viel an Bäumen, Gesträuch, namentlich Salix und Hippophaës, auf Dachziegeln, an Backsteinmauern, Kalkbewurf, an Holz, Leder, veralteten Pilzen etc.; auf *Bo* auch an Walfischknochen.
53. Ph. aipolia (Ach.) Nyl. Ein Exemplar an einer Weide bei der Schanze auf *N.*

54. **Physcia caesia** (Hffm.). Bewohnt Dachziegel, Backsteinmauern, Mörtelbewurf, Grabsteine aus Sandstein, seltener Holzwerk, Leder; auf *Ba* mit Apothecien.

55. **Ph. obscura** (Ehrh.) Fr. An Bäumen, Hollunder, Mauern, Dachziegeln, an Grabsteinen, auf Leder, über Pflanzenresten an Erdwällen, an Walfischknochen. var. virella (Ach.) Nyl. An Sambucus nigra auf *Ba*.

56. **Lecanora saxicola** (Poll.) Nyl. Auf Dachziegeln, an Mörtel, Grabsteinen; *Bo, J, N, Ba, S, W*; auf nordischen Geschieben, *J, Ba*.

57. **L. murorum** (Hffm.) Nyl. An Backsteinen und Mörtel alter Gebäude. *Bo, J, N, Ba*.

58. *****L. tegularis** (Ehrh.) Nyl. An Gemäuer. In Gesellschaft von L. murorum. *Bo, N, Ba, S, W*.

59. **L. sympagea** (Ach.). An Backsteinen und Mörtel alter Gebäude. *Bo, S*.

60. **L. citrina** (Hffm.) Nyl. An Mörtel und Backsteinen, in einer Form mit dünnstaubigem Thallus und gewölbten Apothecien häufig an Holzwerk, auf altem Leder, Knochen, Eisen, an Erdwällen. *Bo, J, N, Ba, S, W*; sehr schön und viel an Walfischknochen *Bo*.

61. **L. cerina** (Ehrh.) Ach. — *****chlorina** (Fw.) Nyl. Selten an Walfischknochen auf *Bo*.

62. **L. pyracea** (Ach.) Nyl. An Backsteinen, Zementmörtel, Sandsteinplatten. *Bo, J, N, S*; auf *J* auch an dürren, berindeten Stämmen von Salix repens und auf Geschieben. f. holocarpa (Ehrh.) Flk. spärlich an Holzwerk auf *Ba, L, S, W*.

63. **L. vitellina** (Ehrh.) Ach. Häufig an altem Holze, gerne an den Windfedern alter Gebäude, viel auf Dachziegeln, an Gemäuer, auf Grabsteinen, altem Leder, an Erdwällen; Walfischknochen auf *Bo*.

64. **L. epixantha** (Ach.) Nyl. Vereinzelt auf Leder, *Bo*; selten auf Brettern, *Ba, W*.

65. **L. exigua** Ach. Zerstreut an Backsteinmauern, auf Dachziegeln, an Brettern, auf Leder, an Erdwällen; auf *Bo* auch an Walfischknochen, sehr schön entwickelt; auf *J* an Geschieben; auf *N* an Granit der Strandschutzmauer.

66. **L. Conradi** (Kbr.). Selten auf altem Leder. *W*.

67. **L. galactina** Ach. Sehr verbreitet; an Mauern über Backsteinen und Mörtel, auf Dachziegeln, an Granit und Sandstein, seltener auf Holz, Knochen, Leder, an Erdwällen; sehr schön auf Walfischknochen.

68. **L. dispersa** (Pers.) Flk. Sehr schön auf altem Leder, zerstreut auf Backsteinen, Mörtel, auf Eisen. *Bo, J, N, Ba, S, W*; viel an nordischen Geschieben auf *J*.

69. **L. subfusca** (L.) Nyl. Verbreitet; an Bäumen und altem Holze. Auf *Bo* auch an Walfischknochen.

70. *****L. campestris** Schaer; Nyl. An Backsteinmauern und auf Dachziegeln, Grabsteinen, Sandsteinplatten. *Bo, J, N, L, S, W*. — *Bo* an Walfischknochen.

71. **L. coilocarpa** (Ach.) Nyl. Selten an altem Holze auf *J*.

72. **L. albella** (Pers.) Ach. Einmal an einer Birke am Ruppertsberge auf *N*.

73. **L. angulosa** Ach. Häufig an Bäumen und Gesträuch, auch an altem Holze.

74. Lecanora Hageni Ach. Sehr viel und schön entwickelt an altem Holze; spärlich auf Leder, Knochen und Eisen.
75. L. umbrina (Ehrh.) Nyl. Dürftig an Holzwerk auf *J, N* und *Ba.*
76. L. crenulata (Dcks.) Ach. Selten an Mörtel, zusammen mit L. galactina. *J.*
77. L. varia Ach. An altem Holze häufig. *Bo, J, N, Ba, S, W.*
78. L. conizaea Ach. f. betulina (Ach.) Nyl. An einer Erle im Friederikenthal auf *S.*
79. L. symmictera Nyl. Häufig an altem Holze der Umzäunungen.
80. L. trabalis (Ach.) Nyl. In Gesellschaft der vorigen Art. *Bo, J, N, Ba, S, W.*
81. L. effusa (Pers.) Ach. Selten an Pfählen. *N, Ba, W.*
82. L. Sambuci (Pers.) Nyl. An Sambucus nigra. *J, N, Ba, S;* auf *Ba* ausserordentlich schön entwickelt.
83. L. erysibe (Ach.) Nyl. An Backsteinen und Kalkbewurf. *Bo, J, N, Ba, W;* auf *Bo* auch spärlich an Walfischknochen.
84. L. atra (Huds.) Ach. Viel an altem Holze, ferner auf Dachziegeln und an Backsteinmauern; auf Sandsteinplatten *N;* einmal auf einem Walfischknochen. *Bo;* auf Granitgeröll *Ba.*
85. L. coarctata Ach., Nyl. Hue. 873. An Backsteinmauern, Zementbewurf, Dachziegeln, Grabsteinen, Geröllsteinen. *Bo, N, Ba, S, W.*
86. L. fuscata (Schrad.) Nyl. Zerstreut auf Dachziegeln, an Backsteinen, auf Geröll. *Bo, J, Ba, W.*
87. L. simplex (Dav.) Nyl. Selten auf Granitgeröll und Muschelschalen. *J.*
88. Pertusaria communis DC. Einmal auf einem Brette der Umzäunung einer Wiese auf *N.*
89. P. globulifera (Turn.) Nyl. Selten und steril an Brettern. *Bo, Ba;* an Erlen beim Ruppertsberge auf *N.*
90. P. amara (Ach.) Nyl. Steril an Brettern. *J, Ba, S;* an Erlen auf *N.*
91. Phlyctis argena (Flk.) Wallr. An einigen Erlen in den Anlagen und im Gehölz am Ruppertsberge auf *N;* steril.
92. Urceolaria bryophila Ach., Nyl. Von Eiben an einem Erdwall bei Upholm auf *Bo* gefunden.
93. Lecidea flexuosa (Fr.) Nyl. Steril an morschem Holze. *Bo.*
94. L. fuliginea Ach. Steril an morschem Holze auf *Bo, J, Ba, S.*
95. L. denigrata Fr., Nyl. Auf allen Inseln mehr oder weniger auf altem, hartem Holze verbreitet.
96. L. cyrtella Ach., Nyl. An Sambucus nigra. *N, S;* an einem Pfahl. *W.*
97. L. Naegelii (Hepp.) Stzbr. Schön an Zitterpappeln und Weiden in den Anlagen und bei der Schanze auf *N.*
98. L. sabuletorum Flk., Nyl. Selten über vermoderten Pflanzen an einem Erdwalle auf *S.*
99. L. chlorotica (Ach.) Nyl. Sehr zerstreut auf altem Leder, Knochen, vermoderten Pflanzen, an Brettern. *Bo, J, N, Ba, W.*
100. L. effusa (Smith) Nyl. Einmal an einer Erle in den Anlagen auf *N.*
101. L. Norrlini Lamy. Mit Lecanora Sambuci an Hollunder und sehr schön an mittelstarken Weiden in den Anlagen auf *N.*

102. L. muscorum (Swartz) Nyl. Häufig in den inneren Dünen auf *J*.
103. L. pelidna Ach., Nyl. Selten auf altem, hartem Holze auf *J*, *Ba*, *S*.
104. L. improvisa Nyl. Spärlich an altem Holze auf *Ba*.
105. L. parasema Ach. An Bäumen, Gesträuch und Brettern über alle Inseln verbreitet.
106. L. enteroleuca Ach., Nyl. Auf Sandsteinplatten bei den Logierhäusern auf *N*; an alten Pfosten auf *Ba*; an Grabsteinen aus Sandstein auf *W*.
107. L. crustulata Ach. Auf nordischen Geschieben am Kalfamer auf *J*.
108. L. lavata (Ach.), Nyl. Auf Dachziegeln. *J*, *Ba*, *S*; auf Sandsteinplatten der Mauer bei den Logierhäusern auf *N*.
109. L. alboatra (Hffm.) Schaer. An Backsteinmauern. *J*, *Ba*; var. athroa Ach., Nyl. An Sambucus auf *Ba* und *S*.
110. L. canescens (Dcks.) Ach. Häufig an Walfischknochen auf *Bo*, daselbst selten an Holzwerk und Backsteinmauern; ferner an Gemäuer auf *J* und *S*; überall nur steril.
111. L. myriocarpa (DC.). Häufig auf allen Inseln an altem Holze und auf Dachziegeln; auf Geröll *J*; an der rissigen Rinde einer Erle bei der Schanze auf *N*.
112. L. expansa Nyl. Auf Granitgeröll, *Ba*.
113. Xylographa parallela Ach. An Latten aus Tannenholz an der Wattseite auf *N*.
114. Graphis scripta (L.) Ach. Dürftig an einigen Erlen in den Anlagen auf *N*.
115. Opegrapha pulicaris (Hffm.) Nyl. An alten Weiden und Erlen auf *N*.
116. O. atrorimalis Nyl. An einer alten Weide in den Anlagen auf *N*.
117. O. Chevallieri Lght. An Backsteinmauern der Kirchen auf *Bo*, *J*, *S*.
118. O. atra (Pers.) Nyl. Zerstreut an Zitterpappeln, Erlen und Weiden auf *N*. var. hapalea (Ach.) Nyl. an einer glattrindigen, alten Erle bei der Schanze auf *N*.
119. O. cinerea Chev. Am unteren Stammende einer Erle bei der Schanze auf *N*.
120. O. subsiderella Nyl. Mit reichlichen Spermogonien und zerstreuten Lirellen an einer Erle bei der Schanze auf *N*.
121. Arthonia astroidea Ach. An Erlen, Linden, Weiden etc. *J*, *N*, *S*, *W*.
122. A. dispersa (Schrad.). An Prunus domestica auf *Bo*; an jungen Linden auf *S*.
123. Verrucaria nigrescens Pers. Auf Dachziegeln, Mörtelfugen und Kalkbewurf. *Bo*, *N*, *S*, *W*.
124. V. rupestris Schrad., Nyl. Zerstreut auf Mörtel. *Bo*, *N*, *S*, *W*.
125. V. muralis Ach., Nyl.! Häufig auf nordischen Geschieben, namentlich auf weicherem Gestein, ferner auf Dachziegelstücken und Topfscherben am Kalfamer auf *J*.
126. V. biformis Turn., Borr. Ziemlich häufig an Erlen bei der Schanze und in den Anlagen auf *N*.
127. V. fluctigena Nyl., Flora 1875, p. 14 (sec. Nyl. in lit. ad von Zwackh) = Arthopyrenia Kelpii Kbr. Par. p. 387. Auf den

Sandsteinblöcken der Buhnen, während der Flut untergetaucht;
auch auf die Schalen von lebendem Balanus sulcatus Lam. und auf
die Gehäuse lebender Schnecken (Litorina litorea L.) übersiedelnd,
auf *Ba* vorwiegend auf Balanus und Litorina. — *Bo, Ba, W.*

128. Verrucaria punctiformis Ach. An Pappelzweigen auf *Bo*; an der
Rinde jüngerer Erlen; *N, L, S.*

129. V. oxyspora (Beltr.) Nyl. Selten an Birken in der Nähe der
Schanze und am Ruppertsberge auf *N.*

130. V. populicola Nyl. Au Populus tremula in der Nähe des Kon-
versationshauses auf *N.*

131. Pharcidia congesta Kbr. Bewohnt die Apothecien von Lecanora
galactina an der westlichen Giebelmauer der Kirche auf *Ba.*

---

# Nachtrag.

Vou dem bereits in der Vorrede erwähnten Aufsatze des Herrn
O. von Seemen (Mitteilungen über die Flora der ostfries. Insel
Borkum, in A. Kneucker, Allgemeine botanische Zeitschrift, 1896,
Nr. 3, 4, 5) erhielt ich einen Sonderabdruck, welchem ich noch einige
der wichtigeren Beobachtungen entnehme:

Polystichum Filix mas Swartz. Ostland, Delle an der Vogelkolonie.

Orchis latifolius × maculatus. Kiebitzdelle; ein Exemplar zwischen
den Eltern.

Orchis incarnatus × latifolius; daselbst, nicht selten zwischen den
Eltern.

Typha angustifolia L. Kiebitzdelle.

Salix. Aufzählung aller beobachteten Formen. Vergl. die Vorrede zu diesem Buche.

Rumex obtusifolius × crispus. Gräben der Binnenwiese, zwischen
den Eltern.

Populus tremula L. Büsche in den nördlichen Dünenthälern.

Ranunculus flammula L. Bei Upholm auch Exemplare, welche
ganz der var. reptans L. entsprechen.

Caltha palustris L. Die Form radicans Forster (Pflanze in allen
Teilen kleiner; Stengel niederliegend, an den Knoten wurzelnd, schlaff;
Laubblätter ziemlich klein, zart; Kronblätter klein, schmaler, heller
gelb; Früchtchen mit längerem Schnabel).

Polygala vulgare L. Mit der Unterscheidung der beiden Varietäten dunense und oxypterum bin ich nicht ganz einverstanden.

# Register.

www.ingramcontent.com/pod-product-compliance
Lightning Source LLC
Chambersburg PA
CBHW030821270326
41928CB00007B/835